"十四五"职业教育国家规划教材

高等职业教育机电工程类系列教材

电机控制技术

主　编　冯泽虎　赵　静
副主编　王进玲　张　强　韩振花

西安电子科技大学出版社

内 容 简 介

　　本书是省级精品资源共享课程配套教材。全书内容包括：常用低压电器、基本电气控制单元线路、直流电动机及其控制线路、三相交流异步电动机及其控制线路、特殊电动机及其控制线路、典型电气控制线路与常见故障等。

　　本书可作为高职高专院校、成人高校、民办高校及本科院校开办的二级职业技术学院电气自动化技术、机电一体化技术及相关专业的教学用书，也可作为五年制高职、中职相关专业与社会从业人士的业务参考书及培训用书。

图书在版编目(CIP)数据

电机控制技术/冯泽虎，赵静主编. —西安：
西安电子科技大学出版社，2018.1(2024.4 重印)
ISBN 978 - 7 - 5606 - 4769 - 2

Ⅰ. ① 电…　Ⅱ. ① 冯…　② 赵…　Ⅲ. ① 电机—控制系统—高等职业教育—教材
Ⅳ. ① TM301.2

中国版本图书馆 CIP 数据核字(2017)第 300047 号

策　　划　刘小莉
责任编辑　许青青
出版发行　西安电子科技大学出版社(西安市太白南路 2 号)
电　　话　(029)88202421　88201467　　邮　　编　710071
网　　址　www.xduph.com　　　　电子邮箱　xdupfxb001@163.com
经　　销　新华书店
印刷单位　陕西日报印务有限公司
版　　次　2018 年 1 月第 1 版　2024 年 4 月第 7 次印刷
开　　本　787 毫米×1092 毫米　1/16　印张　15.5
字　　数　364 千字
定　　价　39.00 元
ISBN 978 - 7 - 5606 - 4769 - 2/TM
XDUP 5071001 - 7

前　言

本书是适应电机控制技术的迅速发展和新形势下高职高专的教学需要，在总结省级精品资源共享课程教学实践的基础上，吸取各方面的建议和意见编写而成的。

本书在内容安排上，以应用为目的，以培养学生的工作能力为主旨，将课堂讲述内容、技能训练、应用案例、拓展提高等模块优化组合，有利于启发引导，激发学生的学习积极性。考虑到高职学生接受知识的特点，本书避免枯燥的长篇理论，而是将常见的知识、操作技能用提问的方式进行讲授，打造轻松的学习环境，提高学生的学习兴趣。本书配套了丰富的数字化教学资源，学生可用手机扫描书中的二维码观看对应的微课等教学资源。

本书共分为 6 个项目。项目 1 为常用低压电器的认知，主要讲述常用低压电器的结构、原理及检测应用；项目 2 为基本电气控制单元线路，主要讲述基本电气控制线路的组成、工作原理、常见故障及检修方法；项目 3 为直流电动机及其控制线路，主要讲述直流电动机的结构、工作原理及其控制线路的安装调试；项目 4 为三相交流异步电动机及其控制线路，主要讲述三相异步电动机的结构、工作原理及其控制线路的安装调试、故障检修；项目 5 为特殊 电动机及其控制线路，主要讲述伺服电动机、步进电动机及其控制线路的常见故障排查；项目 6 为典型电气控制线路与常见故障，主要讲述 CA6140 车床、T68 型卧式镗床、交流 桥式起重机等典型电气控制线路的原理分析与常见故障检修。每章都配有典型的实训项目和习题，将知识点与技能点巧妙地融合，旨在帮助学生做到学以致用。

淄博职业学院冯泽虎、赵静担任本书主编，王进玲、张强、韩振花担任副主编。其中，冯泽虎编写项目 1 和项目 4，赵静编写项目 2，韩振花编写项目 3，张强编写项目 5，王进玲编写项目 6，全书由冯泽虎负责统稿。

本书在编写过程中得到了山东计保电气有限公司、山东科汇电气有限公司多位技术人员的指导与帮助，还采纳了很多职业院校老师的中肯意见，在此表示衷心感谢。

本书在线开放课程已在中国大学 MOOC(爱课程)平台上线，并已完成多个学期在线开课，课程团队成员耗费了大量心血，对教学微课、教学课件、教学动画等资源进行了较大幅度优化，欢迎广大师生及社会学习者登录中国大学 MOOC(爱课程)平台注册使用，同时恳请广大读者对我们的课程、教材等资源提出宝贵意见或建议，并及时反馈给我们（E-mail：fengzehu78@163.com），我们会进一步改进和提升。另外，在出版社官网学习中心也可学习本课程，需要的读者可通过以下地址访问 http://www.xduph.com:8081/CInfo/3055。

由于编者水平有限，书中不妥之处在所难免，恳请读者批评指正。

编　者

2017 年 10 月

目　　录

项目1　常用低压电器的认知 ………… 1

项目描述 …………………………………… 1

项目目标 …………………………………… 1

知识准备 …………………………………… 1

1.1　电器的基本知识 ……………………… 1

　1.1.1　电器的分类 ……………………… 1

　1.1.2　电器的作用 ……………………… 2

1.2　刀开关 ………………………………… 4

　1.2.1　刀开关的结构和用途 …………… 4

　1.2.2　刀开关的型号和符号 …………… 6

　1.2.3　刀开关的主要技术参数 ………… 7

　1.2.4　刀开关的选择与常见故障的

　　　　 处理方法 ……………………… 7

1.3　熔断器 ………………………………… 8

　1.3.1　熔断器的分类 …………………… 9

　1.3.2　熔断器的型号和符号 ………… 10

　1.3.3　熔断器的主要参数 …………… 10

　1.3.4　熔断器的选择与常见故障的

　　　　 处理方法 …………………… 10

　1.3.5　熔断器的安装与使用 ………… 11

1.4　低压断路器 ………………………… 12

　1.4.1　低压断路器的分类 …………… 12

　1.4.2　低压断路器的结构和工作原理 … 13

　1.4.3　低压断路器的型号和符号 …… 14

　1.4.4　低压断路器的选择与常见故障的

　　　　 处理方法 …………………… 14

1.5　接触器 ……………………………… 16

　1.5.1　交流接触器的结构和工作原理 … 16

　1.5.2　交流接触器的主要参数 ……… 19

　1.5.3　接触器的型号和符号 ………… 20

　1.5.4　接触器的选择与常见故障的

　　　　 处理方法 …………………… 20

1.6　继电器 ……………………………… 22

　1.6.1　电磁式继电器 ………………… 22

　1.6.2　时间继电器 …………………… 24

　1.6.3　热继电器 ……………………… 26

　1.6.4　速度继电器 …………………… 30

1.7　主令电器 …………………………… 32

　1.7.1　控制按钮 ……………………… 32

　1.7.2　行程开关 ……………………… 35

任务实施 ………………………………… 38

　任务1　交流接触器的拆装与检修 …… 38

考核评价 ………………………………… 41

项目总结 ………………………………… 42

拓展训练 ………………………………… 45

项目2　基本电气控制单元线路 …… 46

项目描述 ………………………………… 46

项目目标 ………………………………… 46

知识准备 ………………………………… 46

2.1　电气控制系统图的绘制规则和

　　 常用符号 ………………………… 46

　2.1.1　电气控制系统图的分类 ……… 46

　2.1.2　绘制、识读电路图时应遵循的

　　　　 原则 ………………………… 47

　2.1.3　线号的标注原则和方法 ……… 48

　2.1.4　绘制电器元件布置图的原则 … 49

　2.1.5　绘制、识读接线图的原则 …… 49

2.2　基本电气控制单元线路 …………… 50

　2.2.1　点动控制 ……………………… 50

　2.2.2　连续运行控制 ………………… 53

　2.2.3　点动与长动结合的控制 ……… 55

　2.2.4　正反转控制 …………………… 56

　2.2.5　位置控制 ……………………… 58

　2.2.6　顺序联锁控制 ………………… 60

2.2.7 多点控制 ………… 63

2.2.8 时间控制 ………… 65

任务实施 ………… 67

任务 2 电动机连续运转控制线路的
连接与检修 ………… 67

考核评价 ………… 69

项目总结 ………… 70

拓展训练 ………… 72

项目 3 直流电动机及其控制线路 74

项目描述 ………… 74

项目目标 ………… 74

知识准备 ………… 74

3.1 直流电动机的结构、原理 ………… 74

3.1.1 概述 ………… 74

3.1.2 直流电动机的结构 ………… 76

3.1.3 直流电动机的类型 ………… 79

3.1.4 直流电动机的工作原理 ………… 80

3.1.5 直流电动机的铭牌 ………… 82

3.2 直流电动机的拆卸与安装 ………… 84

3.2.1 直流电动机的拆卸方法 ………… 84

3.2.2 直流电动机的安装方法 ………… 85

3.2.3 直流电动机的保养方法 ………… 87

3.2.4 直流电动机装配后的检验 ………… 87

3.3 他励直流电动机的启动与调速 ………… 87

3.3.1 降低电源电压启动 ………… 87

3.3.2 电枢回路串电阻启动 ………… 88

3.3.3 直流电动机的降压调速 ………… 89

3.3.4 电枢回路串电阻调速 ………… 92

3.3.5 减弱磁通调速 ………… 93

3.3.6 直流电动机的换向 ………… 94

3.3.7 直流电动机的工作特性与
机械特性 ………… 98

3.4 并励直流电动机的正反转控制 ………… 104

3.5 直流电动机的制动控制 ………… 104

3.5.1 能耗制动 ………… 105

3.5.2 反接制动 ………… 106

3.5.3 回馈制动 ………… 108

3.6 直流电动机的保护 ………… 110

3.7 直流电动机控制线路的安装调试 ………… 111

3.7.1 直流电动机控制线路的安装

步骤与方法 ………… 111

3.7.2 直流电动机试运行过程中的
检查 ………… 113

3.8 直流电动机的常见故障及处理方法 ……… 114

3.8.1 直流电动机常见故障的检修
方法 ………… 114

3.8.2 直流电动机主要部件常见
故障的检修 ………… 116

任务实施 ………… 119

任务 3 直流电动机的使用 ………… 119

考核评价 ………… 122

项目总结 ………… 122

拓展训练 ………… 124

**项目 4 三相交流异步电动机及其
控制线路** ………… 126

项目描述 ………… 126

项目目标 ………… 126

知识准备 ………… 127

4.1 三相异步电动机的工作原理 ………… 127

4.1.1 旋转磁场 ………… 127

4.1.2 三相异步电动机的工作原理 ……… 128

4.2 三相异步电动机的结构与铭牌 ………… 130

4.2.1 三相异步电动机的结构 ………… 130

4.2.2 三相异步电动机的铭牌 ………… 132

4.3 三相异步电动机的运行 ………… 136

4.3.1 电磁转矩 ………… 136

4.3.2 空载运行与负载运行状态 ………… 136

4.3.3 机械特性 ………… 137

4.3.4 电压 U_1 和转子电阻 R_2 对电动机
转速的影响 ………… 140

4.3.5 三种运行状态 ………… 140

4.4 三相笼型异步电动机的启动 ………… 141

4.4.1 笼型异步电动机的启动 ………… 142

4.4.2 绕线型转子异步电动机的启动 ……… 145

4.5 三相异步电动机正反转控制线路 ………… 148

4.5.1 接触器联锁的正反转控制
线路 ………… 148

4.5.2 按钮、接触器双重联锁的正反转
控制线路 ………… 149

4.6 三相交流异步电动机的调速 ………… 150

4.6.1　变极调速　…………………… 151

4.6.2　变频调速　…………………… 151

4.6.3　变转差率调速　……………… 154

4.7　三相交流异步电动机制动技术　…… 155

4.7.1　三相异步电动机的反接制动　156

4.7.2　三相异步电动机的能耗制动　158

4.7.3　三相异步电动机的回馈制动　158

4.8　三相异步电动机的使用、维护和

检修　…………………………………… 159

4.8.1　正确使用三相异步电动机　159

4.8.2　三相异步电动机的定期检查和

保养　…………………………… 162

4.8.3　三相异步电动机的常见故障

及处理方法　…………………… 162

任务实施　………………………………… 164

任务4　三相异步电动机反接制动

控制电路　………………………… 164

项目总结　………………………………… 165

拓展训练　………………………………… 166

项目5　特殊电动机及其控制线路　…… 168

项目描述　………………………………… 168

项目目标　………………………………… 168

知识准备　………………………………… 168

5.1　伺服电动机及其控制线路常见

故障排查　……………………………… 168

5.1.1　直流伺服电动机　…………… 169

5.1.2　交流伺服电动机　…………… 170

5.1.3　进给伺服系统中伺服电动机的

常见故障排查　………………… 173

5.2　步进电动机及其控制线路常见

故障排查　……………………………… 175

5.2.1　步进电动机的结构　………… 175

5.2.2　步进电动机的工作原理　…… 175

5.2.3　步进电动机的主要技术指标和

运行特性　……………………… 177

5.2.4　步进电动机的控制　………… 178

5.2.5　打印机中步进电动机的常见

故障排查　……………………… 179

任务实施　………………………………… 180

任务5　步进电动机线路的连接与调试　… 180

考核评价　………………………………… 183

项目总结　………………………………… 183

拓展训练　………………………………… 185

项目6　典型电气控制线路与常见

故障　……………………………… 187

项目描述　………………………………… 187

项目目标　………………………………… 187

知识准备　………………………………… 187

6.1　CA6140车床电气控制线路的

分析与检修　…………………………… 187

6.1.1　CA6140车床的组成与应用　… 187

6.1.2　CA6140车床电气控制线路与

原理　…………………………… 192

6.1.3　CA6140车床电气控制线路的安装

与常见故障检修　……………… 197

6.2　T68型卧式镗床电气控制线路的

分析与检修　…………………………… 205

6.2.1　T68型卧式镗床的组成与应用　… 205

6.2.2　T68型卧式镗床电气控制线路与

原理　…………………………… 209

6.2.3　T68型卧式镗床电气控制线路的

安装与常见故障检修　………… 215

6.3　交流桥式起重机电气控制线路的

分析与检修　…………………………… 219

6.3.1　交流桥式起重机的组成与应用　… 219

6.3.2　交流桥式起重机电气控制线路与

原理　…………………………… 223

6.3.3　交流桥式起重机电气控制线路

典型故障分析　………………… 232

任务实施　………………………………… 233

任务6　CA6140车床电气控制线路的

安装　……………………………… 233

考核评价　………………………………… 234

项目总结　………………………………… 235

拓展训练　………………………………… 237

参考文献　………………………………… 239

项目 1　常用低压电器的认知

 项目描述

　　在工矿企业的电气控制设备中，基本上采用的都是低压电器。因此，低压电器是电气控制中的基本组成元件，控制系统的优劣和低压电器的性能有直接的关系。电动机和低压电器的选择是电气控制设计中极其重要的环节，它直接影响后续电气电路的性能和安全。本项目详细地介绍常用低压电器元件的功能及作用。

 项目目标

知识目标	1. 了解常用低压电器的结构及工作原理 2. 了解常用低压电器的作用、分类、型号意义及技术参数 3. 会识读电气原理图
能力目标	1. 会用万用表对低压电器进行检测 2. 会合理选用常用低压电器的类型和参数 3. 会用仪表和工具拆装及维修常用低压电器
思政目标	1. 培养学生民族自豪感 2. 培养学生精益求精的工匠精神 3. 训练或培养学生获取信息的能力 4. 培养学生团结协作交流协调的能力 5. 养成严谨的工作作风

 **知识准备**

1.1　电器的基本知识

1.1.1　电器的分类

　　电器是用于接通和断开电路或调节、控制和保护电路及电气设备的电工器具。由控制电器组成的自动控制系统，称为继电器–接触器控制系统，简称电器控制系统。

电器的分类

电器的用途广泛,功能多样,种类繁多,结构各异。下面是几种常用的电器分类。

1. 按工作电压等级分类

(1)高压电器:用于交流电压1200 V、直流电压1500 V及以上电路中的电器,如高压断路器、高压隔离开关、高压熔断器等。

(2)低压电器:用于交流50 Hz(或60 Hz)、额定电压1200 V以下、直流额定电压1500 V及以下电路中的电器,如接触器、继电器等。

2. 按动作原理分类

(1)手动电器:用手或依靠机械力进行操作的电器,如手动开关、控制按钮、行程开关等主令电器。

(2)自动电器:借助于电磁力或某个物理量的变化自动进行操作的电器,如接触器、继电器、电磁阀等。

3. 按用途分类

(1)配电电器:主要用于低压配电系统中。要求系统发生故障时准确动作、可靠工作,在规定条件下具有相应的动稳定性与热稳定性,使电器不会被损坏。常用的配电电器有刀开关、转换开关、熔断器、断路器等。

(2)控制电器:用于各种控制电路和控制系统的电器,如接触器、继电器、电动机启动器等。

(3)主令电器:用于自动控制系统中发送动作指令的电器,如按钮、行程开关、万能转换开关等。

(4)保护电器:用于保护电路及用电设备的电器,如熔断器、热继电器、各种保护继电器、避雷器等。

(5)执行电器:用于完成某种动作或传动功能的电器,如电磁铁、电磁离合器等。

4. 按工作原理分类

(1)电磁式电器:依据电磁感应原理来工作,如接触器、各种类型的电磁式继电器等。

(2)非电量控制电器:依靠外力或某种非电物理量的变化而动作的电器,如刀开关、行程开关、按钮、速度继电器、温度继电器等。

1.1.2 电器的作用

低压电器能够依据操作信号或外界现场信号的要求,自动或手动地改变电路的状态、参数,实现对电路或被控对象的控制、保护、测量、指示、调节。低压电器的作用如下:

(1)控制作用:如电梯的上下移动、快慢速自动切换与自动停层等。

(2)保护作用:能根据设备的特点对设备、环境以及人身实行自动保护,如电机的过热保护、电网的短路保护、漏电保护等。

(3)测量作用:利用仪表及与之相适应的电器,对设备、电网或其他非电参数进行测量,如电流、电压、功率、转速、温度、湿度等。

电器的作用

(4)调节作用:低压电器可对一些电量和非电量进行调整,以满足用户的要求,如柴油机油门的调整、房间温湿度的调节、照度的自动调节等。

（5）指示作用：利用低压电器的控制、保护等功能，检测出设备运行状况与电气电路工作情况，如绝缘监测、保护掉牌指示等。

（6）转换作用：在用电设备之间转换或使低压电器的控制电路分时投入运行，以实现功能切换，如手动励磁装置与自动励磁装置的转换、市电与自备电的切换等。

当然，低压电器的作用远不止这些，随着科学技术的发展，新功能、新设备会不断出现。常用低压电器的主要种类和用途如表 1-1 所示。

对低压配电电器的要求是灭弧能力强，分断能力好，热稳定性能好，限流准确等。对低压控制电器，则要求其动作可靠，操作频率高，寿命长并具有一定的负载能力。

表 1-1　常用低压电器的主要种类及用途

序号	类　别	主要品种	用　　途
1	断路器	塑料外壳式断路器	主要用于电路的过负荷、短路、欠电压或漏电压保护，也可用于不频繁接通和断开的电路
		框架式断路器	
		限流式断路器	
		漏电保护式断路器	
		直流快速断路器	
2	刀开关	开关板用刀开关	主要用于电路的隔离，有时也能分断负荷
		负荷开关	
		熔断器式刀开关	
3	转换开关	组合开关	主要用于电源切换，也可用于负荷的通断和电路的切换
		换向开关	
4	主令电器	按钮	主要用于发布命令或控制程序
		限位开关	
		微动开关	
		接近开关	
		万能转换开关	
5	接触器	交流接触器	主要用于远距离频繁控制负荷，切断带负荷电路
		直流接触器	
6	启动器	磁力启动器	主要用于电动机的启动
		星-三角启动器	
7	控制器	自耦减压启动器	主要用于控制回路的切换
		凸轮控制器	

序号	类 别	主要品种	用 途
8	继电器	电流继电器	主要用于控制电路中，将被控量转换成控制电路所需的电量或开关信号
		电压继电器	
		时间继电器	
		中间继电器	
		温度继电器	
		热继电器	
9	熔断器	有填料熔断器	主要用于电路短路保护，也用于电路的过载保护
		无填料熔断器	
		半封闭插入式熔断器	
		快速熔断器	
		自复熔断器	
10	电磁铁	制动电磁铁	主要用于起重、牵引、制动等
		起重电磁铁	
		牵引电磁铁	

1.2 刀 开 关

开关是最普通、使用最早的电器，其作用是分合电路、开断电流。常用的开关有刀开关、隔离开关、负荷开关、转换开关(组合开关)、自动空气开关(空气断路器)等。

1.2.1 刀开关的结构和用途

1. 刀开关

刀开关在低压电路中用于不频繁地手动接通、断开电路和作为电源隔离开关使用。刀开关主要由手柄、触刀、静插座、铰链支座和绝缘底座组成，如图1-1所示。刀开关的刀片应垂直安装，手柄要向上为合闸状态，向下为分闸状态，不得倒装或平装，避免由于重力自动下落而引起误动合闸。接线时，应将电源线接在上端，负载线接在下端。

刀开关的
结构和用途

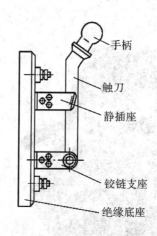

图 1-1　刀开关结构图

节能减排-拉闸限电

2. 开启式负荷开关(HK 系列)

开启式负荷开关又称胶盖瓷底开关,主要用作电气照明电路和电热电路的控制开关。与刀开关相比,负荷开关增设了保险丝和防护外壳胶盖。负荷开关内部装设了保险丝,可以实现短路保护。由于有胶盖,因此在分断电路时产生的电弧不致飞出,同时可防止极间飞弧造成相间短路。其实物外形如图 1-2 所示。其安装注意事项和普通刀开关相同,电源进线应接在静插座一边的进线端。用电设备应接在动触刀一边的出线端。当刀开关断开时,闸刀和保险丝均不带电,以保证更换保险丝时的安全。

图 1-2　胶盖刀开关

3. 封闭式负荷开关(HH 系列)

封闭式负荷开关又称铁壳开关,主要由熔断器、夹座、闸刀、手柄、转轴和速动弹簧构成。三相动触刀固定在一根绝缘的方轴上,通过手柄操纵。其外形和结构如图 1-3 所示。铁壳开关常用在农村和工矿的电力照明、电力排灌等配电设备中。与闸刀开关一样,铁壳开关也不能用于频繁地通断控制。

操作机构采用储能合闸方式,在操作机构中装有速动弹簧,可使开关迅速通断电路,其通断速度与操作手柄的操作速度无关,有利于迅速断开电路,熄灭电弧。操作机构装有机械联锁,用于保证当盖子打开时手柄不能合闸,当手柄处于闭合位置时盖子不能打开,以保证操作安全。

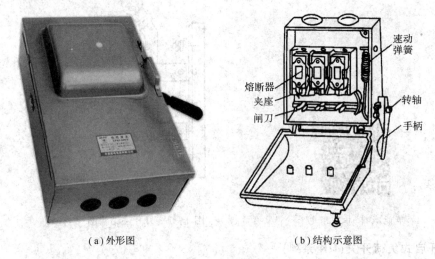

（a）外形图　　　　　　　（b）结构示意图

图1-3　铁壳开关

 小提示

（1）刀开关的动静触点应有足够大的接触压力，接触良好，以免过热损坏。

（2）刀开关各相分闸动作应一致。

（3）铁壳开关在使用中应注意：开关的金属外壳应可靠接地，防止外壳漏电；接线时应将电源进线接在静触座的接线端子上，负荷接在熔断器一侧。

1.2.2　刀开关的型号和符号

刀开关可以分为单极、双极和三极三种，有单方向投掷的单投开关和双方向投掷的双投开关，有带灭弧罩的刀开关和不带灭弧罩的刀开关，有带熔断器的开启式负荷开关和带灭弧装置及熔断器的封闭式负荷开关等。常用的产品有：HD11～HD14 和 HS11～HS13 系列刀开关，HK1、HK2系列胶盖开关，HH3、HH4 系列铁壳开关。

刀开关的
型号和符号

1. 型号

刀开关的型号组成及其含义如图1-4所示。

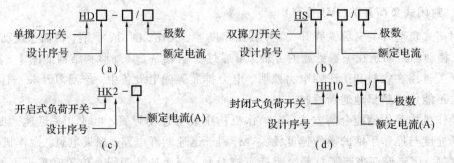

图1-4　刀开关的型号组成及其含义

2. 电气符号

刀开关的图形符号及文字符号如图 1-5 所示。

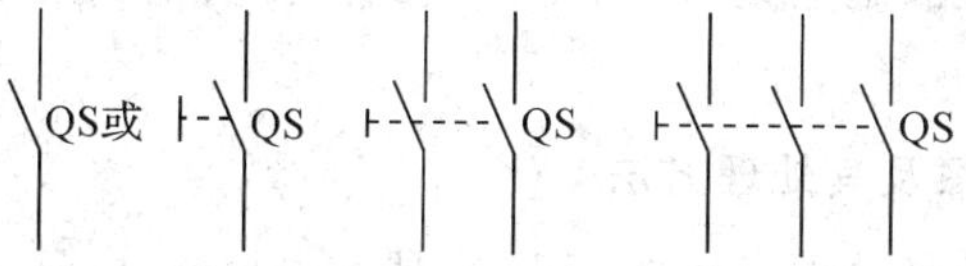

（a）单极　　　（b）双极　　　（c）三极

图 1-5　刀开关的图形符号及文字符号

1.2.3　刀开关的主要技术参数

刀开关的主要技术参数有额定电压、额定电流、通断能力、动稳定电流、热稳定电流等。其中：

（1）通断能力：是指在规定条件下，能在额定电压下接通和分断的电流值。

（2）动稳定电流：是指电路发生短路故障时，刀开关并不因短路电流产生的电动力作用而发生变形、损坏或触刀自动弹出之类的现象，这一短路电流（峰值）称为刀开关的动稳定电流。

刀开关的
主要技术参数

（3）热稳定电流：是指电路发生短路故障时，刀开关在一定时间（通常为 1 s）内通过某一短路电流，并不会因温度急剧升高而发生熔焊现象，这一最大短路电流称为刀开关的热稳定电流。

表 1-2 列出了 HK1 系列胶盖开关的技术参数。近年来我国研制的新产品有 HD18、HD17、HS17 等系列刀形隔离开关及 HG1 系列熔断器式隔离开关等。

表 1-2　HK1 系列胶盖开关的技术参数

额定电流值/A	极数	额定电压值/V	可控制电动机的最大容量值/kW		触刀极限分断能力（cosϕ=0.6）/A	熔丝极限分断能力/A	配用熔丝规格			
			220 V	380 V			熔丝成分(%)			熔丝直径/mm
							铅	锡	锑	
15	2	220	—		30	500	98	1	1	1.45~1.59
30	2	220	—	—	60	1000				2.30~2.52
60	2	220			90	1500				3.36~4.00
15	2	380	1.5	2.2	30	500	98	1	1	1.45~1.59
30	2	380	3.0	4.0	60	1000				2.30~2.52
60	2	380	4.4	5.5	90	1500				3.36~4.00

1.2.4　刀开关的选择与常见故障的处理方法

1. 选择刀开关的注意事项

（1）根据使用场合，选择刀开关的类型、极数及操作方式。

（2）刀开关的额定电压应大于或等于线路电压。

（3）刀开关的额定电流应等于或大于线路的额定电流。对于电动机负载，开启式刀开关的额定电流可取电动机额定电流的 3 倍，封闭式刀开关的额定电流可取电动机额定电流的 1.5 倍。

2. 刀开关的常见故障及其处理方法

刀开关的常见故障及其处理方法如表 1-3 所示。

表 1-3　刀开关的常见故障及其处理方法

故障现象	产生原因	处理方法
合闸后一相或两相没电	（1）插座弹性消失或开口过大； （2）熔丝熔断或接触不良； （3）插座、触刀氧化或有污垢； （4）电源进线或出线头氧化	（1）更换插座； （2）更换熔丝； （3）清洁插座或触刀； （4）检查进出线头
触刀和插座过热或烧坏	（1）开关容量太小； （2）分、合闸时动作太慢造成电弧过大，烧坏触点； （3）夹座表面烧毛； （4）触刀与插座压力不足； （5）负载过大	（1）更换较大容量的开关； （2）改进操作方法； （3）用细锉刀修整； （4）调整插座压力； （5）减轻负载或调换较大容量的开关
封闭式负荷开关的操作手柄带电	（1）外壳接地线接触不良； （2）电源线绝缘损坏且触碰外壳	（1）检查接地线； （2）更换导线

做一做

开启式负荷开关的检测

打开下胶盖盒，检查各相保险丝是否完好，固定螺钉是否牢固，而后将胶盖闸刀手柄闭合，用万用表电阻挡测试各组触点是否全部接通，若不是，则说明开关已坏。

胶盖闸刀手柄闭合，各触点应全部接通；闸刀手柄打开，各触点应全部断开。

从外观检测各刀片与对应夹座是否直线接触，有无歪扭，有无各刀片与夹座开合不同步的现象，夹座对刀片接触压力是否足够。

1.3　熔　断　器

熔断器主要由熔体和安装熔体的绝缘管（绝缘座）组成。熔断器是对电路、用电设备短路和过载进行保护的电器。熔断器一般串接在电路中，当电路正常工作时，熔断器就相当于一根导线；当电路出现短路或过载时，流过熔断器的电流很大，熔断器就会开路，从而保护电路和用电设备。

1.3.1 熔断器的分类

熔断器的种类很多，常见的有 RC 插入式熔断器、RL 螺旋式熔断器、RM 无填料封闭式熔断器、RS 快速熔断器、RT 有填料管式熔断器和 RZ 自复式熔断器等。常用熔断器的类型、特点和应用场合如表 1-4 所示。

熔断器的分类

表 1-4 常用熔断器的类型、特点和应用场合

类型	图片	特点	应用场合
RC1A 系列瓷插式熔断器		结构简单，价格低廉，更换方便，使用时将瓷盖插入瓷座，拔下瓷盖便可更换熔丝	额定电压为 380 V 及以下、额定电流为 5～200 A 的低压线路末端或分支电路中，用作线路和用电设备的短路保护，在照明线路中还可起过载保护作用
RL1 系列螺旋式熔断器		熔断管内装有石英砂、熔丝和带小红点的熔断指示器，石英砂用以增强灭弧性能。熔丝熔断后有明显指示	在交流额定电压 500 V、额定电流 200 A 及以下的电路中，作为短路保护器件
RM10 系列无填料封闭管式熔断器		熔断管为钢纸制成，两端为黄铜制成的可拆式管帽，管内熔体为变截面的熔片，更换熔体较方便	用于交流额定电压 380 V 及以下、直流电压 440 V 及以下、电流在 600 A 以下的电力线路中
RT0 系列有填料封闭管式熔断器		熔体是两片网状紫铜片，中间用锡桥连接。熔体周围填满石英砂，起灭弧作用	用于交流 380 V 及以下、短路电流较大的电力输配电系统中，作为线路及电气设备的短路保护及过载保护
NG30 系列有填料封闭管式圆筒帽形熔断器		熔断体由熔管、熔体、填料组成，由纯铜片制成的变截面熔体封装于高强度熔管内，熔管内充满高纯度石英砂作为灭弧介质，熔体两端采用点焊与端帽牢固连接	用于交流 50 Hz、额定电压 380 V、额定电流 63 A 及以下工业电气装置的配电线路中
RS0、RS3 系列有填料快速熔断器		当通过的电流为额定电流的 6 倍时，熔断时间不大于 20 ms，熔断时间短，动作迅速	主要用于半导体硅整流元件的过电流保护
RZ 自复式熔断器		在故障短路电流产生的高温下，局部液态金属钠迅速气化而蒸发，阻值剧增，即瞬间呈现高阻状态，从而限制了短路电流。当故障消失后，温度下降，金属钠蒸气冷却并凝结，自动恢复至原来的导电状态	用于交流 380 V 的电路中与断路器配合使用。熔断器的电流有 100 A、200 A、400 A、600 A 四个等级

1.3.2 熔断器的型号和符号

1. 型号

熔断器的型号组成及其含义如图 1-6 所示。

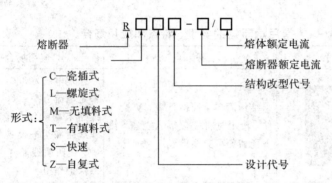

图 1-6 熔断器的型号组成及其含义

2. 电气符号

熔断器的图形符号和文字符号如图 1-7 所示。

图 1-7 熔断器的图形符号和文字符号

1.3.3 熔断器的主要参数

熔断器的主要技术参数包括额定电压、熔体额定电流、熔断器额定电流、极限分断能力等。

(1) 额定电压：指熔断器长时间工作所能承受的电压。如果熔断器的实际工作电压大于其额定电压，则熔体熔断时可能发生电弧不能熄灭的危险。

(2) 熔体额定电流：指熔体长期通过而不会熔断的电流。

(3) 熔断器额定电流：指保证熔断器能长期正常工作的电流。它由熔断器各部分长期工作时允许的升温决定。

(4) 极限分断能力：指熔断器在额定电压下所能开断的最大短路电流。在电路中出现的最大电流一般是指短路电流值，所以，极限分断能力也反映了熔断器分断短路电流的能力。

1.3.4 熔断器的选择与常见故障的处理方法

1. 熔断器的选择

熔断器的额定电流应大于等于所装熔体的额定电流，因此确定熔体电流是选择熔断器的主要任务，具体来说有下列几条原则：

（1）对于照明线路或电阻炉等没有冲击性电流的负载，熔断器用作过载和短路保护，熔体的额定电流应大于或等于负载的额定电流，即 $I_{RN} \geqslant I_N$。式中，I_{RN} 为熔体的额定电流，I_N 为负载的额定电流。

熔断器的选择
与常见故障
的处理方法

（2）电动机的启动电流很大，熔体在短时通过较大的启动电流时，不应熔断，因此熔体的额定电流选得较大，熔断器对电动机只宜用作短路保护而不用作过载保护。

① 保护单台长期工作的电机的熔体电流可按最大启动电流选取，也可按下式选取：

$$I_{RN} \geqslant (1.5 \sim 2.5)I_N$$

式中，I_{RN} 为熔体的额定电流；I_N 为电动机的额定电流。如果电动机频繁启动，则式中系数可适当加大至 $3 \sim 3.5$，具体应根据实际情况而定。

② 保护多台长期工作的电机出现尖峰电流时熔断器不熔断，则应按下式计算：

$$I_{RN} \geqslant (1.5 \sim 2.5)I_{N\max} + \sum I_N$$

式中，$I_{N\max}$ 为容量最大的一台电动机的额定电流，$\sum I_N$ 为其余各台电动机额定电流之和。

（3）快速熔断器熔体额定电流的选择。

在小容量变流装置（可控硅整流元件的额定电流小于 200 A）中，熔断器的熔体额定电流应按下式计算：

$$I_{RN} = 1.57 I_{SCR}$$

式中，I_{SCR} 为可控硅整流元件的额定电流。

2. 熔断器的常见故障及处理方法

熔断器的常见故障及处理方法如表 1-5 所示。

表 1-5 熔断器的常见故障及处理方法

故障现象	产生原因	处理方法
电路接通瞬间熔体熔断	熔体电流等级选择过小	更换熔体
	负载侧短路或接地	排除负载故障
	熔体安装时受机械损伤	更换熔体
熔体未熔断，但电路不通	熔体或接线座接触不良	重新连接

1.3.5 熔断器的安装与使用

熔断器的安装与使用要点如下：

熔断器的
安装与使用

（1）用于安装和使用的熔断器应完好无损，并标有额定电压和额定电流。

（2）安装熔断器时应保证熔体与夹头、夹头与夹座接触良好。瓷插式熔断器应垂直安装。螺旋式熔断器接线时，电源线应接在下接线座上，负载线应接在上接线座上，以保证能安全地更换熔管。

（3）熔断器内要安装合格的熔体，不能用小规格的熔体并联代替一根大规格的熔体。在多级保护的场合，各级熔体应相互配合，上级熔断器的额定电流等级以大于下级熔断器的额定电流等级两级为宜。

（4）更换熔体时必须切断电源，尤其不允许带负荷操作，以免发生电弧灼伤。管式熔断器的熔体应用专用的绝缘插拔器进行更换。

（5）对 RM10 系列熔断器，在切断三次相当于分断力的电流后，必须更换熔断管，以保证可靠地切断所规定分段能力的电流。

（6）熔体熔断后，应分析原因、排除故障后，再更换新的熔体。在更换新的熔体时不能轻易改变熔体的规格，更不能用铜丝或铁丝代替熔体。

（7）熔断器兼作隔离器件使用时，应安装在控制开关的电源进线端；若仅用作短路保护，则应装在控制开关的出线端。

 **做一做**

普通熔断器的检测

先用观察法查看其内部熔丝是否熔断，是否发黑，两端封口是否松动等，若有上述情况，则表明已损坏。也可将万用表调到蜂鸣挡，用万用表的两支表笔分别接到熔断器的两端，若有蜂鸣声，则说明熔断器可以正常工作，否则就是有损坏。或用万用表的 1 Ω 或 10 Ω 挡直接测量，其两端金属封口阻值应为 0 Ω，否则为损坏。

瓷插式熔断器的检测

打开瓷盖，观察动、静触点螺丝是否齐全牢固，熔丝选择是否合适。而后合上瓷盖，用万用表电阻挡测试输入点和输出点是否全部接通，若不是，则说明熔断器已坏。

1.4 低压断路器

低压断路器又称自动开关、空气开关，用于低压配电电路中不频繁地通断控制和保护。在电路发生短路、过载或欠电压等故障时，低压断路器能自动分断故障电路，是一种控制兼保护用电器的开关。

1.4.1 低压断路器的分类

1. 塑料外壳式断路器（DZ 型）

塑料外壳式断路器又称为装置式断路器，它采用封闭式结构，除按钮或手柄外，其余部件都安装在塑料外壳内。这种断路器的电流容量较小，分断能力弱，但分断速度快。它主要用在照明配电和电动机控制电路中，起保护作用。

低压断路
器的分类

常见的塑料外壳式断路器有 DZ5 系列和 DZ10 系列。其中 DZ5 系列为小电流断路器，额定电流一般为 10～50 A；DZ10 系列为大电流断路器，额定电流等级有 100 A、250 A、600 A 三种。图 1-8 所示为低压断路器的外形图。

图 1-8　低压断路器的外形图

2. 框架式断路器(DW 型)

框架式断路器又称为万能式断路器，它一般都有一个钢制的框架，所有的部件都安装在这个框架内。这种断路器的电流容量大，分断能力强，热稳定性好，主要用在 380 V 的低压配电系统中作过电流、欠电压和过热保护。

常见的框架式断路器有 DW10 系列和 DW15 系列，其额定电流等级有 200A、400A、600A、1000A、1500A、2500A 和 4000A 七种。

3. 限流式断路器(DWX 型)

这种断路器用于当电路出现短路故障时在短路电流还未达到预期的电流峰值前迅速将电路断开。这种断路器由于具有分断速度快的特点，因此常用在分断能力要求高的场合。常见的限流式断路器有 DWX 系列和 DZX 系列等。

低压断路器的结构和工作原理

1.4.2　低压断路器的结构和工作原理

低压断路器的结构示意图如图 1-9 所示，它主要由触点、灭弧系统、各种脱扣器和操作机构等组成，其中脱扣器包括过电流脱扣器、失压(欠电压)脱扣器、热脱扣器、分励脱扣器和自由脱扣器。

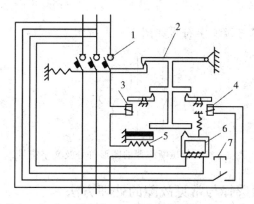

1—主触点；2—自由脱扣器；3—过电流脱扣器；4—分励脱扣器；
5—热脱扣器；6—欠电压脱扣器；7—按钮

图 1-9　低压断路器的结构示意图

断路器开关是靠手动或电动操作机构合闸的，触点闭合后，自由脱扣机构将触点锁扣在合闸位置上。

过电流脱扣器用于线路的短路和过电流保护，当线路的电流大于整定的电流值时，过电流脱扣器所产生的电磁力使挂钩脱扣，动触点在弹簧的拉力下迅速断开，实现断路器的跳闸功能。

热脱扣器用于线路的过载保护，工作原理和热继电器相同，过载时热元件发热使双金属片受热弯曲到位，推动脱扣器动作使断路器分闸。

失压(欠电压)脱扣器用于失压保护。如图 1-9 所示，失压脱扣器的线圈直接接在电源上，衔铁处于吸合状态，断路器可以正常合闸；当断电或电压很低时，失压脱扣器的吸力小于弹簧的反力，弹簧使动铁芯向上，从而使挂钩脱扣，实现断路器的跳闸功能。

分励脱扣器用于远程控制，当在远方按下按钮时，分励脱扣器通电流产生电磁力，使其脱扣跳闸。

不同断路器的保护是不同的，使用时应根据需要选用。保护功能主要有短路、过载、欠压、失压、漏电等。

1.4.3 低压断路器的型号和符号

1. 型号

低压断路器的型号组成及其含义如图 1-10 所示。

低压断路器的型号和符号

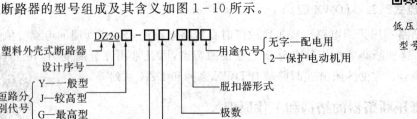

图 1-10 低压断路器的型号组成及其含义

2. 电气符号

低压断路器的图形符号及文字符号如图 1-11 所示。

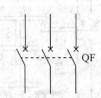

图 1-11 低压断路器的图形符号及文字符号

1.4.4 低压断路器的选择与常见故障的处理方法

1. 低压断路器的选用原则

选择低压断路器时应从以下几方面考虑：

(1)根据使用场合和保护要求来选择断路器类型。例如，照明线路、电动机控制一般选用塑壳式；配电线路短路电流很大时选用限流型断路器；额定电流比较大或有选择性保护要求时选用框架式。

（2）保护含有半导体器件的直流电路时应选用直流快速断路器等。

（3）断路器额定电压、额定电流应不小于线路、设备的正常工作电压、工作电流。

（4）断路器的极限通断能力不小于线路可能出现的最大短路电流。

（5）欠电压脱扣器的额定电压等于线路的额定电压。

（6）过电流脱扣器的额定电流不小于线路的最大负载电流。

低压断路器的选择与
常见故障的处理方法

2. 断路器的常见故障及其处理

断路器的常见故障及其处理方法如表 1-6 所示。

数字 AI 断路器

表 1-6　低压断路器的常见故障及其处理方法

故 障 现 象	产 生 原 因	处 理 方 法
手动操作断路器不能闭合	（1）电源电压太低； （2）热脱扣的双金属片尚未冷却复原； （3）欠电压脱扣器无电压或线圈损坏； （4）储能弹簧变形，导致闭合力减小； （5）反作用弹簧力过大	（1）检查线路并调高电源电压； （2）待双金属片冷却后再合闸； （3）检查线路，施加电压或调换线圈； （4）调换储能弹簧； （5）重新调整弹簧反力
电动操作断路器不能闭合	（1）电源电压不符； （2）电源容量不够； （3）电磁铁拉杆行程不够； （4）电动机操作定位开关变位	（1）调换电源； （2）增大操作电源容量； （3）调整或调换拉杆； （4）调整定位开关
电动机启动时断路器立即分断	（1）过电流脱扣器瞬时整定值太小； （2）脱扣器某些零件损坏； （3）脱扣器反力弹簧断裂或落下	（1）调整瞬间整定值； （2）调换脱扣器或损坏的零部件； （3）调换弹簧或重新装好弹簧
分励脱扣器不能使断路器分断	（1）线圈短路； （2）电源电压太低	（1）调换线圈； （2）检修线路，调整电源电压
欠电压脱扣器噪声大	（1）反作用弹簧力太大； （2）铁芯工作面有油污； （3）短路环断裂	（1）调整反作用弹簧； （2）清除铁芯油污； （3）调换铁芯
欠电压脱扣器不能使断路器分断	（1）反力弹簧弹力变小； （2）储能弹簧断裂或弹簧力变小； （3）机构生锈卡死	（1）调整弹簧； （2）调换或调整储能弹簧； （3）清除锈污

　做一做

断路器的检测

断路器检测通常使用万用表的电阻挡，检测过程如图 1-12 所示，具体分为以下两步：

（1）按下断路器上的开关，使之处于"ON"，然后将红黑表笔分别接在断路器对应的两

个接线端,正常阻值应为"0",接着再用同样的方法测量其他对应的接线端,正常阻值应为0,或者阻值很小。如果阻值无穷大或时大时小,则表明断路器开路或接触不良。

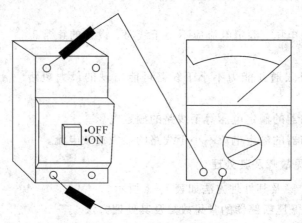

图1-12 断路器的检测过程

（2）按下断路器上的开关,使之处于"OFF",然后将红黑表笔分别接在断路器对应的两个接线端,正常阻值应为无穷大。如果阻值为零或时大时小,则表明断路器短路或接触不良。

1.5 接 触 器

接触器是一种用来自动接通或断开大电流电路的电器。它可以频繁地接通或分断交直流电路,并可实现远距离控制。其主要控制对象是电动机,也可用于电热设备、电焊机、电容器组等其他负载,还具有低电压释放保护功能。接触器具有控制容量大、过载能力强、寿命长、设备简单经济等特点,是电力拖动自动控制线路中使用最广泛的电器元件。接触器按其主触点通过电流的种类可分为交流接触器和直流接触器。交流接触器又可分为电磁式和真空式两种。这里主要介绍常用的电磁式交流接触器。

1.5.1 交流接触器的结构和工作原理

1. 交流接触器的结构和工作原理

交流接触器的外形如图1-13所示。

交流接触器的
结构和工作原理

（a）CJ20交流接触器的外形

（b）CJ10交流接触器的外形

图1-13 交流接触器的外形

　　图 1-14 为电磁式交流接触器的结构示意图，它分别由电磁机构、触点系统、灭弧装置和其他部件组成。

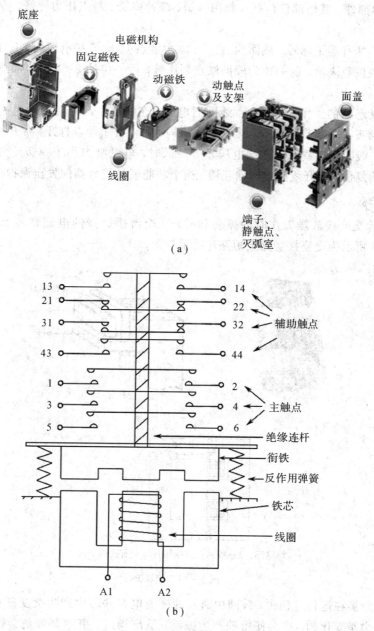

图 1-14　交流接触器的结构示意图

　　（1）电磁机构。电磁机构由线圈、动铁芯（衔铁）和静铁芯组成，其作用是将电磁能转换成机械能，产生电磁吸力带动触点动作。

　　（2）触点系统。触点系统包括主触点和辅助触点。主触点用于通断主电路，通常为三对常开触点。辅助触点用于控制电路，起电气联锁作用，故又称联锁触点，一般有常开、常闭各两对。

　　（3）灭弧装置。容量在 10 A 以上的接触器都有灭弧装置。对于小容量的接触器，常采用双断口触点灭弧、电动力灭弧、相间隔弧板隔弧及陶土灭弧罩灭弧。对于大容量的接触器，采用纵缝灭弧罩及栅片灭弧。高压接触器多采用真空灭弧。

（4）其他部件。其他部件包括反作用弹簧、缓冲弹簧、触点压力弹簧、传动机构及外壳等。

接触器上标有端子标号，线圈为 A1、A2，主触点 1、3、5 接电源侧，2、4、6 接负荷侧。辅助触点用两位数表示，前一位为辅助触点顺序号，后一位的 3、4 表示常开触点，1、2 表示常闭触点。

电磁式接触器的工作原理如下：线圈通电后，在铁芯中产生磁通及电磁吸力。此电磁吸力克服弹簧反力使得衔铁吸合，带动触点机构动作，常闭触点打开，常开触点闭合，互锁或接通线路。线圈失电或线圈两端电压显著降低时，电磁吸力小于弹簧反力，使得衔铁释放，触点机构复位，断开线路或解除互锁。这个功能就是接触器的失压保护功能。

2. 短路环

为了消除交流接触器工作时的振动和噪声，交流接触器的电磁铁芯上必须装有短路环。图 1-15 所示为交流接触器上短路环的示意图。

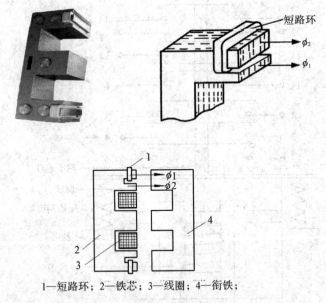

1—短路环；2—铁芯；3—线圈；4—衔铁；

图 1-15　短路环

交流接触器在运行过程中，线圈中通入的交流电在铁芯中产生交变磁通，因而铁芯与衔铁间的吸力是变化的。这会使衔铁产生振动，发出噪声，更主要的是会影响到触点的闭合。为消除这一现象，在交流接触器的铁芯两端各开一个槽，槽内嵌装短路环，如图 1-15 所示。加装短路环后，当线圈通以交流电时，线圈电流 I_1 产生磁通 ϕ_1，ϕ_1 的一部分穿过短路环，环中感应出电流 I_2，I_2 又会产生一个磁通 ϕ_2，两个磁通的相位不同，即 ϕ_1、ϕ_2 不同时为零，这样就保证了铁芯与衔铁在任何时刻都有吸力，衔铁将始终被吸住，从而解决了振动的问题。

知识点扩展

交、直流接触器的区别

□ 交流线圈短且粗，阻抗小；直流线圈长且细，阻抗大。

□ 交流铁芯为硅钢片，且线圈铁芯间有骨架，制成矮胖型；直流铁芯为整块的软钢，线圈无骨架，制成高而薄的瘦高型。

□ 交流接触器触点多为桥式，多采用电动力灭弧；直流接触器触点多为指型，多采用磁吹灭弧。

1.5.2　交流接触器的主要参数

1. 额定电压

接触器的额定电压有两种：一种是指主触点的额定电压（线电压），交流有 220 V、380 V 和 660 V，在特殊场合应用的额定电压高达 1140 V；另一种是指吸引线圈的额定电压，交流有 36 V、127 V、220 V 和 380 V。

交流接触器的
主要参数、
型号和符号

2. 额定电流

接触器的额定电流是指主触点的额定工作电流。它是在一定的条件（包括额定电压、使用类别和操作频率等）下规定的，目前常用的电流等级为 9～800 A。

交流接触器的使用类别、典型用途及主触点要求达到的接通和分断能力如表 1-7 所示。

表 1-7　交流接触器的使用类别、典型用途

使用类别	主触点接通和分断能力	典型用途
AC1	允许接通和分断额定电流	无感或微感负载、电阻炉
AC2	允许接通和分断 4 倍额定电流	绕线式感应电动机的启动和制动
AC3	允许接通 6 倍额定电流和分断额定电流	笼型感应电动机的启动和分断
AC4	允许接通和分断 6 倍额定电流	笼型感应电动机的启动、反转、反接制动

3. 通断能力

通断能力可分为最大接通电流和最大分断电流。最大接通电流是指触点闭合时不会造成触点熔焊时的最大电流值；最大分断电流是指触点断开时能可靠灭弧的最大电流。

4. 动作值

动作值是指接触器的吸合电压和释放电压。规定接触器的吸合电压大于线圈额定电压的 85% 时应可靠吸合，释放电压不高于线圈额定电压的 70%。

5. 额定操作频率

接触器的额定操作频率是指每小时允许的操作次数，一般为 300 次/h、600 次/h 和 1200 次/h。

6. 寿命

接触器的寿命包括电气寿命和机械寿命。目前接触器的机械寿命已达一千万次以上，电气寿命约是机械寿命的 5%～20%。

1.5.3 接触器的型号和符号

1. 型号

接触器的型号组成及其含义如图 1-16 所示。

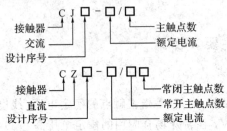

图 1-16 接触器的型号组成及其含义

2. 电气符号

交、直流接触器的图形符号及文字符号如图 1-17 所示。

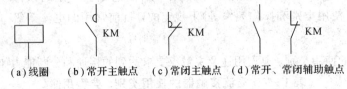

(a)线圈 (b)常开主触点 (c)常闭主触点 (d)常开、常闭辅助触点

图 1-17 接触器的图形符号及文字符号

1.5.4 接触器的选择与常见故障的处理方法

1. 选择接触器时应遵循的原则

(1) 根据负载性质选择接触器的结构形式及使用类别。

(2) 主触点的额定工作电流应大于或等于负载电路的电流。要注意的是，接触器的额定工作电流是在规定的条件(包括额定工作电压、使用类别、操作频率等)下能够正常工作的电流值。当实际使用条件不同时，这个电流值也将随之改变。

接触器的选择
与常见故障
的处理方法

(3) 主触点的额定工作电压应大于或等于负载电路电压。

(4) 吸引线圈的额定电压应与控制电路电压相一致。当控制线路简单、使用电器较少时，为节省变压器，可直接选用 380V 或 220V 的交流电压；当线路复杂、使用电器超过 5 个时，从人身和设备安全角度考虑，吸引线圈电压要选低一些，可用 36 V 或 110 V 交流电压的线圈。

(5) 接触器触点数和种类应满足主电路和控制电路的要求。

2. 接触器常见故障及其处理方法

接触器常见故障及其处理方法如表 1-8 所示。

表 1－8　接触器常见故障及其处理方法

故障现象	产生原因	处理方法
接触器不吸合或吸不牢	(1) 电源电压过低； (2) 线圈断路； (3) 线圈技术参数与使用条件不符； (4) 铁芯机械卡阻	(1) 调高电源电压； (2) 调换线圈； (3) 排除卡阻物
线圈断电，接触器不释放或释放缓慢	(1) 触点熔焊； (2) 铁芯表面有油污； (3) 触点弹簧压力过小或复位弹簧损坏； (4) 机械卡阻	(1) 排除熔焊故障，修理或更换触点； (2) 清理铁芯极面； (3) 调整触点弹簧力或更换复位弹簧； (4) 排除卡阻物
触点熔焊	(1) 操作频率过高或过负载使用； (2) 负载侧短路； (3) 触点弹簧压力过小； (4) 触点表面有电弧灼伤； (5) 机械卡阻	(1) 调换合适的接触器或减小负载； (2) 排除短路故障，更换触点； (3) 调整触点弹簧压力； (4) 清理触点表面； (5) 排除卡阻物
铁芯噪声过大	(1) 电源电压过低； (2) 短路环断裂； (3) 铁芯机械卡阻； (4) 铁芯极面有油垢或磨损不平； (5) 触点弹簧压力过大	(1) 检查线路并提高电源电压； (2) 调换铁芯或短路环； (3) 排除卡阻物； (4) 用汽油清洗极面或更换铁芯； (5) 调整触点弹簧压力
线圈过热或烧毁	(1) 线圈匝间短路； (2) 操作频率过高； (3) 线圈参数与实际使用条件不符； (4) 铁芯机械卡阻	(1) 更换线圈并找出故障原因； (2) 调换合适的接触器； (3) 调换线圈或接触器； (4) 排除卡阻物

 做一做

交流接触器的检测

(1) 从外观检查交流接触器是否完整无缺，各接线端和螺钉是否完好。

(2) 主触点的检测。将万用表调到蜂鸣挡，用万用表的两支表笔分别接到交流接触器的一对主触点的两端，若此时没有蜂鸣声，而按下按钮有蜂鸣声，则说明交流接触器的主触点可以正常工作，否则就是有损坏。

(3) 辅助触点的检测。将万用表调到蜂鸣挡，用万用表的两支表笔分别接到交流接触器的一辅助触点的两端，若此时有(没有)蜂鸣声，而按下按钮没有(有)蜂鸣声，则说明这对触点是辅助触点的常闭(常开)触点，交流接触器的辅助触点可以正常工作，否则就是有损坏。

(4) 线圈的检测。将万用表调到 1 k 电阻挡，用万用表的两支表笔分别接到交流接触器线圈的两端，有一个数值，说明线圈是好的，否则有损坏。

1.6 继 电 器

继电器是根据某种输入信号的变化，接通或断开控制电路，实现自动控制和保护电力装置的自动电器。

继电器的种类很多，按输入信号的性质分为电压继电器、电流继电器、时间继电器、温度继电器、速度继电器、压力继电器等；按工作原理分为电磁式继电器、感应式继电器、电动式继电器、热继电器和电子式继电器等；按输出形式分为有触点和无触点两类；按用途分为控制用与保护用继电器。

继电器及其分类

常用的继电器有：电磁式继电器、时间继电器、热继电器、速度继电器、温度继电器、压力继电器、液位继电器等。

1.6.1 电磁式继电器

在低压控制系统中采用的继电器大部分是电磁式继电器。电磁式继电器的结构及工作原理与接触器基本相同。图 1-18 所示为几种常用电磁式继电器的外形图。

电磁式继电器

（a）电流继电器

（b）电压继电器

（c）中间继电器

图 1-18 常见电磁式继电器的外形图

小提示

继电器和接触器的主要区别

继电器是用于切换小电流电路的控制电路和保护电路，没有灭弧装置，也无主触点和辅助触点之分，可以在电量或非电量的作用下动作；而接触器是用来控制大电流的电路，有灭弧装置，一般只能在电压作用下动作。

电磁式继电器的结构示意图如图 1-19 所示，它由电磁机构和触点系统组成。电磁式继电器按吸引线圈电流的类型可分为直流电磁式继电器和交流电磁式继电器；按其在电路中的连接方式可分为电流继电器（过电流继电器、欠电流继电器）、电压继电器（过电压继电器、欠（零）电压继电器）和中间继电器等。

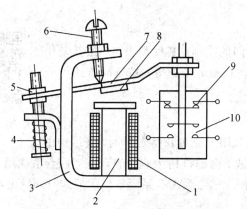

1—线圈；2—铁芯；3—磁轭；4—弹簧；5—调节螺母；6—调节螺钉；
7—衔铁；8—非磁性垫片；9—常闭触点；10—常开触点

图 1-19　电磁式继电器的结构示意图

工匠精神

 知识点扩展

1. 电流继电器

电流继电器的线圈串联在被测电路中，线圈阻抗小。

□ 过电流继电器：线圈电流高于整定值时动作的继电器。

当正常工作时，衔铁是释放的；当电路发生过载或短路故障时，衔铁立即吸合，实现保护。

□ 欠电流继电器：线圈电流低于整定值时动作的继电器。

当正常工作时，衔铁是吸合的；当电路发生电流过低现象时，衔铁立即释放，实现保护。

2. 电压继电器

电压继电器线圈并联在被测电路中，线圈阻抗大。

□ 过电压继电器：线圈电压高于整定值时动作的继电器。

当电路正常工作时，衔铁是释放的；当电路发生过电压故障时，衔铁立即吸合，实现保护。

□ 欠（零）电压继电器：线圈电压低于整定值时动作的继电器。

当电路正常工作时，衔铁是吸合的；当电路发生电压过低现象时，衔铁立即释放，实现保护。

3. 中间继电器

□ 中间继电器在结构上是电压继电器，但触点数多，触点容量比电压继电器大。

□ 中间继电器与交流接触器的主要区别是触点数目多，且触点容量小，只允许通过小电流。

□ 中间继电器通常用来传递信号和同时控制多个电路，也可用来直接控制小容量电动机或其他电气执行元件。

□ 在选用中间继电器时，主要考虑电压等级和触点数目。

1.6.2 时间继电器

时间继电器在控制电路中用于时间的控制。其种类很多，按其动作
原理可分为电磁式、空气阻尼式、电动式和电子式等；按延时方式可分
为通电延时型和断电延时型。

时间继电器

1. 空气阻尼式时间继电器

空气阻尼式时间继电器是利用空气阻尼原理获得延时的，其结构由
电磁系统、延时机构和触点三部分组成。电磁机构为双正直动式，触点系统用 LX5 型微动
开关，延时机构采用气囊式阻尼器。图 1-20 为 JS7 系列空气阻尼式时间继电器的外形图。

图 1-20　JS7 系列空气阻尼式时间继电器的外形图

空气阻尼式时间继电器既具有由空气室中的气动机构带动的延时触点，也具有由电磁
机构直接带动的瞬动触点，既可以做成通电延时型，也可以做成断电延时型。电磁机构可
以是直流的，也可以是交流的。

改变电磁机构的安装方向，便可实现不同的延时方式：当衔铁位于铁芯和延时机构之
间时为通电延时，如图 1-21(a)所示；当铁芯位于衔铁和延时机构之间时为断电延时，如
图 1-21(b)所示。

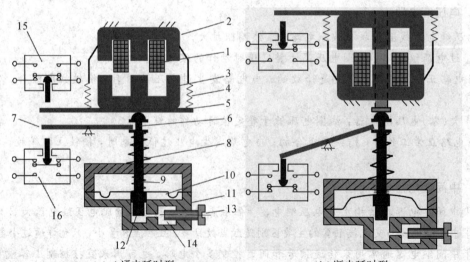

（a）通电延时型　　　　　　　　　　　（b）断电延时型
1—线圈；2—铁芯；3—衔铁；4—反力弹簧；5—推板；6—活塞杆；7—杠杆；8—塔形弹簧；9—弱弹簧；
10—橡皮膜；11—空气室壁；12—活塞；13—调节螺钉；14—进气孔；15、16—微动开关

图 1-21　JS7-A 系列空气阻尼式时间继电器结构原理图

当线圈 1 通电后,铁芯 2 将衔铁 3 吸合,活塞杆 6 在塔形弹簧 8 的作用下,带动活塞 12 及橡皮膜 10 向上移动,由于橡皮膜下方气室空气稀薄,形成负压,因此活塞杆 6 不能上移。当空气由进气孔 14 进入时,活塞杆 6 才逐渐上移。移到最上端时,杠杆 7 才使微动开关动作。延时时间为自电磁铁吸引线圈通电时刻到微动开关动作时为止的这段时间。通过调节螺杆 13 调节进气口的大小,就可以调节延时时间。

当线圈 1 断电时,衔铁 3 在反力弹簧 4 的作用下将活塞 12 推向最下端。因活塞被往下推时,橡皮膜下方孔内的空气都通过橡皮膜 10、弱弹簧 9 和活塞 12 肩部所形成的单向阀,经上气室缝隙顺利排掉,因此延时与不延时的微动开关 15 与 16 都迅速复位。

空气阻尼式时间继电器的特点是:延时范围较大(0.4~180 s),结构简单,寿命长,价格低。但其延时误差较大,无调节刻度指示,难以确定整定延时值。在对延时精度要求较高的场合,不宜使用这种时间继电器。

2. 电子式时间继电器

当前电子式时间继电器已成为时间继电器的主流产品,电子式时间继电器采用晶体管或集成电路和电子元件等构成。目前已有采用单片机控制的时间继电器。电子式时间继电器具有延时范围大、精度高、体积小、耐冲击和耐振动、调节方便及寿命长等优点,所以发展很快,应用广泛。图 1-22 为电子式时间继电器的外形图。

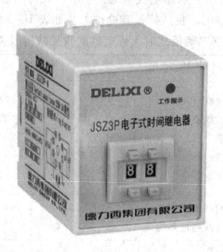

图 1-22　电子式时间继电器的外形图

3. 时间继电器的型号和符号

1)型号

时间继电器的型号组成及其含义如图 1-23 所示。

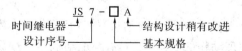

图 1-23　时间继电器的型号组成及其含义

2)电气符号

时间继电器的图形符号及文字符号如图 1-24 所示。

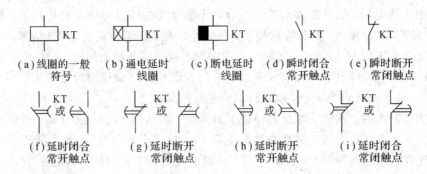

图 1-24 时间继电器的图形符号及文字符号

4. 时间继电器的选择与常见故障的处理方法

时间继电器形式多样，各具特点，选择时应从以下几方面考虑：

（1）可根据控制电路对延时触点的要求选择延时方式，即通电延时型或断电延时型。

（2）可根据延时范围和精度要求选择继电器类型。

（3）可根据使用场合、工作环境选择时间继电器的类型。例如，电源电压波动大的场合可选空气阻尼式或电动式时间继电器，电源频率不稳定的场合不宜选用电动式时间继电器，环境温度变化大的场合不宜选用空气阻尼式和电子式时间继电器。

空气阻尼式时间继电器的常见故障及其处理方法如表 1-9 所示。

表 1-9 空气阻尼式时间继电器的常见故障及其处理方法

故障现象	产 生 原 因	处 理 方 法
延时触点 不动作	（1）电磁铁线圈断线； （2）电源电压低于线圈额定电压很多； （3）电动式时间继电器的同步电动机线圈断线； （4）电动式时间继电器的棘爪无弹性，不能刹住棘齿； （5）电动式时间继电器的游丝断裂	（1）更换线圈； （2）更换线圈或调高电源电压； （3）调换同步电动机； （4）调换棘爪； （5）调换游丝
延时时间 缩短	（1）空气阻尼式时间继电器的气室装配不严，漏气； （2）空气阻尼式时间继电器的气室内橡皮薄膜损坏	（1）修理或调换气室； （2）调换橡皮薄膜
延时时间 变长	（1）空气阻尼式时间继电器的气室内有灰尘，使气道阻塞； （2）电动式时间继电器的传动机构缺润滑油	（1）清除气室内灰尘，使气道畅通； （2）加入适量的润滑油

1.6.3 热继电器

热继电器主要用于电气设备（主要是电动机）的过负荷保护。热继电器是一种利用电流热效应原理动作的电器，它具有与电动机容许过载特性相近的反时限动作特性，主要与接触器配合使用，用于对三相异步电动机的过负荷和断相保护。图 1-25 所示为热继电器的保护特性和 JR16-20 热继电器的外形图。

热继电器

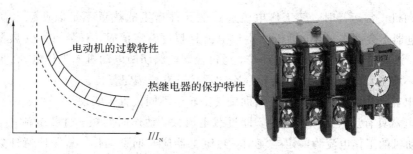

图 1 - 25　热继电器的保护特性和 JR16 - 20 热继电器的外形图

热继电器按相数来分,有单相式、两相式和三相式三种类型;按功能来分,三相式热继电器又有带断相保护装置的和不带断相保护装置的;按复位方式分,有自动复位的和手动复位的(所谓自动复位,是指触点断开后能自动返回);按温度补偿分,有带温度补偿的和不带温度补偿的。

 **小提示**

熔断器和热继电器的区别

相同点:都属于电流保护电器,都具有反时限特性。

不同点:熔断器主要用于短路保护,热继电器用于过载保护;熔断器利用的是热熔断原理,要求熔体有较高的熔断系数,而热继电器利用的是热膨胀原理,要求双金属片有较高的膨胀系数;热继电器保护有较大的延迟性,而短路保护要求熔断器的动作必须具有瞬时性。

1. 热继电器的结构和工作原理

图 1 - 26 所示是双金属片式热继电器的结构示意图。由图中可见,热继电器主要由双金属片、热元件电阻丝、复位按钮、推杆、弹簧、调节凸轮、复位按钮、触点等组成。双金属片由两种热膨胀系数不同的金属辗压而成。当双金属片受热时,会出现弯曲变形。使用时,把热元件串接于电动机的定子电路中,通过热元件的电流就是电动机的工作电流,而常闭触点串接于电动机的控制电路中。

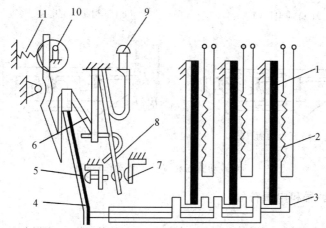

1—双金属片;2—热元件电阻丝;3—导板;4—补偿双金属片;5—螺钉;6—推杆;
7—静触头;8—动触头;9—复位按钮;10—调节凸轮;11—弹簧

图 1 - 26　双金属片式热继电器的结构示意图

当电动机正常运行时，其工作电流通过热元件产生的热量不足以使双金属片变形到位，热继电器不会动作。当电动机发生过电流且超过整定值时，双金属片受热量增大而发生弯曲，经过一定时间后，使触点动作，通过控制电路切断电动机的工作电源。热继电器动作后一般不能自动复位，要等双金属片冷却后按下复位按钮复位。

热继电器动作电流的调节可以借助旋转凸轮于不同位置来实现。

热继电器具有反时限保护特性，即过载电流大，动作时间短，过载电流小，动作时间长。当电动机的工作电流为额定电流时，热继电器应长期不动作。其保护特性如表 1 - 10 所示。

表 1 - 10　热继电器的保护特性

序　号	整定电流倍数	动作时间	试验条件
1	1.05	>2 h	冷态
2	1.2	<2 h	热态
3	1.6	<2 min	热态
4	6	>5 s	冷态

由于热继电器中发热元件有热惯性，因此在电路中不能用作瞬时过载保护，更不能用作短路保护。

电动机断相运行是电动机烧毁的主要原因之一，因此要求热继电器还应具备断相保护功能。如图 1 - 27 所示，热继电器的导板采用差动机构，在断相工作时，其中两相电流增大，一相逐渐冷却，这样可使热继电器的动作时间缩短，从而更有效地保护电动机。

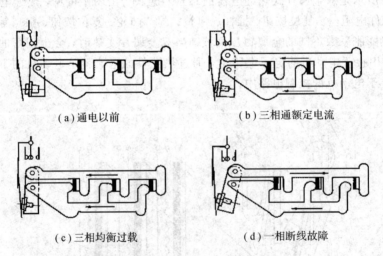

(a) 通电以前　　　　　　　　　(b) 三相通额定电流

(c) 三相均衡过载　　　　　　　(d) 一相断线故障

图 1 - 27　差动式断相保护装置动作原理图

2. 热继电器的型号和电气符号

1）型号

热继电器的型号组成及其含义如图 1 - 28 所示。

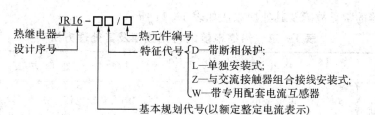

图 1-28　热继电器的型号组成及其含义

2）电气符号

热继电器的图形符号及文字符号如图 1-29 所示。

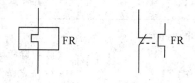

（a）热继电器的驱动器件　　　（b）常闭触点

图 1-29　热继电器的图形符号及文字符号

3. 热继电器的主要参数

热继电器的主要参数如下：

（1）热元件额定电流：热元件的最大整定电流值。

（2）整定电流：热元件能够长期通过而不致引起热继电器动作的最大电流值。

（3）热继电器额定电流：热继电器中，可以安装的热元件的最大整定电流值。

4. 热继电器的选择与常见故障的处理方法

热继电器主要用于电动机的过载保护，使用中应考虑电动机的工作环境、启动情况、负载性质等因素，具体应从以下几个方面来选择。

（1）热继电器结构形式的选择：Y 接法的电动机可选用两相或三相结构热继电器；△接法的电动机应选用带断相保护装置的三相结构热继电器。

（2）根据被保护电动机的实际启动时间选取 6 倍额定电流下具有相应可返回时间的热继电器。一般热继电器的可返回时间大约为 6 倍额定电流下动作时间的 50%～70%。

（3）热元件额定电流一般可按下式确定：

$$I_N = (0.95 \sim 1.05)I_{MN}$$

式中，I_N 为热元件的额定电流，I_{MN} 为电动机的额定电流。

对于工作环境恶劣、启动频繁的电动机，应按下式确定：

$$I_N = (1.15 \sim 1.5)I_{MN}$$

热元件选好后，还需用电动机的额定电流来调整它的整定值。

（4）对于重复短时工作的电动机（如起重机电动机），由于电动机不断重复升温，热继电器双金属片的温升跟不上电动机绕组的温升，电动机将得不到可靠的过载保护，因此不宜选用双金属片热继电器，而应选用过电流继电器或能反映绕组实际温度的温度继电器来进行保护。

热继电器的常见故障及其处理方法如表 1-11 所示。

表 1-11 热继电器的常见故障及其处理方法

故 障 现 象	产 生 原 因	处 理 方 法
热继电器误动作或动作太快	(1) 整定电流偏小； (2) 操作频率过高； (3) 连接导线太细	(1) 调大整定电流； (2) 调换热继电器或限定操作频率； (3) 选用标准导线
热继电器不动作	(1) 整定电流偏大； (2) 热元件烧断或脱焊； (3) 导板脱出	(1) 调小整定电流； (2) 更换热元件或热继电器； (3) 重新放置导板并试验动作灵活性
热元件烧断	(1) 负载侧电流过大； (2) 反复； (3) 短时工作； (4) 操作频率过高	(1) 排除故障，调换热继电器； (2) 限定操作频率或调换合适的热继电器
主电路不通	(1) 热元件烧毁； (2) 接线螺钉未压紧	(1) 更换热元件或热继电器； (2) 旋紧接线螺钉
控制电路不通	(1) 热继电器常闭触点接触不良或弹性消失； (2) 手动复位的热继电器动作后，未手动复位	(1) 检修常闭触点； (2) 手动复位

 做一做

热继电器的检测

(1) 从外观检查热继电器是否完整无缺，各接线端和螺钉是否完好。

(2) 将万用表调到蜂鸣挡，用万用表的两支表笔分别接到热继电器的一对线圈的两端，有蜂鸣声说明这对线圈良好，否则说明有损坏。

(3) 将万用表调到蜂鸣挡，用万用表的两支表笔分别接到热继电器的一对触点的两端，若此时有(没有)蜂鸣声，而按下按钮时没有(有)蜂鸣声，则说明这对触点是常闭(常开)触点，热继电器可以正常工作，否则就是有损坏。

1.6.4 速度继电器

速度继电器是用来反映转速与转向变化的继电器，它可以按照被控电动机转速的大小使控制电路接通或断开。速度继电器通常与接触器配合，实现对电动机的反接制动。速度继电器的实物图如图 1-30 所示。

速度继电器

图 1-30　速度继电器的实物图

1. 速度继电器的结构和工作原理

从结构上看，速度继电器主要由转子、转轴、定子和触点等部分组成，如图 1-31 所示。转子是一个圆柱形永久磁铁，定子是一个笼型空心圆环，并装有笼型绕组。

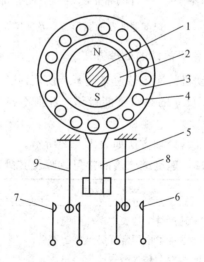

1—转轴；2—转子；3—定子；4—绕组；5—摆杆；6、7—静触点；8、9—簧片

图 1-31　速度继电器的结构原理图

工作过程：速度继电器的转轴和电动机的轴通过联轴器相连，当电动机转动时，速度继电器的转子随之转动，定子内的绕组便切割磁力线，产生感应电流，此电流与转子磁场作用产生转矩，使定子随转子方向开始转动。电动机转速达到某一值时，产生的转矩能使定子转到一定角度，从而使摆杆推动常闭触点动作；当电动机转速低于某一值或停转时，定子产生的转矩会减小或消失，触点在弹簧的作用下复位。

速度继电器有两组触点(每组各有一对常开触点和常闭触点)，可分别控制电动机正、反转的反接制动。通常当速度继电器转轴的转速达到 120 r/min 时，触点即动作；当转速低于 100 r/min 时，触点即复位。

2. 速度继电器的型号和电气符号

1）型号

速度继电器的型号组成及其含义如图 1 - 32 所示。

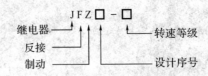

图 1 - 32　速度继电器的型号组成及其含义

2）电气符号

速度继电器的图形符号及文字符号如图 1 - 33 所示。

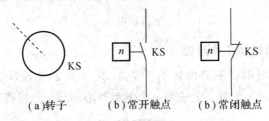

（a）转子　　　（b）常开触点　　（b）常闭触点

图 1 - 33　速度继电器的图形符号及文字符号

3. 速度继电器的选择与常见故障的处理方法

速度继电器主要根据电动机的额定转速来选择。使用时，速度继电器的转轴应与电动机同轴连接；安装接线时，正反向的触点不能接错，否则不能起到反接制动时接通和断开反向电源的作用。

速度继电器的常见故障及其处理方法如表 1 - 12 所示。

表 1 - 12　速度继电器的常见故障及其处理方法

故 障 现 象	产 生 原 因	处 理 方 法
制动时速度继电器失效，电动机不能制动	（1）速度继电器胶木摆杆断裂； （2）速度继电器常开触点接触不良； （3）弹性动触片断裂或失去弹性	（1）调换胶木摆杆； （2）清洗触点表面油污； （3）调换弹性动触片

1.7　主 令 电 器

常用的主令电器有控制按钮、行程开关、接近开关、万能转换开关、主令控制器及其他主令电器（如脚踏开关、倒顺开关、紧急开关、钮子开关）等。本节仅介绍几种常用的主令电器。

1.7.1　控制按钮

控制按钮是一种结构简单、使用广泛的手动主令电器，它可以与接触器或继电器配合，对电动机实现远距离的自动控制，用于实现控制线路的电气联锁。常用控制按钮的外形图如图 1-34 所示。

控制按钮

图 1-34　常用控制按钮的外形图

1. 控制按钮的结构和工作原理

控制按钮由按钮帽、复位弹簧、桥式触点和外壳等组成，通常做成复合式，即具有常闭触点和常开触点。按下按钮时，先断开常闭触点，后接通常开触点；按钮释放后，在复位弹簧的作用下，按钮触点自动复位的先后顺序相反。通常，在无特殊说明的情况下，有触点电器的触点其动作顺序均为"先断后合"。控制按钮的结构示意图如图 1-35 所示。

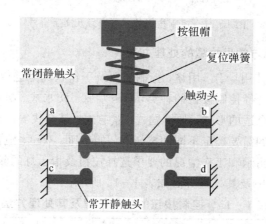

图 1-35　控制按钮的结构示意图

控制按钮的种类很多，在结构上有揿钮式、紧急式、钥匙式、旋钮式、带灯式和玻璃破碎紧急按钮。

按使用场合、作用不同，通常将按钮帽做成红、绿、黑、黄、蓝、白、灰等颜色。国标 GB5226.1—2008 对按钮帽颜色作了如下规定：

（1）"停止"和"急停"按钮必须是红色。

（2）"启动"按钮的颜色为绿色。

（3）"启动"与"停止"交替动作的按钮必须是黑白、白色或灰色。

（4）"点动"按钮必须是黑色。

（5）"复位"按钮必须是蓝色（如保护继电器的复位按钮）。

2. 按钮的型号和电气符号

1）型号

按钮的型号组成及其含义如图 1-36 所示。

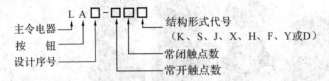

图 1-36　按钮的型号组成及其含义

图 1-36 中，结构形式代号的含义为：K 为开启式，S 为防水式，J 为紧急式，X 为旋钮式，H 为保护式，F 为防腐式，Y 为钥匙式，D 为带灯按钮。

2）电气符号

控制按钮的图形符号及文字符号如图 1-37 所示。

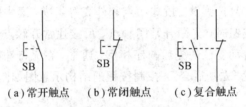

（a）常开触点　　（b）常闭触点　　（c）复合触点

图 1-37　控制按钮的图形符号及文字符号

3. 控制按钮的选择与常见故障的处理办法

控制按钮主要根据使用场合、用途、控制需要及工作状况等进行选择。

（1）根据使用场合选择控制按钮的种类，如开启式、防水式、防腐式等。

（2）根据用途选用合适的形式，如钥匙式、紧急式、带灯式等。

（3）根据控制回路的需要确定不同的按钮数，如单钮、双钮、三钮、多钮等。

（4）根据工作状态指示和工作情况的要求选择按钮及指示灯的颜色。

控制按钮的常见故障及其处理方法如表 1-13 所示。

表 1-13　控制按钮的常见故障及其处理方法

故障现象	产生原因	处理方法
按下启动按钮时有触电感觉	（1）按钮的防护金属外壳与连接导线接触； （2）按钮帽的缝隙间充满铁屑，使其与导电部分形成通路	（1）检查按钮内连接导线； （2）清理按钮及触点
按下启动按钮，不能接通电路，控制失灵	（1）接线头脱落； （2）触点磨损松动，接触不良； （3）动触点弹簧失效，使触点接触不良	（1）检查启动按钮连接线； （2）检修触点或调换按钮； （3）重绕弹簧或调换按钮
按下停止按钮，不能断开电路	（1）接线错误； （2）尘埃或机油、乳化液等流入按钮形成短路； （3）绝缘击穿短路	（1）更改接线； （2）清扫按钮并采取密封措施； （3）调换按钮

做一做

按钮的检测

（1）检查外观是否完好。

（2）用万用表检查按钮的常开和常闭(动合、动断)工作是否正常。

按钮检测一般用万用表的×1 Ω挡或×10 Ω挡，具体测量时通常分为以下两个步骤：

• 常开按钮：如图 1-38 所示，当用万用表(欧姆挡)表笔分别接触按钮的两接线端时，$R=\infty$；按下按钮，$R=0$。

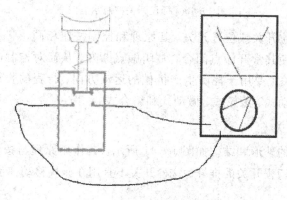

图 1-38　常开按钮的测量

• 常闭按钮：如图 1-39 所示，当用万用表(欧姆挡)表笔分别接触按钮的两接线端时，$R=0$；按下按钮，$R=\infty$。

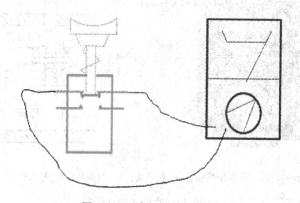

图 1-39　常闭按钮的测量

1.7.2　行程开关

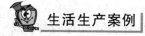
生活生产案例

在生产过程中，一些生产机械运动部件的行程或位置要受到限制，有

行程开关

些生产机械的工作台要求在一定行程内自动往返运动，以便实现对工件的连续加工，提高生产效率。实现这种控制要求所依靠的主要电器是行程开关。行程开关控制示意图如图1-40所示。图中，限位开关SQ1放在左端需要反向的位置，而SQ2放在右端需要反向的位置，机械挡铁要装在运动部件上。

图 1-40 行程开关控制示意图

行程开关又称限位开关或位置开关，其原理和控制按钮相同，只是靠机械运动部件的挡铁碰压行程开关而使其常开触点闭合，常闭触点断开，从而对控制电路发出接通、断开的转换命令。行程开关主要用于控制生产机械的运动方向、行程的长短及限位保护。行程开关按结构可分为直动式、滚轮式、微动式和组合式。

1. 直动式行程开关

直动式行程开关的外形和结构如图1-41所示。其作用原理与按钮相同，只是它用运动部件上的挡铁碰压行程开关的推杆。这种开关不宜用在碰块移动速度小于0.4 m/min的场合。

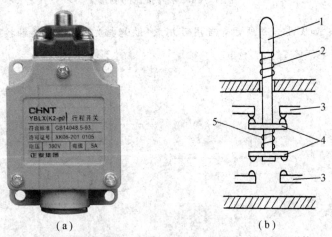

（a）   （b）

1—推杆；2—复位弹簧；3—静触头；4—动触头；5—触头弹簧

图 1-41 直动式行程开关

2. 滚轮式行程开关

滚轮式行程开关的外形和结构如图1-42所示。为了克服直动式行程开关的缺点，可采用能瞬时动作的滚轮旋转式行程开关。

滚轮式行程开关又分为单滚轮自动复位式和双滚轮（羊角式）非自动复位式两种。双滚轮非自动复位式行移开关具有两个稳态位置，有"记忆"作用，在某些情况下可以简化线路。

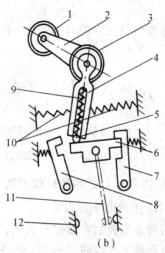

（a）　　　　　　　　　　　　（b）

1—滚轮；2—上转臂；3—盘形弹簧；4—推杆；5—小滚轮；6—擒纵件；
7、8—压板；9、10—弹簧；11—动触头；12—静触头

图 1-42　滚轮式行程开关

3. 微动式行程开关

微动式行程开关是行程非常小的瞬时动作开关，其特点是操作力小，操作行程短。其外形和结构如图 1-43 所示，当推杆被压下时，弓簧片变形存储能量；当推杆被压下一定距离时，弓簧片瞬时动作，使其触点快速切换；当外力消失时，推杆在弓簧片的作用下迅速复位，触点也复位。常用的微动式行程开关有 LXW 系列产品。

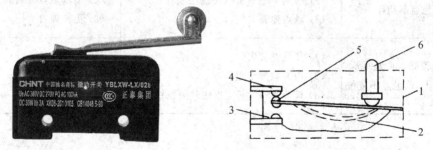

1—壳体；2—弓簧片；3—常开触点；4—常闭触点；5—动触点；6—推杆

图 1-43　微动式行程开关

4. 行程开关的型号和电气符号

1）型号

行程开关的型号组成及其含义如图 1-44 所示。

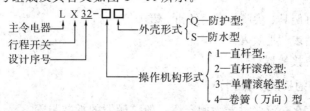

图 1-44　行程开关的型号组成及其含义

2）电气符号

行程开关的图形符号及文字符号如图 1-45 所示。

(a) 常开触点　　(b) 常闭触点　　(c) 复合触点

图 1-45　行程开关的图形符号及文字符号

5. 行程开关的选择和常见故障的处理方法

选择行程开关时应注意以下几点：

(1) 应根据应用场合及控制对象进行选择。

(2) 应根据安装环境来选择防护形式，如开启式或保护式。

(3) 注意控制回路的电压和电流。

(4) 应根据机械与行程开关的传力和位移关系选择合适的头部形式。

行程开关的常见故障及其处理方法见表 1-14。

表 1-14　行程开关的常见故障及其处理方法

故障现象	产生原因	处理方法
挡铁碰撞位置开关后，触点不动作	(1) 安装位置不准确； (2) 触点接触不良或接线松脱； (3) 触点弹簧失效	(1) 调整安装位置； (2) 清刷触点或紧固接线； (3) 更换弹簧
杠杆已经偏转，或无外界机械力作用，但触点不复位	(1) 复位弹簧失效； (2) 内部碰撞卡阻； (3) 调节螺钉太长，顶住开关按钮	(1) 更换弹簧； (2) 清扫内部杂物； (3) 检查调节螺钉

　任务实施

任务 1　交流接触器的拆装与检修

1. 工具器材

(1) 工具：螺钉旋具、尖嘴钳、钢丝钳、镊子等。

(2) 仪表：万用表、兆欧表等。

(3) 器材：交流接触器。

2. 交流接触器的拆装步骤

下面以 CJ10-10 交流接触器为例介绍一般接触器的拆装步骤。

交流接触器的
拆装与检修

（1）松开灭弧罩的紧固螺丝钉，取下灭弧罩。

（2）拉紧主触点的定位弹簧夹，取下主触点及主触点的压力弹簧片。拉出主触点时必须将主触点旋转 45°后才能取下。

（3）松掉辅助常开静触点的接线桩螺丝钉，取下常开静触点。

（4）松掉接触器底部的盖板螺丝，取下盖板。松盖板螺丝时，要用手按住盖板，慢慢放松。

（5）取下静铁芯缓冲绝缘纸片、静铁芯、静铁芯支架及缓冲弹簧。

（6）拔出线圈接线端的弹簧导电夹片，取出线圈。

（7）取出反力弹簧。

（8）抽出动铁芯和支架。在支架上拔出动铁芯的定位销钉。

（9）取下动铁芯及缓冲绝缘纸片。

（10）拆卸完各部件如图 1-46 所示，仔细观察各零部件的结构特点，并做好记录。

（11）按拆卸的逆序进行装配。

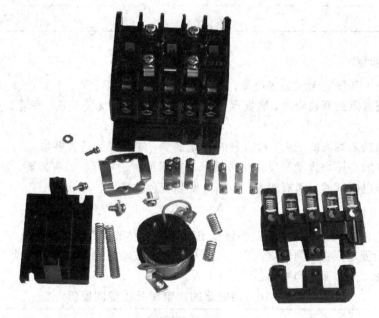

图 1-46　接触器拆卸后的零部件

3. 注意事项

（1）在拆卸过程中，将零件放入专门的容器内，以免丢失。

（2）拆卸过程中不允许硬撬，以免损坏电器，并记住每一零件的位置及相互间的配合关系。

（3）装配时要均匀紧固螺钉，以免损坏接触器。在装配辅助常闭触点时，应先按下触点支架，以防将辅助常闭动触点弹簧推出支架。

4. 填表

在表 1-15 中正确填写拆装元件的名称、型号和作用。

表 1 - 15 低压电器拆装表

序号	名称	型号和作用	备 注
1			填写型号
2			填写拆装部件
3			填写拆装部件
4			填写拆装部件
5			填写拆装部件
6			填写拆装部件
7			填写拆装部件
8			填写拆装部件
9			填写拆装部件
10			填写拆装部件

5. 检修步骤

(1) 检查灭弧罩有无破裂或烧损，清除灭弧罩内的金属飞溅物和颗粒。

(2) 检查触点的磨损程度，磨损严重时应更换触点。若无需更换，则清除触点表面上烧毛的颗粒。

(3) 清除铁芯端面的油垢，检查铁芯有无变形，端面接触是否平整。

(4) 检查触点压力弹簧及反作用弹簧是否变形或弹力不足。如有需要，更换弹簧。

(5) 检查电磁线圈是否有短路、断路及发热变色现象。

6. 自检方法

用万用表欧姆挡来检查线圈及各触点是否良好，用兆欧表测量各触点间及主触点对地电阻是否符合要求，将检测值填入表 1 - 16 中。用手按动主触点，检查运动部分是否灵活，以防产生接触不良、振动和噪声。

表 1 - 16 接触器触点电阻及线圈测量值

序号	测量项目		触点电阻阻值		备注
			接 通	断 开	
1	通断电阻阻值	A			
2		B			
3		C			
4	绝缘电阻	$A-B$			
5		$B-C$			
6		$C-A$			
7	线圈电阻				

（1）交流接触器的线圈的检查。

① 将万用表拨至电阻"$R \times 100$"挡，调零。

② 通过表笔接触接线螺钉 A1、A2，测量电磁线圈电阻。若为零，则说明短路；若为无穷大，则说明开路；若测得电阻为几百欧，则表示正常。

（2）交流接触器有主、辅触点之分，用万用表判断动合、动断触点对。在此处要将基础打牢固，以为后续学习做好准备。

提示：用万用表（电阻"$R \times 100$"挡）两表笔接触任意两触点的接线柱，若指针不动，则可能是动合触点，若指针为零，则可能是动断触点。再进一步对接触器做动态模拟检测，将两表笔接触任意一对触点的接线柱，此时指针不动，当按动机械按键时，模拟接触器通电，表笔随即指向零，可确定这对触点是动合触点，当按动机械按键时，模拟接触器通电，表针随即指向无穷大，可确认这对触点是动断触点。

 考核评价

评分标准如表 1 - 17 所示。

表 1 - 17　接触器触点电阻及线圈测量值

序号	考核内容	评分要素	配分	评分标准	得分
1	正确拆卸部件	（1）拆卸步骤正确； （2）工具使用正确	20	（1）拆装顺序不合理，每处扣5分； （2）拆装过程器件本体有损坏，每处扣5分； （3）丢失螺丝钉，一个扣2分； （4）掉落元件，每次扣1分； （5）安装完成后，操作不灵活，扣5分； （6）安装后有响声，扣5分	
2	拆装表填写	（1）正确填写拆装表； （2）作用清楚明了	30	（1）少填写一项，扣2分； （2）填写不清楚，每项扣1分	
3	触点电阻测量	（1）正确使用仪表； （2）正确测量，读数准确	30	（1）万用表没有机械调零，扣2分； （2）选择量程挡位不合适，扣2分； （3）操作方法不正确，扣2分； （4）没有检查兆欧表是否正常，扣5分； （5）兆欧表摇动手柄速度不是120 r/min，扣2分/次； （6）兆欧表接线不正确，扣5分	
4	型号说明	（1）能说出主要性能参数； （2）能说出线圈的工作电压	10	（1）额定工作电压值不正确，扣5分； （2）额定工作电流值不正确，扣5分； （3）吸引线圈的额定工作电压不正确，扣5分	

续表

序号	考核内容	评 分 要 素	配分	评 分 标 准	得分
5	安全生产	(1) 工具使用； (2) 仪表使用； (3) 器件拆装完好； (4) 安全操作规程	10	(1) 工具使用正确，无损坏； (2) 仪表使用正确，无损坏； (3) 器件拆装完好，可投入使用； (4) 按规程操作，无违纪行为。 出现以上问题，本项不得分	
	日期：　　　年　　月　　日			教师签名：	

 项目总结

　　低压电器是电力拖动控制系统的基本组成元件，控制系统的可靠性、先进性、经济性与所用的低压电器有着直接的关系。熟悉常用控制电器的用途、结构、工作原理、选用及图形符号和文字符号，可为进一步学习电气控制线路的基本原理及其应用奠定坚实的基础。

　　表 1-18 所示为常用低压控制电器总结。

表 1-18　常用低压控制电器总结

器件名称	电路中的作用	动 作 特 征	选 用 原 则
接触器	低压控制电器，用来频繁地接通和断开交直流主回路和大电容控制电路，主要用于控制电动机	(1) 电磁线圈通电后，常闭触点断开，常开触点闭合。 (2) 线圈断电时，常闭触点闭合，常开触点断开	(1) 额定电压： ① 主触点的额定电压应等于负载的额定电压。 ② 电磁线圈的额定电压等于控制回路的电源电压。 (2) 额定电流：主触点的额定电流应等于或稍大于负载的额定电流。 　注：一般交流负载用交流接触器，直流负载用直流接触器，但对于频繁动作的交流负载，可选用带直流电磁线圈的交流接触器。 (3) 触点数目：应能满足控制线路的要求。 (4) 额定操作频率
热继电器	主要用于交流电动机的过载保护、断相及电流不平衡运动的保护及其他电器设备发热状态的控制	当电动机过载时，双金属片弯曲位移增大，推动导板使常闭触点断开，从而切断电动机控制电路以起到保护作用	根据电动机的额定电流确定其型号及热元件的额定电流等级。热继电器的整定电流应等于或稍大于电动机的额定电流

续表

器件名称		电路中的作用	动 作 特 征	选 用 原 则
时间继电器	通电延时	配合工艺要求，执行延时指令	（1）接收输入信号后延迟一定的时间，输出信号时才发生变化。 （2）当输入信号消失后，输出延时复原	（1）对于延时要求不高和延时时间较短的，可选用空气阻尼式。 （2）当要求延时精度较高、延时时间较长时，可选用晶体管式或数字式。 （3）在电源电压波动较大的场合，采用空气阻尼式较好，但它对温度变化的要求更为严格。 　总之，选用时要考虑延时范围、精确度，以及控制系统对可靠性、经济性、工艺安装尺寸等的要求
	断电延时		（1）接收输入信号时瞬间产生相应的输出信号。 （2）当输入信号消失后，延时一定的时间，输出才复原	
速度继电器		主要用于笼型异步电动机的反接制动控制	（1）当电动机转动时，速度继电器的转子随之转动，定子偏摆转动通过定子柄拨动触点，使常闭触点断开，常开触点闭合。 （2）当电动机转速下降到接近零时，定子柄在弹簧力的作用下恢复原位，常闭触点闭合，常开触点断开	速度继电器应根据电动机的额定转速进行选择
熔断器		短路保护	当电路发生短路故障时，熔体被瞬间熔断而分断电路，从而起到保护作用	（1）熔断器的类型选择：根据线路的要求、使用场合和安装条件选择。 （2）熔断器额定电压的选择：应大于或等于线路的工作电压。 （3）熔断器额定电流的选择：必须大于或等于所装熔体的额定电流。 （4）熔体额定电流的选择： ① 对于电炉、照明等电阻性负载的短路保护，熔体的额定电流等于或稍大于电路的工作电流。 ② 一般后一等级熔体的额定电流比前一级熔体的额定电流至少大一个等级，以防止熔断器越级熔断而扩大停电范围。 ③ 要考虑电动机受启动电流的冲击

器件名称		电路中的作用	动 作 特 征	选 用 原 则
低压断路器		手动开关；自动进行欠电压、失电压、过载和短路保护	(1) 当电路短路或严重过载时，过电流脱扣器的衔铁（正常是断开的）吸合，使自由脱扣机构动作，主触点断开主电路。 (2) 当电路过载时，热脱扣器的热元件发热使双金属片向上弯曲，推动自由脱扣机构动作。 (3) 当电路欠电压时，欠电压脱扣器的衔铁（正常是吸合的）释放，使自由脱扣机构动作。 (4) 如需远距离控制，则按下启动按钮，使分励脱扣器线圈通电（正常工作时线圈是断电的），衔铁吸合带动自由脱扣机构动作，使主触点断开	(1) 断路器的额定电压和额定电流应大于或等于线路、设备的正常工作电压和工作电流。 (2) 断路器的极限通断能力大于或等于电路的最大短路电流。 (3) 欠电压脱扣器的额定电压等于线路的额定电压。 (4) 过电流脱扣器的额定电流大于或等于线路的最大负载电流
主令电器	按钮	手动发出控制信号	(1) 启动按钮（绿帽）：手指按下时，常开触点闭合；手指松开时，常开触点复位。 (2) 停止按钮（红帽）：手指按下时，常闭触点断开；手指松开，常闭触点复位。 (3) 复核按钮：手指按下时，先断开常闭触点，再闭合常开触点；手指松开，常开触点和常闭触点先后复位	选用按钮类型时，应根据使用场合和具体用途确定
	位置开关	利用运动部件的行程位置实现控制，常用于自动往返的生产机械中	原理同上，但是利用运动部件上的挡块碰压而使触点动作	行程开关的额定电压与额定电流应根据控制电路的电压与电流选用。 选用行程开关时应根据使用场合和控制对象来确定

拓展训练

1. 什么是低压电器？它分为哪两大类？常用的低压电器有哪些？

2. 自动空气开关有何特点？

3. 什么是接触器？接触器由哪几部分组成？各自的作用是什么？

4. 交流接触器的短路环断开会出现什么故障现象？为什么？

5. 交流电磁线圈误接入直流电源，或直流电磁线圈误接入交流电源，将发生什么？为什么？

6. 为什么热继电器只能作电动机的过载保护而不能作短路保护？

7. 试举出两种不频繁地手动接通和分断电路的开关电器。

8. 交、直流接触器是以什么来定义的？它们在结构上有何区别？为什么？

9. 试举出组成继电器接触器控制电路的两种电器元件。

10. 控制电器的基本功能是什么？

11. 电磁式继电器与电磁式接触器比较，其区别是什么？

12. 交流接触器频繁操作后线圈为什么会过热？其衔铁卡住后会出现什么后果？

13. 空气阻尼式时间继电器的延时原理是什么？如何调节延时的长短？

14. 热继电器在电路中的作用是什么？

15. 熔断器在电路中的作用是什么？

16. 低压断路器在电路中可以起到哪些保护作用？说明各种保护作用的工作原理。

17. 画出下列电器元件的图形符号，并标出其文字符号。

（1）熔断器；

（2）热继电器的常闭触点；

（3）复合按钮；

（4）时间继电器的通电延时闭合触点；

（5）时间继电器的通电延时打开触点；

（6）热继电器的热元件；

（7）时间继电器的断电延时打开触点；

（8）时间通电器的断电延时闭合触点；

（9）接触器的线圈；

（10）时间继电器的瞬动常开触点；

（11）通电延时时间继电器的线圈；

（12）断电延时时间继电器的线圈。

18. 闸刀开关在安装时，为什么不得倒装？如果将电源线接在闸刀下端，有什么问题？

项目 1 案例

项目2 基本电气控制单元线路

 项目描述

　　由按钮、继电器、接触器等低压控制电器组成的电器控制线路，具有线路简单、维修方便、便于掌握、价格低廉等许多优点，多年来在各种生产机械的电气控制领域中获得了广泛的应用。

　　由于生产机械的种类繁多，所要求的控制线路也是千变万化、多种多样的，因此本项目着重阐明组成这些线路的基本规律和典型线路环节。这样，再结合具体的生产工艺要求，就不难掌握电气控制线路的分析方法与设计。

 项目目标

知识目标	1. 掌握三相异步电动机的启/停、点动/长动控制线路的原理、安装和调试 2. 掌握三相异步电动机的正反转控制线路的原理、安装和调试 3. 掌握三相异步电动机顺序控制线路的原理、安装和调试 4. 掌握三相异步电动机时间控制线路的原理、安装和调试
能力目标	1. 了解电气控制的基本知识 2. 会识读电气原理图 3. 掌握根据电气原理图绘制安装接线图的方法 4. 掌握检查和测试电气元件的方法
思政目标	1. 培养学生民族自豪感 2. 培养学生精益求精的工匠精神 3. 训练或培养学生获取信息的能力 4. 养成勤于动脑及理论联系实际的作风 5. 培养敬业精神及团队协作意识

 知识准备

2.1 电气控制系统图的绘制规则和常用符号

2.1.1 电气控制系统图的分类

　　电气控制系统是由许多电器元件和导线按照一定要求连接而成的。为

电气控制系统图的分类

了表达生产机械电气控制系统的结构、原理等设计意图,同时也为了便于电器元件的安装、接线、运行、维护,需将电气控制系统中各电器元件的连接用一定的图形表示出来,这种图就是电气控制系统图。

电气控制系统图的种类有电路图、接线图、布置图等。

1. 电路图

电路图是根据生产机械运动形式对电气控制系统的要求,采用国家统一规定的电气图形符号和文字符号,按照电气设备的工作顺序,详细表示电路、设备或成套装置的基本组成和连接关系的一种简图。

2. 接线图

接线图是根据电气设备和电器元件的实际位置和安装情况绘制的,用来表示电气设备和电器元件的位置、配线方式和接线方式的图形,主要用于安装接线、检查维修线路和处理故障。

3. 布置图

布置图是根据电器元件在控制板上的实际安装位置,采用简化的外形符号(如正方形、矩形、圆形等)而绘制的一种简图。它不表达每个电器的具体结构、作用、接线情况以及工作原理,主要用于电器元件的布置和安装。图中各电器的文字符号必须与电路图和接线图的标注相一致。

一般情况下,布置图是与接线图组合在一起使用的,既起到接线图的作用,又能清晰表示出所使用的电器的实际安装位置。

2.1.2　绘制、识读电路图时应遵循的原则

下面以图 2-1 所示的电气原理图为例介绍电气原理图的绘制原则、方法以及注意事项。

(1) 电路图一般分为电源电路、主电路和辅助电路三部分进行绘制。

(2) 电路图中,各电器的触点位置都按电路未通电或电器未受外力作用时的常态位置画出。分析原理时,应从触点的常态位置出发。

绘制、识读电路图
时应遵循的原则

(3) 电路图中,不画电器元件的实际外形图,而采用国家统一规定的电气图形符号。

(4) 电路图中,同一电器的各元器件不按实际位置画在一起,而是按其在线路中所起的作用分别画在不同的电路中,但动作是互相关联的,因此,必须标注相同的文字符号。相同的电器可以在文字符号后面加注不同的数字以示区别,如 KM1、KM2 等。

(5) 画电路图时,应尽可能减少线条,避免线条交叉。对有电联系的交叉导线连接点,要用小黑圆点表示;对无电联系的交叉导线,则不画小黑圆点。

(6) 电路图采用电路编号法,即对电路中各个连接点用字母或数字编号。

(7) 在原理图的上方,将图分成若干图区,从左到右用数字编号,这是为了便于检索电气线路,方便阅读和分析。图区编号下方的文字表明它对应的下方元件或电路的功能,以便于理解电路的工作原理。

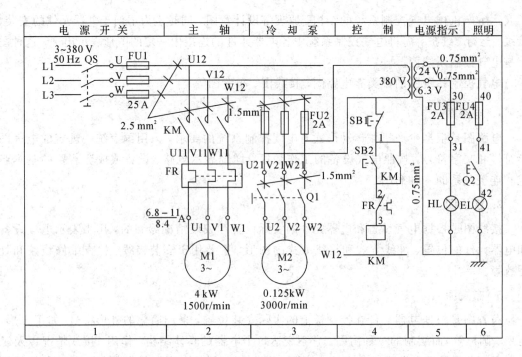

图 2-1 CW6132 型车床的电气原理图

（8）电气原理图的下方附图表示接触器和继电器的线圈与触点的从属关系。在接触器和继电器的线圈的下方给出相应的文字符号，文字符号的下方要标注其触点位置的索引代号，对未使用的触点用"×"表示，如图 2-2 所示。

KM			KA	
4	6	×	9	×
4	×	×	13	×
4			×	×
			×	×

图 2-2 表示接触器和继电器的线圈与触点的从属关系的附图

对于接触器，左栏表示主触点所在的图区号，中栏表示辅助常开触点所在的图区号，右栏表示辅助常闭触点所在的图区号。

对于继电器，左栏表示常开触点所在的图区号，右栏表示常闭触点所在的图区号。

2.1.3 线号的标注原则和方法

主电路在电源开关的出线端按相序依次编号为 U11、V11、W11。然后按从上至下、从左至右的顺序，每经过一个电器元件后，编号都要递增，如 U12、V12、W12，U13、V13、W13，…。单台三相交流电动机（或设备）的三根引出线按相序依次编号为 U、V、W。对于多台电动机引出线的编号，为了不致引起误解和混淆，可在字母前用不同的数字加以区别，如 1U、1V、1W，2U、2V、2W，…。

线号的标注
原则和方法

辅助电路编号按"等电位"原则以从上至下、从左至右的顺序用数字依次编号，每经过一个电器元件,编号都要依次递增。

2.1.4　绘制电器元件布置图的原则

下面以图 2-3 所示的电器元件布置图介绍布置图的绘制原则、方法以及注意事项。

（1）体积大和较重的电器元件应安装在电器安装板的下方,而发热元件应安装在电器安装板的上面。

（2）强电、弱电应分开,弱电应屏蔽,防止外界干扰。

（3）需要经常维护、检修、调整的电器元件的安装位置不宜过高或过低。

（4）电器元件的布置应考虑整齐、美观、对称。外形尺寸与结构类似的电器应安装在一起,以利于安装和配线。

（5）电器元件布置不宜过密,应留有一定间距。如用走线槽,应加大各排电器间距,以利于布线和维修。

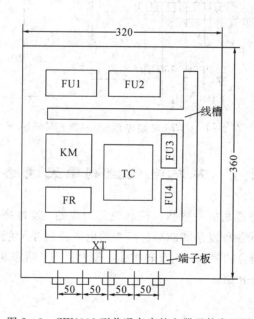

图 2-3　CW6132 型普通车床的电器元件布置图

2.1.5　绘制、识读接线图的原则

接线图主要用于电器的安装接线、线路检查、线路维修和故障处理,通常接线图与电气原理图和元件布置图一起使用。

电气接线图的绘制、识读原则如下:

（1）接线图中一般示出如下内容:电气设备和电器元件的相对位置、文字符号、端子号、导线号、导线类型、导线截面积、屏蔽和导线绞合等。

（2）所有的电气设备和电器元件都按其所在的实际位置绘制在图纸上，且同一电器的各元件根据其实际结构，使用与电路图相同的图形符号画在一起，并用点画线框起来，文字符号以及接线端子的编号应与电路图的标注一致，以便对照检查线路。

（3）接线图中的导线有单根导线、导线组、电缆之分，可用连续线和中断线来表示。走向相同的可以合并，用线束来表示，到达接线端子或电器元件的连接点时再分别画出。另外，导线及管子的型号、根数和规格应标注清楚。

图 2 - 4 所示为 CW6132 型普通车床的互连接线图。

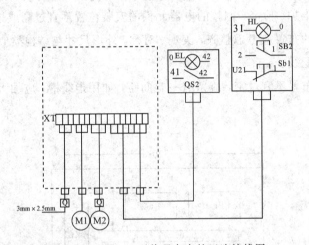

图 2 - 4　CW6132 型普通车床的互连接线图

2.2　基本电气控制单元线路

任何复杂的控制线路都是由一些基本控制线路构成的，就像搭积木游戏一样，可以通过基本的几何图形组合成各种复杂的图案。基本的电气控制单元线路包括点动控制、连续运行控制、点动与长动结合的控制、正反转控制、位置控制、顺序联锁控制、多点控制、时间控制等。下面逐一进行介绍。

2.2.1　点动控制

1. 点动控制线路

图 2 - 5 是电动机点动控制线路的原理图，由主电路和控制电路两部分组成。

点动控制

主电路由刀开关 QS、熔断器 FU1、交流接触器 KM 的主触点和笼型电动机 M 组成；控制电路由启动按钮 SB 和交流接触器线圈 KM 组成。

主电路中刀开关 QS 为电源开关，起隔离电源的作用；熔断器 FU1 对主电路进行短路保护。由于点动控制，电动机运行时间短，有操作人员在近处监视，所以一般不设过载保护环节。

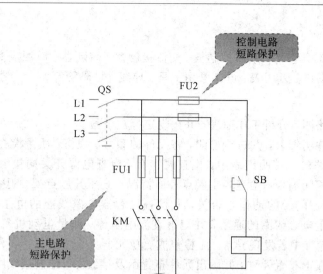

图 2-5　点动控制线路的原理图

线路的工作过程如下：

启动过程：先合上刀开关 QS→按下启动按钮 SB→接触器 KM 线圈通电→KM 主触点闭合→电动机 M 通电直接启动。

停机过程：松开 SB→KM 线圈断电→KM 主触点断开→M 停电停转。

按下按钮，电动机转动，松开按钮，电动机停转，这种控制就叫点动控制，它能实现电动机短时转动，常用于机床的对刀调整和电动葫芦等。

2. 点动控制线路的安装接线

点动控制电路的安装接线图如图 2-6 所示。

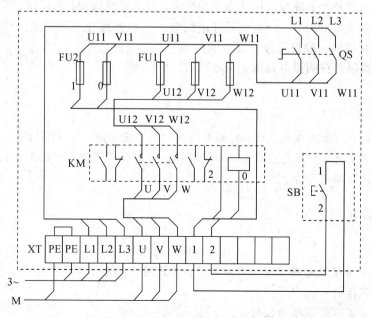

图 2-6　点动控制线路的安装接线图

1）所需元件和工具

所需元件和工具包括：木质控制板、交流接触器、熔断器、电源隔离开关、按钮、接线端子排、三相电动机、万用表、电工常用工具、导线、号码管等。

2）接线步骤

（1）画出电路图，分析工作原理，并按规定标注线号。

（2）列出元件明细表，并进行检测，将元件的型号、规格、质量检查结果及有关测量值记入点动控制线路的元件明细表中。检查内容有：检查电源开关的接触情况；拆下接触器的灭弧罩，检查相间隔板；检查各主触点表面情况；按压其触点架，观察动触点（包括电磁机构的衔铁、复位弹簧）的动作是否灵活；检查接触器电磁线圈的电压与电源电压是否相符，用万用表测量电磁线圈的通断，并记下直流电阻值；测量电动机每相绕组的直流电阻值，并作记录。检查中若发现异常，应检修或更换元器。

（3）在配电板上布置元件，并画出元件布置图及接线图。绘制接线图时，将电气元件的符号画在规定的位置，对照原理图的线号标出各端子的编号。控制按钮 SB（使用 LA4 系列按钮盒）和电动机 M 在安装板外，通过接线端子排 XT 与安装底板上的电器连接。控制板上各元件的安装位置应整齐、匀称，间距合理，便于检修。

（4）按照接线图规定的位置定位打孔，将电气元件固定牢靠。注意：FU1 中间一相熔断器和 KM 中间一极触点的接线端子成一直线，以保证主电路走线美观规整；开关、熔断器的受电端子应安装在控制板的外侧。若采用螺旋式熔断器，电源进线应接在螺旋式熔断器的底座中心端上，出线应接在螺纹外壳上。

（5）按电路图的编号在各元件和连接线两端做好编号标志。按图接线，板前明线接线时注意：控制板上的走线应平整，变换走向应垂直，避免交叉；转角处要弯成直角，控制板至电动机的连接导线要穿软管保护，电动机外壳要安装接地线。走线时应注意：走线通道应尽可能少，同一通道中的沉底导线应按主控电路分类集中，贴紧敷面单层平行密排；同一平面的导线应高低一致或前后一致，不能交叉，当必须交叉时，该根导线应在接线端子引出时合理地水平跨越；导线与接线端子连接时，应不压绝缘层，不反圈，不露铜过长，要拧紧接线柱上的压紧螺钉；一个电气元件接线端子上的连接导线不得超过两根，每节接线端子板上的连接导线一般只允许连接一根。

（6）检查线路并在测量电路的绝缘电阻后通电试车。

 小提示

（1）接线时，必须先接负载端，后接电源端；先接接地线，后接三相电源相线。

（2）通电试车时，必须先空载点动后再连续运行。运行正常后再接上负载运行。若发现异常情况，应立即断电检查。

知识点扩展

点动控制线路的应用

点动控制线路带有短路保护的保护环节，常应用于：

（1）电葫芦控制；

（2）车床拖板箱快速移动控制；

（3）移动电机控制。

2.2.2　连续运行控制

1. 连续运行控制线路

在实际生产中往往要求电动机实现长时间连续转动，即所谓的长动控
制。如图 2-7 所示，主电路由刀开关 QS、熔断器 FU1、接触器 KM 的主
触点、热继电器 FR 的发热元件和电动机 M 组成；控制电路由熔断器 FU2、停止按钮 SB2、
启动按钮 SB1、接触器 KM 的辅助常开触点和线圈、热继电器 FR 的常闭触点组成。

连续运行控制

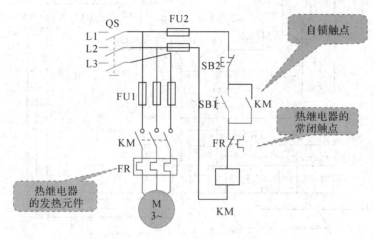

图 2-7　启、保、停控制线路

工作过程如下：

启动：合上刀开关 QS→按下启动按钮 SB1→接触器 KM 的线圈通电→KM 主触点闭
合，辅助常开触点闭合→电动机 M 接通电源运转，或松开 SB1，利用接通的 KM 常开辅助
触点自锁，电动机 M 连续运转。

停机：按下停止按钮 SB2→KM 的线圈断电→KM 主触点和辅助常开触点断开→电动
机 M 断电停转。

在电动机连续运行的控制电路中，当启动按钮 SB1 松开后，接触器 KM 的线圈通过其
辅助常开触点的闭合仍继续保持通电，从而保证电动机的连续运行。这种依靠接触器自身
辅助常开触点的闭合而使线圈保持通电的控制方式称为自锁或自保。起自锁作用的辅助常
开触点称为自锁触点。

线路设有以下保护环节：

短路保护：短路时熔断器 FU 的熔体熔断而切断电路，从而起保护作用。

电动机长期过载保护：由于热继电器的热惯性较大，即使发热元件流过几倍于额定值
的电流，热继电器也不会立即动作，因此在电动机启动时间不太长的情况下，热继电器不
会动作，只有在电动机长期过载时，热继电器才会动作，其常闭触点断开，使控制电路断
电，从而使 KM 主触点断开，起到保护电动机的作用。

欠电压、失电压保护：通过接触器 KM 的自锁环节来实现。当电源电压由于某种原因
而严重欠电压或失电压（如停电）时，接触器 KM 断电释放，电动机停止转动。当电源电压
恢复正常时，接触器线圈不会自行通电，电动机也不会自行启动，只有在操作人员重新按

下启动按钮后，电动机才能启动。本环节具有如下优点：① 防止电源电压严重下降时电动机欠电压运行；② 防止电源电压恢复时，电动机自行启动而造成设备和人身事故。

2. 连续运行控制线路的安装接线

连续运行控制线路的安装接线图如图 2-8 所示。

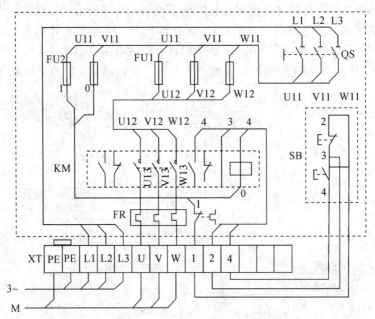

图 2-8　连续运行控制线路的安装接线图

1）所需元件和工具

所需元件和工具包括：木质控制板、交流接触器、熔断器、电源隔离开关、按钮、接线端子排、三相交流电动机、万用表、电工常用工具、导线、号码管等。

2）接线步骤

（1）画出单向启动控制线路的电路图，分析工作原理，并按规定标注线号。

（2）列出元件明细表，并进行检测，将元件的型号、规格、质量检查结果及有关测量值记入单向启动控制线路元件明细表中。检查内容有：电源开关的接触情况；拆下接触器的灭弧罩，检查相间隔板；检查各主触点的表面情况；按压其触点架，观察动触点（包括电磁机构的衔铁、复位弹簧）的动作是否灵活；电磁线圈的电压值和电源电压是否相符，用万用表测量电磁线圈的通断，并记下直流电阻值；测量电动机每相绕组的直流电阻值，并作记录；记录停止按钮和启动按钮的颜色。检查中若发现异常，应检修或更换元器。

（3）在配电板上布置元件，并画出元件布置图及接线图。绘制接线图时，将电气元件的符号画在规定的位置，对照原理图的线号标出各端子的编号。注意：热继电器应安装在其他发热电器的下方，整定电流装置一般应安装在右边，以保证调整和复位时安全方便。

（4）按照接线图规定的位置定位打孔，将电气元件固定牢靠。注意：FU1 中间一相熔断器和 KM 中间一极触点的接线端子成一直线，以保证主电路走线美观规整。

（5）按电路图的编号在各元件和连接线两端做好编号标志。按图接线，接线时应注意：热继电器的热元件要串联在主电路中，其常闭触点接入控制电路，不可接错；热继电器的接线的连接点应紧密可靠，出线端的导线不应过粗或过细，以防止轴向导热过快或过慢，使热继电器动作不准确；接触器的自锁触点用常开触点，且要与启动按钮并联。

（6）检查线路并在测量电路的绝缘电阻后通电试车。热继电器的整定电流必须按电动机的额定电流自行调整，一般热继电器应置于手动复位的位置上。若需自动复位，可将复位调节螺钉以顺时针方向向里旋足。热继电器因电动机过载动作后，若需再次启动电动机，则必须使热继电器复位，一般情况下自动复位需 5 分钟，手动复位需 2 分钟。试车时先合 QS，再按启动按钮 SB1；停车时，先按停止按钮 SB2，再断开 QS。

 小提示

常见故障及处理方法

（1）按下启动按钮，接触器不工作：检查熔断器是否熔断，检查电源电压是否正常，检查按钮触点是否接触不良，检查接触器线圈是否损坏。

（2）不能自锁：检查启动按钮是否有损坏，检查接触器辅助常开触点是否未闭合或被卡住（触点损坏）。

2.2.3　点动与长动结合的控制

在生产实践中，机床调整完毕后，需要连续进行切削加工，这时要求电动机既能实现点动，又能实现长动，控制线路如图 2-9 所示。

点动与长动
结合的控制

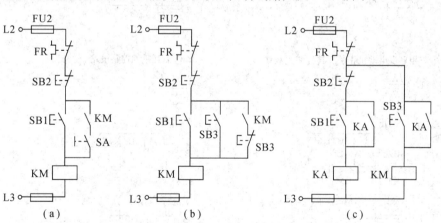

图 2-9　点动与长动结合的控制

图 2-9(a)所示的线路比较简单，采用钮子开关 SA 实现控制。点动控制时，先把 SA 打开，断开自锁电路→按动 SB1→KM 线圈通电→电动机 M 点动；长动控制时，把 SA 合上→按动 SB1→KM 线圈通电，自锁触点起作用→电动机 M 实现长动。

图 2-9(b)所示的线路采用复合按钮 SB3 实现控制。点动控制时，按动复合按钮 SB3，断开自锁回路→KM 线圈通电→电动机 M 点动；长动控制时，按动启动按钮 SB1→KM 线圈通电，自锁触点起作用→电动机 M 长动运行。此线路在点动控制时，若接触 KM 的释放时间大于复合按钮的复位时间，则 SB3 松开时，SB3 常闭触点已闭合，但接触器 KM 的自锁触点尚未打开，会使自锁电路继续通电，线路不能实现正常的点动控制。

图 2-9(c)所示的线路采用中间继电器 KA 实现控制。点动控制时，按动启动按钮 SB3→

KM 线圈通电→电动机 M 点动；长动控制时，按动启动按钮 SB2→中间继电器 KA 线圈通电并自锁→KM 线圈通电→M 实现长动。此线路多用了一个中间继电器，但工作可靠性提高了。

2.2.4 正反转控制

1. 正反转控制电路

正反转控制

在实际应用中，往往要求生产机械改变运动方向，如工作台前进、后退，电梯上升、下降等，这就要求电动机能实现正、反转。对于三相异步电动机来说，可通过两个接触器改变电动机定子绕组的电源相序来实现。电动机正、反转控制线路如图 2-10 所示，接触器 KM1 为正向接触器，控制电动机 M 正转，接触器 KM2 为反向接触器，控制电动机 M 反转。

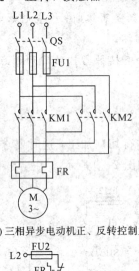

（a）三相异步电动机正、反转控制主线路

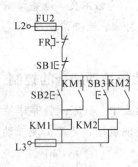

（b）无互锁的控制电路

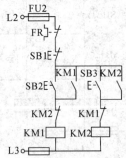

（c）具有电气互锁的控制电路

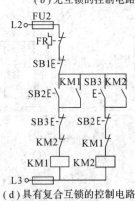

（d）具有复合互锁的控制电路

图 2-10 电动机正、反转控制线路

图 2-10(a)所示为无互锁控制线路，其工作过程如下：

正转控制：合上刀开关 QS→按下正向启动按钮 SB2→正向接触器 KM1 通电→KM1 主触点和自锁触点闭合→电动机 M 正转。

反转控制：合上刀开关 QS→按下反向启动按钮 SB3→反向接触器 KM2 通电→KM2 主触点和自锁触点闭合→电动机 M 反转。

停机：按停止按钮 SB1→KM1（或 KM2）断电→M 停转。

该控制线路的缺点是：若误操作，会使 KM1 与 KM2 都通电，从而引起主电路电源短路，为此要求线路设置必要的联锁环节。

如图 2-10(b)所示，将任何一个接触器的辅助常闭触点串入对应的另一个接触器线圈电路中，则其中任何一个接触器先通电后，切断了另一个接触器的控制回路，即使按下相反方向的启动按钮，另一个接触器也无法通电，这种利用两个接触器的辅助常闭触点互相控制的方式叫电气互锁。起互锁作用的常闭触点叫互锁触点。另外，该线路只能实现"正→停→反"或者"反→停→正"控制，即必须按下停止按钮后，再反向或正向启动。这对需要频繁改变电动机运转方向的设备来说是很不方便的。

为了提高生产率，直接正、反向操作，利用复合按钮组成"正→反→停"或"反→正→停"的互锁控制。如图 2-10(c)所示，复合按钮的常闭触点同样起互锁的作用，这样的互锁叫机械互锁。该线路既有接触器常闭触点的电气互锁，也有复合按钮常闭触点的机械互锁，即具有双重互锁。该线路操作方便，安全可靠，故应用广泛。

2. 正反转控制线路的安装接线

1) 所需元件和工具

所需元件和工具包括：木质控制板、交流接触器、熔断器、热继电器、电源隔离开关、按钮、接线端子排、三相交流电动机、万用表、电工常用工具、导线、号码管等。

2) 接线步骤

(1) 画出按钮和接触器双重互锁电动机正、反转控制线路电路图，分析工作原理，并按规定标注线号。

(2) 列出元件明细表，并进行检测，将元件的型号、规格、质量检查结果及有关测量值记入按钮和接触器双重互锁电动机正、反转控制线路的元件明细表中。

(3) 在配电板上布置元件，并画出元件布置图及接线图。绘制接线图时，将电气元件的符号画在规定的位置，对照原理图的线号标出各端子的编号。按钮和电动机在安装板外，通过接线端子排 XT 与安装板上的电器连接。电动机必须安放平稳，以防在可逆运转时产生滚动而引起事故，并将其金属外壳可靠接地。

(4) 按照接线图规定的位置定位打孔，将电气元件固定牢靠。注意：FU1 中间一相熔断器和 KM 中间一极触点的接线端子成一直线，以保证主电路走线美观规整。

(5) 按电路图的编号在各元件和连接线两端做好编号标志。按图接线，接线时注意：联锁触点和按钮盒内的接线不能接错，否则将可能造成两相电源短路的事故。

(6) 检查线路并在测量电路的绝缘电阻后通电试车。先进行空操作试验，再带负荷试车，操作 SB2、SB3、SB1，观察电动机正、反转及停车。操作过程中电动机正、反转操作的变换不宜过快和过于频繁。

 小提示

乡村振兴

常见故障及处理方法

(1) 按下启动按钮，接触器不工作：检查熔断器是否熔断，检查电源电压是否正常，检查按钮触点是否接触不良，检查接触器线圈是否损坏。

(2) 不能自锁：检查启动按钮是否有损坏，检查接触器常开辅助触点是否未闭合或被卡住(触点损坏)。

（3）不能互锁：检查启动按钮是否有损坏，检查接触器辅助常闭触点是否未断开或被卡住（触点粘连）。

2.2.5 位置控制

位置控制

在机床电气设备中，有些是通过工作台自动往复循环工作的，如龙门刨床的工作台前进、后退。电动机的正、反转是实现工作台自动往复循环的基本环节。自动往复循环控制电路如图 2-11 所示。控制电路按照行程控制原则，利用生产机械运动的行程位置即可实现控制。

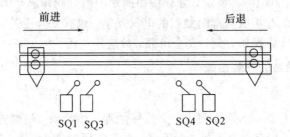

图 2-11 自动往复循环控制电路示意图

1. 自动往复循环控制电路

自动往复循环控制电路如图 2-12 所示。工作过程如下：合上电源开关 QS→按下启动按钮 SB2→接触器 KM1 通电→电动机 M 正转→工作台向前→工作台前进到一定位置，撞块 1 压动行程开关 SQ1→SQ1 常闭触点断开→KM1 断电→电动机 M 停止正转，工作台停止向前。SQ2 常开触点闭合→KM2 通电→电动机 M 改变电源相序而反转，工作台向后→工作台后退到一定位置，撞块 2 压动行程开关 SQ2→SQ2 常闭触点断开→KM2 断电→M 停止后退。SQ2 常开触点闭合→KM1 通电→电动机 M 又正转，工作台又前进，如此往复循环工作，直至按下停止按钮 SB1→KM1（或 KM2）断电→电动机停止转动。

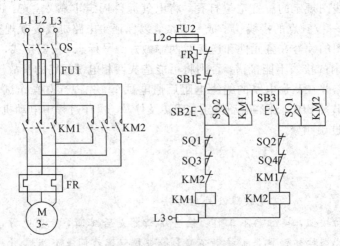

图 2-12 自动往复循环控制电路原理图

另外，SQ3、SQ4 分别为反、正向终端保护限位开关，用于防止行程开关 SQ1、SQ2 失灵时造成工作台从机床上冲出的事故。

2. 自动往复循环控制电路的安装接线

自动往复运动的控制电路的接线图如图 2 - 13 所示。

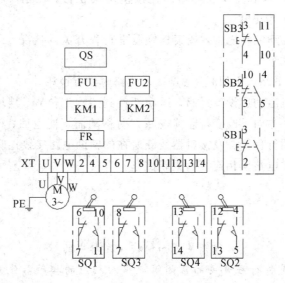

图 2 - 13　自动往复运动的控制电路的接线图

1）所需元件和工具

所需元件和工具包括：木质控制板、交流接触器、行程开关、熔断器、热继电器、电源隔离开关、按钮、接线端子排、三相电动机、万用表、电工常用工具、导线、号码管等。

2）接线步骤

（1）画出电动机带限位保护的自动往复循环控制电路的接线图，分析工作原理，并按规定标注线号。

（2）列出元件明细表，并进行检测，将元件的型号、规格、质量检查结果及有关测量值记入元件明细表中。要特别注意检查行程开关的滚轮，传动部件和触点是否完好，操作滚轮看其动作是否灵活，用万用表测量其常开、常闭触点的切换动作。

（3）在配电板上布置元件，并画出元件安装布置图及接线图。

（4）按照接线图规定的位置定位打孔，将电气元件固定牢靠。元件的固定位置和双重联锁的正反转控制线路的安装要求相同。按钮、行程开关和电动机在安装板外，通过接线端子排与安装底板上的电器连接。在设备规定的位置上安装行程开关，检查并调整挡块和行程开关滚轮的相对位置，保证动作准确可靠。

（5）按电路图的编号在各元件和连接线两端做好编号标志。按图接线，接线时要注意：联锁触点和按钮盒内的接线不能接错，否则将出现两相电源短路事故。

（6）检查线路并在测量电路的绝缘电阻后通电试车。试车时先进行空操作试验，用绝缘棒拨动限位开关的滑轮来检查线路能否自动往返，限位保护是否起作用，然后再带负荷试车。

3. 常见故障

（1）运动部件的挡铁和行程开关滚轮的相对位置不对正，滚轮行程不够，造成行程开关常闭触点不能分断，电动机不能停转。

故障现象：挡铁压下行程开关后，电动机不停车；检查接线没有错误，用万用表检查行程开关的常闭触点的动作情况及和电路的连接情况均正常；在正反转试验时，操作按钮 SB1、SB2、SB3 电路工作正常。

处理方法：用手摇动电动机轴，观察挡铁压下行程开关的情况。调整挡铁与行程开关的相对位置后，重新试车。

（2）主电路接错，KM1、KM2 主触点接入线路时没有换相。

故障现象：电动机启动后设备运行，运动部件到达规定位置，挡块操作行程开关时接触器动作，但部件运动方向不改变，继续按原方向移动而不能返回；行程开关动作时两只接触器可以切换，表明行程开关及接触器线圈所在的辅助电路接线正确。

处理方法：改正主电路换相连线后重新试车。

做一做

行程开关是如何接入线路中的？

限位控制的接线是将行程开关的常闭触点串入相应的接触器线圈回路中。未到限位时，限位开关不动作，只有碰撞限位开关时才动作，起限位保护的作用。

2.2.6　顺序联锁控制

顺序联锁控制

在生产机械中，往往有多台电动机，各电动机的作用不同，需要按一定顺序动作，才能保证整个工作过程的合理性和可靠性。例如，X62W 型万能铣床要求主轴电动机启动后，进给电动才能启动；平面磨床中，要求砂轮电动机启动后，冷却泵电动机才能启动。这种只有当一台电动机启动后，另一台电动机才允许启动的控制方式，称为电动机的顺序控制。

1. 多台电动机先后顺序工作的控制线路

在生产实践中，有时要求一个拖动系统中多台电动机实现先后顺序工作。例如，机床中要求润滑电动机启动后，主轴电动机才能启动。图 2-14 为两台电动机顺序启动的控制线路。

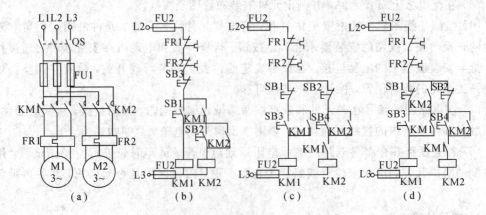

图 2-14　两台电动机顺序启动的控制线路

图 2-14(b)中 KM1 的辅助常开触点起自锁和顺控的双重作用。

图 2-14(c)中单独用一个 KM1 的辅助常开触点作顺序控制触点。

图 2-14(d)实现 M1→M2 的顺序启动、M2→M1 的顺序停止控制。顺序停止控制分析：KM2 线圈断电，SB1 常闭点并联的 KM2 辅助常开触点断开后，SB1 才能起停止控制作用，所以，停止顺序为 M2→M1。

电动机顺序控制的接线规律如下：

（1）要求接触器 KM1 动作后接触器 KM2 才能动作，则将接触器 KM1 的常开触点串在接触器 KM2 的线圈电路中。

（2）要求接触器 KM1 动作后接触器 KM2 不能动作，则将接触器 KM1 的辅助常闭触点串接于接触器 KM2 的线圈电路中。

（3）要求接触器 KM2 停止后接触器 KM1 才能停止，则将接触器 KM2 的常开触点与接触器 KM1 的停止按钮并接。

2. 利用时间继电器实现顺序启动的控制线路

图 2-15 是采用时间继电器按时间原则顺序启动的控制线路。

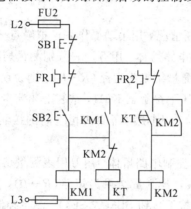

图 2-15　采用时间继电器的顺序启动控制线路

线路要求电动机 M1 启动 t(s)后，电动机 M2 自动启动。可利用时间继电器的延时闭合常开触点来实现。

3. 顺序起停控制电路安装

1）器材的准备

（1）识读电动机顺序控制电路原理图（见图 2-14(c)），熟悉电路所用电器元件的作用和电路的工作原理。

（2）检查所用电器元件的外观。

（3）用万用表、兆欧表检测所用电器元件及电动机的有关技术数据是否符合要求。

2）顺序控制电路的安装

根据电器元件选配安装工具和控制板，工艺要求和安装步骤如下：

（1）绘制布置图，如图 2-16 所示，在控制板上按布置图安装电器元件，并贴上醒目的文字符号。

（2）按线槽布线工艺布线，并在导线上套上号码管。

（3）安装电动机及保护接地线。

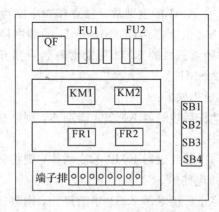

图 2-16　电器元件布置图

（4）自检电路。

① 按照原理图 2-14(c)核查接线有无错接、漏接、脱落、虚接等现象，检查导线与各端子的接线是否牢固。

② 用万用表检查电路通断情况，用手动操作来模拟触点分合动作。

检查主电路：首先取下主电路熔体，用万用表分别测量熔断器下接线端子之间的电阻，应均为断路($R{\to}\infty$)。若某次测量结果为短路($R{\to}0$)，则说明所测两相之间的接线有短路现象，检查并排除故障。其次压下接触器 KM1，重复上述测量，测量结果应为短路($R{\to}0$)，若某次测量结果为断路($R{\to}\infty$)，则说明所测两相之间的接线有断路现象，检查找出断路点并排除故障。

检查控制电路：首先取下控制电路熔体，用万用表测量熔断器下接线端子之间的电阻，控制回路电路阻值应为无穷大，若测量结果为短路($R{\to}0$)，则说明控制电路存在短路故障，应检查并排除故障；然后按下按钮 SB3（或 SB4），测量控制回路电阻值，控制回路电路阻值应为接触器线圈电阻，松开后电阻值为无穷大，否则应检查电路以排除故障。

（5）通电试车。

通过上述各项检查，完全合格后，清点工具材料，清除安装板上的线头杂物，检查三相电源，将热继电器按照整定电流 9.6A 整定好，在一人操作一人监护下通电试车，具体步骤如下：

① 通电试车前，应熟悉线路的操作过程。

② 试车时应注意观察电动机和电器元件的状态是否正常。若发现异常现象，应立即切断电源，重新检查，排除故障。

③ 通电试车后，断开电源，拆除导线，整理工具材料和操作台。

4. 故障设置与检修训练

下面以顺序启动逆序停止控制电路为例介绍顺序联锁控制线路的常见故障现象。

1）电动机 M1、M2 均不能启动

可能的故障原因是：

（1）电源开关未接通：检查 QF，如上口有电，下口没电，则表示 QF 存在故障，应检修或更换，如果下口有电，则表示 QF 正常。

（2）熔断器熔芯熔断：更换同规格熔芯。

（3）热继电器未复位：复位 FR 常闭触点。

2）电动机 M1 启动后 M2 不能启动

可能的故障原因是：

（1）KM2 线圈控制电路不通：检查 KM2 线圈电路导线有无脱落，若有脱落，则应将其恢复；检查 KM2 线圈是否损坏，如损坏，则应更换；检查 SB3 按钮是否正常，若不正常则应修复或更换。

（2）KM1 辅助常开触点故障：检查 KM1 辅助常开触点是否闭合，若不闭合则应修复。

（3）KM2 电源缺相或没电：检查 KM1 主触点以下至 M2 部分有无导线脱落，如有脱落，则应将其恢复；检查 KM2 主触点是否存在故障，若存在，应修复或更换接触器。

（4）M2 电动机烧坏：拆下 M2 电源线，检修电动机。

 **做一做**

故障设置与检修训练

1. 不能逆序停止

可能的故障原因如下：

KM2 辅助常开触点故障：检修 KM2 辅助常开触点及其接线，若损坏或脱落，则应更换或修复。

2. M1、M2 均不能停止

可能的故障原因如下：

（1）SB2、SB1 故障：立即切断电源 QF，首先检查 SB2、SB1 是否被短接物短接或熔焊，若是，则应拆除短接物或更换按钮。

（2）接触器主触点故障：检查 KM1、KM2 主触点是否熔焊，若熔焊，则应更换触点。

2.2.7　多点控制

多点控制分为多点启动控制电路、多点停止控制电路与多条件控制电路。

1. 大型设备的多点控制

大型设备的多点控制如图 2-17(a) 所示。

多点控制

把启动按钮并联连接，停止按钮串联连接，分别放置在两个地方，可以实现两地操作。

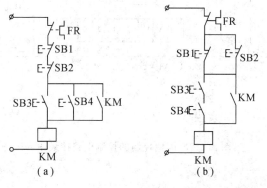

（a）　　　　　　（b）

图 2-17　多点控制线路

2. 需要多按钮同时操作的设备控制

需要多按钮同时操作的设备控制如图 2-17(b)所示。图中，启动按钮串联，停止按钮并联。

3. 多点控制线路及检查试车

1）电路原理图

图 2-18 是以两地点控制为例分析电动机多地点控制的线路图。图中，两地启动按钮 SB3、SB4 并联，两地停止按钮 SB1、SB2 串联。

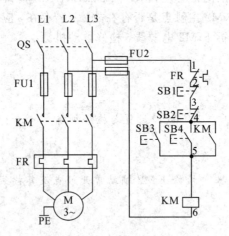

图 2-18 多点控制原理图

2）照图接线

在原理图上，按规定标好线号，接线时选用两个按钮盒，并放置在接线端子排的两侧，经接线端子排连接。接线图如图 2-19 所示。

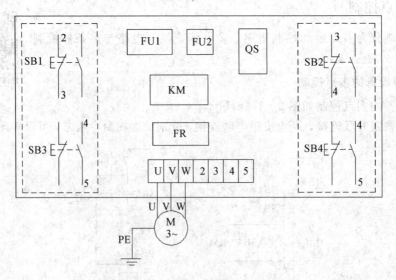

图 2-19 两地控制的控制电路接线图

3）检查线路

接线完成后，先进行常规检查。对照原理图逐线核查。重点检查按钮的串并联的接线，以防止错接。用手拨动各接线端子处接线，排除虚接故障。接着在断电的情况下，用万用表电阻挡（$R\times 1$）检查。断开 QS，摘下接触器灭弧罩。

之后，检查主电路和控制电路。

4）通电试车

经检查无误后，通电试车。若操作中出现故障或没有实现控制要求，则自行分析加以排除。

2.2.8　时间控制

时间控制

1. 星形-三角形降压启动控制

Y -△降压启动控制线路按时间原则实现控制。启动时将电动机定子绕组连接成星形，加在电动机每相绕组上的电压为额定电压 $1/\sqrt{3}$，从而减小了启动电流。待启动后按预先整定的时间把电动机换成三角形连接，使电动机在额定电压下运行。控制线路如图 2 - 20 所示。

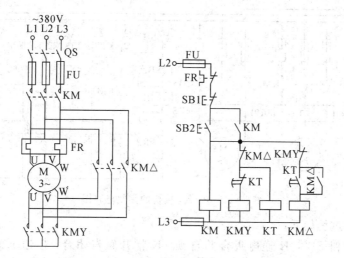

图 2 - 20　星形-三角形降压启动控制线路

启动过程如下：合上刀开关 QS→按下启动按钮 SB2，接触器 KM 通电→KM 主触点闭合，M 接通电源，接触器 KMY 通电→KMY 主触点闭合，定子绕组连接成星形，M 减压启动；时间继电器 KT 通电延时 $t(s)$→KT 延时，常闭辅助触点断开，KMY 断电，KT 延时，常开触点闭合→KM△主触点闭合，定子绕组连接成△→M 以额定电压正常运行→KM△常闭辅助触点断开→KT 线圈断电。

该线路结构简单，缺点是启动转矩也相应下降为三角形连接的 1/3，转矩特性差。因而本线路适用于电网 380V、额定电压 660/380 V（星形-三角形连接）的电动机轻载启动的场合。

2. 三条皮带运输系统

皮带运输系统是一种连续平移运输机械，常用于粮库、矿山等的生产流水线上，将粮食、矿石等从一个地方运到另一个地方，一般由多条皮带机组成，可以改变运输的方向和斜度。现以三条皮带运输机为例按时间原则实现控制。图 2-21 所示是三条皮带运输机的工作示意图。对这三条皮带运输机的电气要求如下：

（1）启动顺序为 1 号、2 号、3 号，即顺序启动，以防止货物在皮带上堆积。

（2）停车顺序为 3 号、2 号、1 号，即逆序停止，以保证停车后皮带上不残存货物。

（3）当 1 号或 2 号出故障停车时，3 号随即停车，以免继续进料。

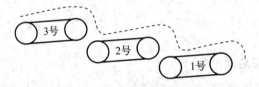

图 2-21　三条皮带运输机的工作示意图

完整的电路图如图 2-22 所示。

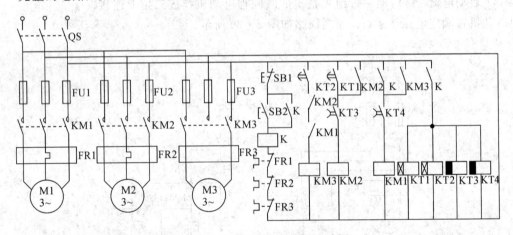

图 2-22　皮带运输机的完整电路图

线路的工作过程如下：

按下启动按钮 SB2，K 通电吸合并自锁，K 常开触点闭合，接通 KT1～KT4，其中 KT1、KT2 为通电延时型，KT3、KT4 为断电延时型，KT3、KT4 的常开触点立即闭合，为 KM2 和 KM3 的线圈通电准备条件。K 的另一个常开触点闭合，与 KT4 一起接通 KM3，电动机 M3 首先启动，经一段时间，达到 KT1 的整定时间，则 KT1 的常开触点闭合，使 KM2 通电吸合，电动机 M2 启动，再经一段时间，达到 KT2 的整定时间，则 KT2 的常开触点闭合，使 KM1 通电吸合，电动机 M1 启动。

按下停止按钮 SB1，K 断电释放，4 个时间继电器同时断电，KT1、KT2 常开触点立即断开，KM1 失电，电动机 M1 停车。由于 KM2 自锁，所以只有达到 KT3 的整定时间，KT3 才断开，使 KM2 断电，电动机 M2 停车，最后达到 KT4 的整定时间，KT4 的常开触点断开，使 KM3 线圈断电，电动机 M3 停车。

思考与总结

可逆旋转控制共有几种电路形式？

（1）按钮、接触器控制的正反转，包括接触器互锁控制，按钮互锁控制，接触器、按钮双重互锁控制。

（2）倒顺开关控制的正反转。

（3）位置控制。

任务实施

任务 2 电动机连续运转控制线路的连接与检修

1. 工具器材

（1）工具：试电笔、螺丝刀、尖嘴钳、斜口钳、剥线钳、电工刀等。

（2）仪表：万用表、兆欧表等。

（3）设备：小型三相笼型异步电动机 1 台；配电板 1 块；按钮、交流接触器、热继电器、组合开关、接线端子排各 1 个；熔断器 5 个；导线（最好主电路、控制电路用不同颜色加以区分）等辅助材料若干。

电动机连续运转控制线路的连接与检修

2. 安装步骤

（1）识读电动机单向连续运转控制线路的电路安装图（如图 2-23 所示），明确电路中所用电器元件及其作用，熟悉电路的工作原理。

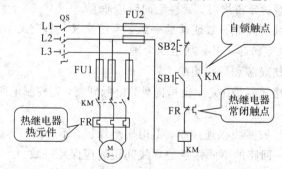

图 2-23 电动机单向连续运转控制线路的电路安装图

（2）按照图 2-23 配齐所需元件，将元件型号、规格和数量的检查情况记录在表2-1中。

表 2-1 电动机单向连续运转控制电路实训所需器件清单

元件名称	型号	规格	数量	是否可用

元件名称	型号	规格	数量	是否可用

（3）在事先准备好的配电板上，按图 2-23 所示布置元器件。

工艺要求：各元件的安装位置要整齐、匀称，元件之间的距离要合理，便于元件的更换；紧固元件时要用力均匀，紧固程度要适当。

（4）连接主电路。将接线端子排 JX 上左起 1、2、3 号接线桩分别定为 L1、L2、L3，用导线连接至 QS，再由 QS 接至 4、5、6 号接线桩，之后连接电动机。在本实训中，电动机 M 在电路板外，只能通过接线端子排连接。

（5）连接控制电路。在 FU1 上面的 L1、L2 相引出控制电路电源，L1 相通过 FU2 后，连接热继电器动断触电 FR、停止按钮 SB1、启动按钮 SB2，将接触器的一对动合辅助触点用导线与启动按钮 SB2 并联，实现自锁，再通过交流接触器线圈与 FU2 连接，最后至 L2 相电源线。

板前布线工艺要求如下：

① 布线通道尽可能少，同路并行导线按主电路、控制电路分类集中，单层密排，紧贴安装面布线。

② 布线要横平竖直，分布均匀。变换走向时应垂直。

③ 同一平面的导线应高低一致或前后一致，不能交叉。非交叉不可时，此根导线应在接线端子引出处水平架空跨越，但必须走线合理。

④ 布线时严禁损伤线芯和导线绝缘。

⑤ 布线时一般以接触器为中心，由里向外，由低到高，先控制电路，后主电路，且不得妨碍后续布线。

⑥ 导线与接线端子或接线桩连接时，不得压绝缘层，不反圈，不露铜过长。

⑦ 同一元件、同一回路的不同接点的导线间距离应保持一致。

⑧ 一个电气元件接线端子上的连接导线不得多于两根，每节接线端子板上的连接导线一般只允许连接一根。

（6）线路检测。安装完毕的控制电路板必须经过认真检查以后，才允许通电试车，以防止错接、漏接造成不能正常运转或短路事故。

① 万用表检测主电路。将万用表两表接在 FU1 输入端至电动机星形连接中性点之间，分别测量 U 相、V 相、W 相在接触器不动作时的直流电阻，读数应为"∞"；用螺丝刀将接触器的触电系统按下，再次测量三相的直流电阻，读数应为每相定子绕组的直流电阻。根据所测数据判断主电路是否正常。

② 万用表检测控制电路。将万用表两表分别搭在 FU2 两输入端，读数应为"∞"；按下启动按钮 SB1 时，读数应为接触器线圈的支流电阻。根据所测数据判断控制电路是否正常。

（7）通电试车。通电试车必须征得教师同意，并由教师接通三相电源，同时在现场监护。

① 合上电源开关 QS，用试电笔检查熔断器出线端，若氖管亮则说明电源接通。

② 按下 SB2，电动机得电连续运转，观察电动机运行是否正常，若有异常现象应马上停车。

③ 出现故障后，学生应独立进行检修。若需带电进行检查，教师必须在现场监护。检修完毕后，如需再次试车，也应有教师监护，并做好时间记录。

④ 按下 SB1，切断电源，先拆除三相电源线，再拆除电动机线。

（8）设置故障。教师人为设置故障后通电运行，学生观察故障现象，并记录在表 2-2 中。

表 2-2　电动机单向连续运转控制电路故障设置情况统计表

故障设置元件	故 障 点	故 障 现 象
接触器主触点	U 相接线松脱	
接触器自锁触点	接线松脱	
停止按钮	线头接触不良	
热继电器动断触点	接线松脱	
启动按钮	两接线柱之间短路	

 考核评价

评分标准见表 2-3。

表 2-3　评分标准

项　目	配分	评 分 标 准	扣分
装前检查	5	电器元件漏检或错检，每处扣 1 分	
按照元件	15	（1）不按布置图安装，扣 15 分； （2）元件安装不牢固，每只扣 5 分； （3）元件安装不整齐、不合理，每只扣 3 分； （4）损坏元件，每只扣 5 分	
布线	40	（1）不按电路图接线，扣 25 分； （2）布线不符合要求，主电路，每根扣 5 分；控制电路，每根扣 3 分； （3）节点松动、露铜过长、反圈等，每个扣 1 分； （4）损伤导线绝缘或线芯，每根扣 5 分	
通电试车	40	（1）热继电器为整定或整定错误，扣 15 分； （2）熔体规格选用不当，扣 10 分； （3）第一次试车不成功，扣 20 分；第二次试车不成功，扣 30 分； 第三次试车不成功，扣 40 分	

项　目	配分	评　分　标　准	扣分
安全文明生产	违反安全文明生产规程，扣 5～40 分		
定额时间 2 h	每超时 5 min，扣 5 分		
备注	除定额时间外，各项内容的最高扣分不应超过所配分数	成绩	
开始时间	结束时间		实际时间

 项目总结

　　本项目主要介绍了电气控制系统图的常用符号和绘制规则，以及基本的电气控制单元线路的工作原理、安装接线与故障排查等，这些是电气控制的基础，应该熟练掌握。

　　表 2-4 所示为基本电气控制单元总结。

表 2-4　基本电气控制单元总结

控制单元类型	典型的电气原理图	工作原理	备注
点动控制	L1 L2 L3 QS U11 V11 W11 FU2 1 FU1 U12 V12 W12 SB KM 2 U V W KM PE M 3~ 0	启动过程：先合上刀开关 QS→按下启动按钮 SB→接触器 KM 线圈通电→KM 主触点闭合→电动机 M 通电直接启动。 停机过程：松开 SB→KM 线圈断电→KM 主触点断开→M 停电停转	由于点动控制，电动机运行时间短，有操作人员在近处监视，所以一般不设过载保护环节
连续运行控制	L1 L2 L3 QS U11 V11 W11 FU2 1 FR 2 SB2 3 FU1 U12 V12 W12 KM U13 V13 W13 FR U V W SB1 KM 4 KM M 3~ PE 0	启动：合上刀开关 QS→按下启动按钮 SB1→接触器 KM 线圈通电→KM 主触点闭合，辅助常开触点闭合→电动机 M 接通电源运行，或松开 SB1，利用接通的 KM 辅助常开触点自锁，电动机 M 连续运转。 停机：按下停止按钮 SB2→KM 线圈断电→KM 主触点和辅助常开触点断开→电动机 M 断电停转	优点：具有短路保护，电动机长期过载保护，欠电压、失电压保护

续表一

控制单元类型	典型的电气原理图	工作原理	备注
点动与长动结合的控制		点动控制时，按下启动按钮 SB3→KM 线圈通电→电动机 M 点动，或长动控制时，按下启动按钮 SB1→中间继电器 KA 线圈通电并自锁→KM 线圈通电→M 实现长动	应用：机床调整完毕后，需要连续进行切削加工
正反转控制		利用复合按钮组成"正→反→停"或"反→正→停"的互锁控制	工作台前进、后退；电梯上升、下降
位置控制线路		合上电源开关 QS→按下启动按钮 SB2→接触器 KM1 通电→电动机 M 正转→工作台向前→工作台前进到一定位置，撞块压动限位开关 SQ2→SQ2 常闭触点断开→KM1 断电→电动机 M 停止正转，工作台停止向前。 　　后退过程与上述过程相似	应用：龙门刨床的工作台前进、后退
顺序联锁控制线路		实现 M1→M2 的顺序启动、M2→M1 的顺序停止控制。 　　顺序停止控制分析：KM2 线圈断电，与 SB1 常闭触点并联的 KM2 辅助常开触点断开后，SB1 才能起停止控制作用，所以停止顺序为 M2→M1	平面磨床中，要求砂轮电动机启动后，冷却泵电动机才能启动

续表二

控制单元类型	典型的电气原理图	工作原理	备注
多点控制线路		两地启动按钮 SB3、SB4 并联,两地停止按钮 SB1、SB2 串联	把启动按钮并联连接,停止按钮串联连接,分别放置在两个地方,可以实现两地操作
时间原则的控制线路		合上刀开关 QS→按下启动按钮 SB2,接触器 KM 通电→KM 主触点闭合,M 接通电源,接触器 KMY 通电→KMY 主触点闭合,定子绕组连接成星形,M 减压启动;时间继电器 KT 通电延时 $t(s)$→KT 延时常闭辅助触点断开,KMY 断电,KT 延时闭合常开触点闭合→KM△ 主触点闭合,定子绕组连接成△→M 加以额定电压正常运行→KM△辅助常闭触点断开→KT 线圈断电	缺点是:启动转矩也相应下降为三角形连接的 1/3,转矩特性差

 拓展训练

1. 名词解释:

(1) 电气控制线路原理图、接线图;

(2) 欠压保护;

(3) 失压保护;

(4) 自锁;

(5) 联锁;

(6) 点动控制;

(7) 顺序控制;

(8) 多地控制;

（9）单向运行；

（10）可逆运行。

2. 电气系统图主要有哪些？各有什么作用和特点？

3. 电气原理图中 QS、FU、KM、KA、KT、KS、FR、SB、SQ 分别是什么电气元件的文字符号？

4. 电气原理图中，电器元件的技术数据如何标注？

5. 什么是失电压、欠电压保护？采用什么电器元件来实现失电压、欠电压保护？

6. 点动、长动在控制电路上的区别是什么？试用按钮、转换开关、中间继电器、接触器等分别设计出既能长动又能点动的控制线路。

7. 在电动机可逆运行的控制线路中，为什么必须采用联锁环节控制？有的控制电路已采用了机械联锁，为什么还要采用电气联锁？若两种触点接错，线路会产生什么现象？

8. 钻削加工刀架的运动过程控制（见图 2-24）：刀架在位置 1 启动后能自动地由位置 1 开始移动到位置 2 进行钻削加工，刀架到达位置 2 后自动退回到位置 1 时停车。应如何实现控制？

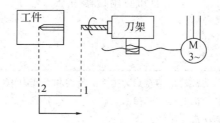

图 2-24　钻削加工刀架的运动过程控制

9. 两条皮带运输机分别由两台鼠笼异步电动机拖动，由一套起停按钮控制起停。为避免物体堆积在运输机上，要求电动机按下述顺序启动和停止：

启动时：M1 启动后 M2 才能启动；

停车时：M2 停车后 M1 才能停车。

应如何实现控制？

10. 锅炉的点火、熄火的电气控制线路的设计：点火时，先启动引风电动机 M1，其工作 5 分钟后，送风用电动机 M2 自行启动，完成锅炉的点火过程。锅炉熄火时，先停止送风 M2，其停止 2 分钟后，引风用电动机 M1 自动停止，完成锅炉的熄火过程。

项目 2 案例

项目3　直流电机及其控制线路

 项目描述

在电气控制设备中，最常见的是直流电动机，直流电动机是电能和机械能相互转换的旋转电机之一，应用电磁感应原理进行能量转换。将机械能转变为直流电能的电机称为直流发电机；将直流电能转变为机械能的电机称为直流电动机。直流发电机可作为各种直流电源。直流电动机具有宽广的调速范围、平滑的调速特性、较高的过载能力、较大的起动和制动转矩等特点，广泛应用于对起动和调速要求较高的生产机械。作为电气工程技术人员，应该熟悉直流电动机的结构、工作原理和使用检修方法。

 项目目标

知识目标	1. 了解直流电动机的结构特点、用途、分类和工作原理 2. 掌握直流电动机的类型和参数 3. 掌握直流电动机控制线路图
能力目标	1. 掌握根据电气原理图绘制安装接线图的方法 2. 会应用电工工具拆卸和安装直流电动机 3. 会用仪表和工具检修直流电动机及其控制线路 4. 会安装和连接直流电动机控制线路
思政目标	1. 培养学生爱岗敬业、无私奉献的职业道德 2. 培养学生精益求精的工匠精神 3. 训练或培养学生获取信息的能力 4. 培养学生团结协作交流协调的能力 5. 培养学生安全生产、遵守操作规程等良好的职业素养

 **知识准备**

3.1　直流电动机的结构、原理

3.1.1　概述

电机是实现电能和其他形式的能相互转换的装置，广泛用于工农业生产、交通运输、国防工业和日常生活等方面。电机的类型很多，分类方法也

直流电动机概述

很多。随着科学技术的发展，出现了许多跨领域、跨学科的综合性学科，电机控制技术就具有这种高度综合的特点。电子技术、微电子技术、计算机技术给予了电机系统新的生命力。电机控制技术涉及机械学、电动力学、电机学、自动控制、微处理器技术、电力电子学、传感器技术、计算机仿真学、计算机接口技术、软件工程学等技术。直流电机是实现直流电能与机械能之间相互转换的电力机械，按用途可分为直流电动机和直流发电机两类。将机械能转变成直流电能的电机称为直流发电机，如图3-1所示；将直流电能转变成机械能的电机称为直流电动机，如图3-2所示。直流电机是工矿、交通、建筑等行业中的常见动力机械，是机电行业人员的重要工作对象之一。作为一名电气自动化专业技术人员，必须熟悉直流电机的结构、工作原理和性能特点，掌握主要参数的分析计算，正确并熟练地操作使用直流电机。

图3-1　直流发电机

图3-2　直流电动机

1. 直流电动机的特点

与交流电动机相比，直流电动机具有优良的调速性能和启动性能。直流电动机有宽广的调速范围，平滑的无级调速特性；过载能力大，能承受频繁地冲击负载；可实现频繁地无级快速启动、制动和反转；能满足生产过程自动化系统各种不同的特殊运行要求。但直流电机也有显著的缺点：一是制造工艺复杂，消耗有色金属较多，生产成本高；二是直流电动机在运行时由于电刷与换向器之间容易产生火花，因而可靠性较差，维护比较困难。所以，在一些对调速性能要求不高的领域中已被交流变频调速系统所取代。但是目前在某些要求调速范围大、快速性高、精密度好、控制性能优异的场合，直流电动机的应用仍占有较大的比重。

2. 直流电动机的用途

由于直流电动机具有良好的启动和调速性能，因此常应用于对启动和调速有较高要求的场合，如大型可逆式轧钢机、矿井卷扬机、宾馆高速电梯、龙门刨床、电力机车、内燃机车、城市电车(见图3-3(a))、地铁列车、电动自行车(见图3-3(b))、造纸和印刷机械、船舶机械、大型精密机床和大型起重机等生产机械中。

(a)城市电车

(b)电动自行车

图3-3　直流电动机的用途

3.1.2 直流电动机的结构

直流电动机和直流发电机的结构基本是相同的，都有可旋转部分和静止部分。可旋转部分称为转子，静止部分称为定子，在定子和转子之间存在空气隙。小型直流电动机的结构如图 3-4 所示，其剖面结构如图 3-5 所示。

直流电动机的结构

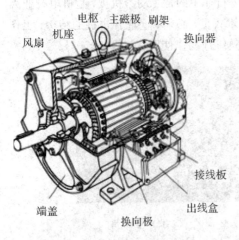

图 3-4　小型直流电动机的结构

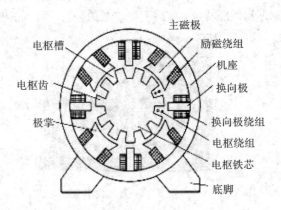

图 3-5　小型直流电动机的剖面结构

1. 定子部分

定子由磁极、机座、换向极、电刷装置、端盖和轴承组成。定子的作用是：在电磁方面，产生磁场和构成磁路；在机械方面，是整个电机的支撑。

1）机座

机座也就是外壳部分，直流电动机的机座外形如图 3-4 所示。直流电动机的机座有两种形式：一种为整体机座，另一种为叠片机座。整体机座是用磁导率效果较好的铸钢材料制成的，这种机座能同时起到导磁和机械支撑作用。由于机座起导磁作用，因此机座是主磁路的一部分，称为定子铁轭。主磁极、换向极及端盖均固定在机座上，机座起支撑作用。一般直流电动机均采用整体机座。叠片机座是用薄钢板冲片叠压成定子铁轭，再把定子铁轭固定在一个专起支撑作用的机座里，这样定子铁轭和机座是分开的，机座只起支撑作用，可用普通钢板制成。叠片机座主要用于主磁通变化快、调速范围较高的场合。

2）主磁极

主磁极的作用是产生恒定、有一定的空间分布形状的气隙磁通密度。主磁极由主磁极铁芯和放置在铁芯上的励磁绕组构成。主磁极铁芯分成极身和极靴，极靴的作用是使气隙磁通密度的空间分布均匀并减小气隙磁阻，同时极靴对励磁绕组也起支撑作用。为减小涡流损耗，主磁极铁芯用厚 1.0～1.5 mm 的低碳钢板冲成一定形状，用铆钉把冲片铆紧，然后再固定在机座上。主磁极上的线圈用来产生主磁通，称为励磁绕组。主磁极的结构如图 3-6 所示。当给励磁绕组通入直流电时，各主磁极均产生一定极性，相邻两主磁极的极性是 N、S 交替出现的。

3）换向极

换向极又称为附加极，其结构如图3-7所示。换向极安装在相邻的两主磁极之间，用螺钉固定在机座上，用来改善直流电机的换向，一般电动机容量超过1 kW时均应安装换向极。

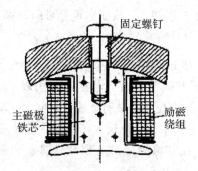
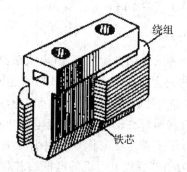

图3-6 直流电动机的主磁极的结构　　图3-7 直流电动机的换向极

换向极由换向极铁芯和换向极线圈组成。换向极铁芯可根据换向要求用整块钢制成，也可用厚1～1.5 mm的钢板或硅钢片叠成，所有的换向极线圈串联后称为换向绕组，换向绕组与电枢绕组串联。换向极数目一般与主磁极数目相同，但在功率很小的直流电动机中，只装主极数一半的换向极或不装换向极。换向极极性根据换向要求确定。

4）电刷装置

电刷装置的作用是通过电刷和旋转的换向器表面的滑动接触，把转动的电枢绕组与外电路连接起来。电刷装置一般由电刷、刷握、刷杆、刷杆座和汇流条组成，电刷的结构如图3-8所示。电刷是用石墨制成的导电块，放在刷握内，用弹簧以一定的压力将它压在换向器的表面上。刷握用螺钉夹紧在刷杆上，刷杆装在一个可以转动的刷杆座上，成为一个整体部件。刷杆与刷杆座之间是绝缘的，以免正、负电刷短路。

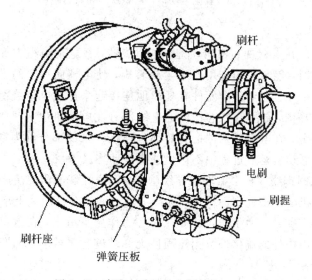

图3-8 直流电动机的电刷结构

5）端盖

电机中的端盖主要起支撑作用。端盖固定在机座上，其上放置轴承以支撑直流电动机的转轴，使直流电机能够旋转。

2. 转子部分

转子又称电枢，是电机的转动部分，由电枢铁芯、换向器、电机转轴、电枢绕组、轴承和风扇等组成，其作用是产生感应电动势和产生电磁转矩，从而实现能量的转换。

1）电枢铁芯

电枢铁芯的作用是通过磁通（电机磁路的一部分）和嵌放电枢绕组。为减小当电机旋转时铁芯中的磁通方向发生变化引起的磁滞损耗和涡流损耗，电枢铁芯用厚 0.35 mm 或 0.5 mm 的硅钢片叠成，叠片两面涂有绝缘漆。铁芯叠片沿轴向叠装，中小型电动机的电枢铁芯通常直接压装在轴上；在大型电动机中，由于转子直径较大，因此电枢铁芯压装在套于轴上的转子支架上。电枢铁芯冲片上冲有放置电枢绕组的电枢槽、轴孔和通风孔。图 3-9 所示为小型直流电动机的电枢铁芯和铁芯冲片结构。

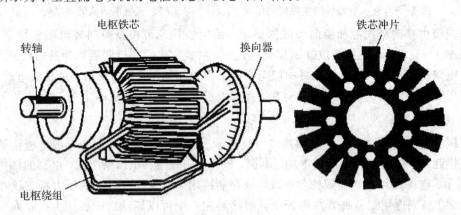

图 3-9 直流电动机的电枢铁芯和铁芯冲片结构

2）电枢绕组

电枢绕组安放在电枢铁芯槽内，随着电枢旋转，在电枢绕组中产生感应电势；当电枢绕组中通过电流时，能与磁场作用产生电磁转矩，使电枢向一定的方向旋转。在电动机中每一个线圈称为一个元件，多个元件有规律地连接起来形成电枢绕组。绕制好的绕组放置在电枢铁芯上的槽内，放置在铁芯槽内的直线部分在电动机运转时将产生感应电动势，称为元件的有效部分；在电枢槽两端把有效部分连接起来的部分称为端接部分，端接部分仅起连接作用，在电动机运行过程中不产生感应电动势。

电枢绕组用圆铜线或矩形截面铜导线制成，铜线的截面积取决于线圈中通过电流的大小。在直流电动机电枢槽的剖面图中，除导线本身包有绝缘外，上下层线圈间及线圈和铁芯之间都必须妥善绝缘。为了防止线圈在离心力作用下甩出，在槽口处用槽楔将线圈边封在槽内，线圈伸出槽外的端接部分用热固性无纬玻璃丝带或非磁性钢丝扎紧。槽楔可用竹片或酚醛玻璃布板制成。

3）换向器

换向器又称为整流子。对于发电机，换向器的作用是把电枢绕组中的交变电动势转变为直流电动势向外部输出直流电压；对于电动机，换向器的作用是把外界供给的直流电流转变为绕组中的交变电流以使电动机旋转。换向器结构如图 3-10 所示。换向器由换向片组合而成，是直流电机的关键部件，也是最薄弱的部分。

换向器采用导电性能好、硬度大、耐磨性能好的紫铜或铜合金制成。换向片的底部做成燕尾形状，换向片的燕尾部分嵌在含有云母绝缘的 V 形钢环内，拼成圆筒形套入钢套筒上，相邻的两换向片间以 0.6～1.2 mm 的云母片作为绝缘，最后用螺旋压圈压紧。换向器固定在转轴的一端。换向片靠近电枢绕组一段的部分与绕组引出线相焊接。

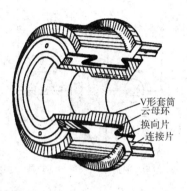

图 3-10　直流电动机的换向器结构

4）转轴、支架和风扇

对于小容量直流电动机，电枢铁芯就装在转轴上；对于大容量直流电动机，为了减少硅钢片的消耗和转子的重量，轴上装有金属支架，电枢铁芯装在支架上。此外，轴上还装有风扇，以加强对电动机的冷却。

整个直流电动机的转子(电枢)结构如图 3-11 所示。

图 3-11　直流电动机的转子结构

3.1.3　直流电动机的类型

根据直流电动机的定子磁场不同，可将直流电动机分为两大类：一类是永磁式直流电动机，它的定子磁极由永久磁铁组成；另一类为励磁式直流电动机，它的定子磁极由铁芯和励磁线圈组成。

直流电动机的类型

励磁式直流电动机可分为他励直流电动机、并励直流电动机、串励直流电动机和复励直流电动机几种。直流电动机中有两种基本绕组，即励磁绕组和电枢绕组。励磁绕组和电枢绕组之间的连接方式称为励磁方式。不同励磁方式的直流电动机其特性有很大的差异，故选择励磁方式是选择直流电动机的重要依据。

1. 他励直流电动机

他励直流电动机的励磁绕组和电枢绕组分别由两个不同的电源供电，这两个电源的电压可以相同，也可以不同。图 3-12(a)中，励磁电流 I_f 的大小仅取决于励磁电源的电压和励磁回路的电阻，而与电动机的电枢电压大小及负载基本无关。用永久磁铁作为主磁极的电动机可当作他励电动机。

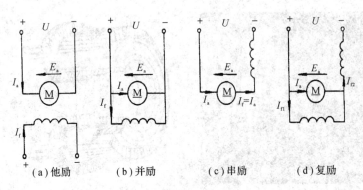

(a)他励　　　　(b)并励　　　　(c)串励　　　　(d)复励

图 3-12　直流电动机的励磁方式

2. 并励直流电动机

并励式直流电动机的励磁绕组和电枢绕组并联，由同一电源供电，其接线图如图 3-12(b)所示。励磁电流一般为额定电流的 5%，要产生足够大的磁通，需要有较多的匝数，所以并励绕组匝数多，导线较细。并励直流电动机一般用于恒压系统。中小型直流电动机多为并励式。

3. 串励直流电动机

励磁绕组与电枢绕组串联，如图 3-12(c)所示。励磁电流与电枢电流相同，数值较大，因此，串励绕组匝数很少，导线较粗。串励直流电动机具有很大的启动转矩，但其机械特性很软，且空载时有极高的转速。串励直流电动机不准空载或轻载运行。串励直流电动机常用于要求很大启动转矩且转速允许有较大变化的负载等。

4. 复励直流电动机

电动机至少有两个绕组励磁，其中之一是串励绕组，其他为他励(或并励)绕组，如图 3-12(d)所示。通常他励(或并励)绕组起主要作用，串励绕组起辅助作用。若串励绕组和他励(或并励)绕组的磁势方向相同，称为积复励。这类电动机多用于要求启动转矩较大、转速变化不大的负载。由于积复励直流电动机在两个不同旋转方向上的转速和运行特性不同，因此不能用于可逆驱动系统中。若串励绕组和并励(或他励)绕组的磁势方向相反，称为差复励。差复励直流电动机一般用于启动转矩小，而要求转速平稳的小型恒压驱动系统中。这种励磁方式的直流电动机也不能用于可逆驱动系统中。

直流电动机的
工作原理

3.1.4　直流电动机的工作原理

图 3-13 是直流电动机的工作原理图。电枢不用外力拖动，把电刷

A、B 接到直流电源上,假定电流从电刷 A 流入线圈,沿 $a \to b \to c \to d$ 方向,从电刷 B 流出。载流线圈在磁场中将受到电磁力的作用,其方向按左手定则确定,ab 边受力向上,cd 边受力向下,形成电磁转矩,结果使电枢逆时针方向转动,如图 3-13(a)所示。当电枢转过 90°时,如图 3-13(b)所示,线圈中虽无电流和力矩,但在惯性的作用下继续旋转。

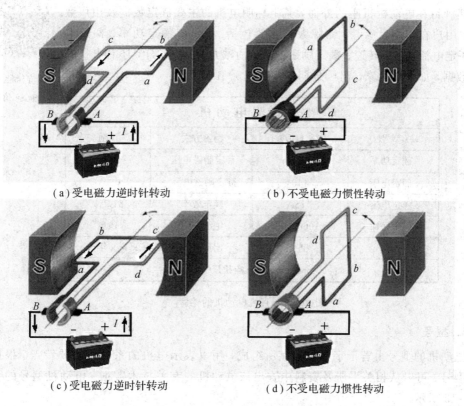

（a）受电磁力逆时针转动　　　　　　　（b）不受电磁力惯性转动

（c）受电磁力逆时针转动　　　　　　　（d）不受电磁力惯性转动

图 3-13　直流电动机的工作原理图

当电枢转过 180°时,如图 3-13(c)所示,电流仍然从电刷 A 流入线圈。沿 $d \to c \to b \to a$ 方向,从电刷 B 流出。与图 3-13(a)比较,通过线圈的电流方向改变了,但两个线圈边受电磁力的方向却没有改变,即电动机只朝一个方向旋转。若要改变其转向,必须改变电源的极性,使电流从电刷 B 流入、从电刷 A 流出才行。

由以上分析可得直流电动机的工作原理:当直流电动机接入直流电源时,借助于电刷和换向器的作用,使直流电动机电枢绕组中流过方向交变的电流,从而使电枢绕组产生恒定方向的电磁转矩,保证了直流电动机朝一定的方向连续旋转。

 知识点扩展

直流电动机与直流发电机的区别

□ 直流电动机将电能转变成机械能,输出机械功率;直流发电机将机械能(或其他能量)转变成电能,输出电功率。

□ 直流电动机的工作原理是接入直流电源,电枢绕组产生电磁转矩,使电动机旋转;直流发电机的工作原理是原动机使电枢绕组旋转,电枢绕组产生感应电动势,输出直流。

□ 直流电动机主要作为动力设备应用于城市电车、电动自行车、办公自动化设备等；直流发电机主要作为发电设备，用来产生直流电能。

3.1.5 直流电动机的铭牌

铭牌钉在电动机机座的外面，其上标明电机的主要额定数据及出厂数据，供用户在使用时参考。铭牌数据主要包括：型号、额定功率、额定电压、额定电流、额定转速、额定励磁电流、励磁方式等。此外，还有电机的出厂数据，如生产厂家、出厂日期等，如图3-14所示。

直流电动
机的铭牌

直流电动机			
型号	Z4-112/2-1	励磁方式	并励
额定功率	5.5KW	额定励磁电压	180V
额定电压	440V	额定励磁电流	0.4A
额定电流	15A	额定效率	81.2%
额定转速	3000r/min	绝缘等级	B级
定额	连续	出厂日期	×××年××月
×××电机厂			

图3-14 直流电动机的铭牌

1. 型号

电动机的型号由若干字母和数字所组成，用以表示电机的系列和主要特点。根据电动机的型号，可以从相关手册及资料中查出该电动机的有关技术数据。电动机型号的含义如图3-15所示。

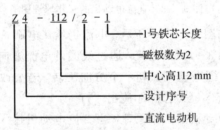

图3-15 电动机型号的含义

常见的直流电动机产品系列及用途如表3-1所示。

表3-1 常见的直流电动机产品系列及用途

代 号	含 义
Z2	一般用途的中、小型直流电机，包括发电机和电动机
Z、ZF	一般用途的大、中型直流电机系列。Z是直流电动机系列，ZF是直流发电机系列
ZZJ	专供起重冶金工业用的专用直流电动机
ZT	用于恒功率且调速范围比较大的拖动系统中的广调速直流电动机

代　号	含　　义
ZQ	电力机车、工矿电机车和蓄电池供电电车用的直流牵引电动机
ZH	船舶上各种辅助机械用的船用直流电动机
ZU	用于龙门刨床的直流电动机
ZA	用于矿井和有易爆气体场所的防爆安全型直流电动机
ZKJ	冶金、矿山挖掘机用的直流电动机

2. 额定值

额定值是电机制造厂对电机正常运行时有关的电量或机械量所规定的数据。额定值是正确选择和合理使用电机的依据。根据国家标准，电机铭牌上所标的数据称为额定数据，具体含义如下：

1）额定功率 P_N

额定功率是指电机在额定情况下允许输出的功率。对于发电机，额定功率是指输出的电功率；对于电动机，额定功率是指电动机转轴上输出的机械功率，单位一般都为 kW 或 W。

2）额定电压 U_N

额定电压是指在额定情况下，电刷两端输出或输入的电压，单位为 V。对于发电机，额定电压是指在额定电流下输出额定功率时的端电压。对于电动机，额定电压是指在规定正常工作时，加在 M 两端的直流电源电压。

3）额定电流 I_N

额定电流是指在额定情况下，电机流出或流入的电流，单位为 A。

额定功率 P_N、额定电压 U_N 和额定电流 I_N 三者之间的关系如下：

直流发电机：

$$P_N = U_N \cdot I_N$$

直流电动机：

$$P_N = U_N \cdot I_N \cdot \eta_N$$

式中，η_N 为额定效率。

4）额定转速 n_N

额定转速是指在额定功率、额定电压、额定电流时电机的转速，单位为 r/min。

5）额定励磁电压 U_{fN}

额定励磁电压是指在额定情况下励磁绕组所加的电压，单位为 V。

6）额定励磁电流 I_{fN}

额定励磁电流是指在额定情况下通过励磁绕组的电流，单位为 A。

有些物理量虽然不标在铭牌上，但它们也是额定值，如在额定运行状态时的转矩、效率分别称为额定转矩、额定效率等。若电机运行时，各物理量都与额定值一样，则称为额定状态。电机在实际运行时，由于负载的变化，往往不是总在额定状态下运行。如果流过电机的电流小于额定电流，则称为欠载运行；如果超过额定电流，则称为过载运行。长期过载或欠载运行都不好。长期过载有可能因过热而烧坏电机；长期欠载，电机没有得到充分利用，效率低，不经济。电机在接近额定的状态下运行才是最经济合理的。

做一做

直流电动机额定值关系的计算

一台直流电动机额定数据为：$P_N = 13 \text{ kW}$，$U_N = 220 \text{ V}$，$n_N = 1500 \text{ r/min}$，$\eta_N = 87.6\%$，求额定输入功率 P_{1N}、额定电流 I_N 和额定输出转矩 T_{2N}。

解 已知额定输出功率 $P_N = 13 \text{ kW}$，额定效率 $\eta_N = 87.6\%$，所以

额定输入功率：

$$P_{1N} = \frac{P_N}{\eta_N} = \frac{13}{0.876} = 14.84 \text{ kW}$$

额定电流：

$$I_N = \frac{P_{1N}}{U_N} = \frac{14.84 \times 10^3}{220} = 67.45 \text{ A}$$

由于输出功率 $P_N = T_{2N} \cdot \omega_N$，而角速度 $\omega_N = \frac{2\pi n_N}{60}$，所以额定输出转矩：

$$T_{2N} = \frac{60 P_N \times 10^3}{2\pi n_N} = 82.77 \text{ N} \cdot \text{m}$$

3.2 直流电动机的拆卸与安装

直流电动机在电气传动设备应用中经常进行检测与维修。在检测与维修直流电动机时，离不开拆卸与安装电动机。正确掌握电动机的拆卸与安装方法是每一个电气工程技术人员必备的技能。本节介绍电动机的拆卸、保养与安装方法。

3.2.1 直流电动机的拆卸方法

1. 直流电动机的基本拆卸方法

在拆卸直流电动机时，一般按以下方法和步骤进行：

（1）切断电源。拆开电动机与电源的连线，并对电源线线头做好绝缘处理。

（2）脱开皮带轮或联轴器，松掉地脚螺钉和接地螺栓。

（3）拆卸带轮或联轴器。先在皮带轮（或联轴器）的轴伸端（或联轴器

直流电动机的
拆卸方法

端）上做好尺寸标记，再将皮带轮（或联轴器）上的定位螺丝钉或销子松脱取下，装上拉具，拉具的丝杆端要对准电动机轴的中心，转动丝杠，把皮带轴或联轴器慢慢拉出。如拉不出，不要强拉；可在定位螺孔内注入煤油，等待几小时后再拉。如仍拉不出，可用喷灯等急火在

皮带轮外侧轴套四周加热，使其膨胀，便可拉出。加热温度不能太高，以防止轴变形。拆卸过程中不用手锤直接敲击皮带轮，以防止皮带界线中联轴器碎裂、轴变形和端盖受损等。

（4）拆卸风扇罩、风扇。封闭式电动机在拆卸皮带轮或联轴后，就可以把外风扇罩的螺栓松脱，取下风扇罩，然后松脱或取下转子轴尾端风扇上的定位螺钉或销子，用手锤在风扇四周均匀地轻敲，风扇就可以取下。小型电动机的风扇一般不用取下，可随转子一起抽出。当后端盖内的轴承需要加油或更换时必须拆卸。

（5）拆卸轴承盖和端盖。先把轴承外盖的螺栓松下，拆下轴承外盖。为了方便装配时复位，应在端盖与机座接缝处的任意位置上做一标记，然后松开端盖的紧固螺栓，最后用手锤均匀敲打端盖四周（敲打时要垫一木块），把端盖取下。较大型电动机端盖较重，应先把端盖用起重设备吊住，以免端盖卸下时跌碎或碰坏绕组。对于小型电动机，可以先把轴伸端的轴承外盖卸下，再松开后端盖的紧固螺栓（如风扇叶装在轴伸端，则需先把端盖的轴承外盖取下），然后用木槌轻敲轴伸端，就可以把转子和后端盖一起取下。

2．电动机轴承的拆卸方法

拆卸电动机轴承时，常应用以下方法：

（1）用拉具拆卸。可根据轴承的大小，选择合适的拉具，拉具的脚爪应紧扣在轴承的内圈上。

（2）用铜棒拆卸。在轴承的内圈上垫上铜棒，用手锤向轴外方向敲打铜棒，将轴承推出。敲打时要在轴承内圈四周上对称的两侧轮流敲击，不可偏敲一面或用力过猛。

（3）搁在圆筒上拆卸。在轴承的内圆下面用两块铁板夹住，搁在一只内径略大于转子外径的圆筒上面，在轴的端面上垫上铜块，用手锤敲打，着力点对准轴的中心，圆筒内放一些棉纱头，以防轴承脱下时转子和转轴被摔坏。当敲到轴承逐渐松动时，用力要减弱。

（4）加热拆卸。当因轴承装配过紧或轴承氧化，不易拆卸时，可用 $100\,℃$ 左右的机油浇在轴承内圈上，趁热用上述方法拆卸，可用布包好转轴，以防止热量扩散。

（5）轴承在端盖内的拆卸。在拆卸电动机时，若遇到轴承留在端盖的轴孔内，则应把端盖止口面朝上，平稳地搁在两块铁板上，垫上一段直径小于轴承外径的金属棒，沿轴承的外圈（敲打金属棒）敲打，将轴承敲出。

（6）抽出或吊出转子。小型电动机的转子可以连同后端盖一起取出，抽出转子时应小心缓慢，不能歪斜，以防碰伤定子绕组。对于大、中型电动机，其转子较重，要用起重设备将转子吊出。用钢丝绳套住转子两端轴颈，轴颈受力处要垫衬纸板或棉纱、棉布，当转子的重心已移出定子时，立即在定子和转子间隙内塞入纸板，并在转子移出的轴端垫一支架或木块架住转子，然后将钢丝绳吊住转子体（不要将钢丝绳吊在铁芯风道里，要在钢绳与转子之间衬垫纸板）慢慢将转子吊出。

3.2.2　直流电动机的安装方法

直流电动机的装配顺序按拆卸时的逆顺序进行。装配前，各配合处要先清理除锈，装配时应按各部件拆卸时所做标记复位。一般按以下方法和步骤进行：

直流电动机的
安装方法

1. 滚动轴承的安装

1）冷套法

把轴承套到轴上，对准轴颈，用一段内径略大于轴径而外径略小于轴承内圈的铁管，将其一端顶在轴承的内圈上，用手锤敲打铁管的另一端，将轴承推进去。有条件的可用压床压入法。

2）热套法

把轴承置于 80～1000℃ 的变压器油中加热 30～40 min。加热时轴承要放在浸于油内的网架上，不与箱底或箱壁接触。为防止轴承退火，加热要均匀，温度和时间不宜超过要求。进行热套时，要趁热迅速把轴承一直推到轴颈。如套不进，应检查原因，若无外因，可用套筒顶住轴承内圈，用手锤轻敲入，并用棉布擦净。

3）注润滑脂

已装的轴承要加注润滑脂于其内外套之间。塞装要均匀洁净，不要塞装过满。轴承内外盖中也要注润滑脂，一般使其占盖内容积的 1/3～1/2。

2. 后端盖的安装

将轴伸端朝下垂直放置，在其端面上垫木板，将后端盖套在后轴承上，用木槌敲打，把后端盖敲进去后，装轴承外盖，紧固内外轴承盖的螺栓时要逐步拧紧，不能先紧一个，再紧另一个。

3. 转子的安装

把转子对准定子孔中心，小心地往里送，后端盖要对准机座的标记，旋上后端盖螺栓，暂不要拧紧。

4. 前端盖的安装

将前端盖对准与机座的标记，用木槌均匀敲击端盖四周，不可单边着力，并拧上端盖的紧固螺栓。拧紧前后端盖的螺栓时，要按对角线上下左右逐步拧紧，使四周均匀受力，否则易造成耳攀断裂或转子的同心度不良等。之后装前轴承外端盖，先在外轴承盖孔内插入一根螺栓，一手顶住螺栓，另一手缓慢转动转轴，轴承内盖也随之转动，当手感觉到轴承内外盖螺孔对齐时，就可以将螺栓拧入内轴承盖的螺孔内。接下来装另外几根螺栓。紧固时，也要逐步均匀拧紧。

5. 风扇和风扇罩的安装

先安装风扇叶，对准键槽或止紧螺钉孔，一般可以推入或轻轻敲入，然后按机体标记，推入风扇罩，转动机轴。若风扇罩和风扇叶无摩擦，则拧紧紧固螺钉。

6. 皮带轮的安装

安装时要对准键槽或止紧螺钉孔。中小型电动机可在皮带轮的端面上垫木块或铜板，用手锤打入。若打入困难，可将轴的另一端也垫木块或铜板顶在坚固的止挡物上，打入皮带轮。安装大型电动机的皮带轮（或联轴器）时，可用千斤顶将皮带轮顶入，但要用坚固的止挡物顶住机轴另一端和千斤顶底座。

3.2.3 直流电动机的保养方法

直流电动机的日常保养也很重要，保养得当可以延长电动机的运行寿命，并可以保持电动机的良好运行状态。直流电动机的日常保养一般按以下方法步骤进行：

（1）清尘。用吹尘器（或压缩空气）吹去定子绕组中的积尘，并用抹布擦净转子体，检查定子和转子有无损伤。

（2）轴承清洗。将轴承和轴承盖先用煤油浸泡后，用油刷清洗干净，再用棉布擦净。

直流电动机的
保养方法

（3）轴承检查。检查轴承有无裂纹，再用手旋转轴承外套，观察其转动是否灵活、均匀。如发现轴承有卡住或过松现象，要用塞尺检查轴承的磨损情况。磨损情况如超过表3-2所示的允许值，则应考虑更换新轴承。

表 3-2 滚动轴承的允许磨损值

轴承内径/mm	最大磨损/mm	轴承内径/mm	最大磨损/mm
20~30	0.1	85~120	0.3~0.4
35~80	0.2	120~150	0.4~0.5

（4）更换轴承。更换新轴承时，应将其放于70~80℃的变压器油中加热5 min左右，待全部防锈脂熔去后，再用煤油清洗干净，并用棉布擦净待装。

3.2.4 直流电动机装配后的检验

直流电动机装配后要进行检验，以保证装配的正确性及电动机的良性运行。装配后的检验一般按以下步骤进行：

（1）一般检查。检查所有螺栓是否拧紧，转子转动是否灵活，轴伸端径向是否有偏摆现象。

直流电动机
装配后的检验

（2）绝缘电阻测定。用500 V兆欧表测电动机励磁绕组的相与相、相与机壳的绝缘电阻，其值不得小于0.5 MΩ。

（3）电枢绕组电流测量。按电动机铭牌的技术要求正确接线，机壳接好保护线，接通电源，用钳形表分别测量电枢空载电流的大小及平衡情况。

（4）温升检查。检查铁芯、轴承的温度是否过高，轴承在运行时是否有异常声音等。

3.3 他励直流电动机的启动与调速

3.3.1 降低电源电压启动

1. 概述

电动机的启动是指电动机接通电源后，由静止状态加速到稳定运行状态的过程。电动机在启动瞬间（$n=0$）的电磁转矩称为启动转矩 T_{st}，启动瞬间的电枢电流称为启动电流 I_{st}。启动转矩为

$$T_{st} = C_T \Phi I_{st} \qquad (3-1)$$

其中，C_T 为转矩常数，Φ 为每极磁通。

如果他励直流电动机在额定电压下直接启动，则由于启动瞬间 $n=0$，$E_a=0$，因此启动电流为

$$I_{st} = \frac{U_N}{R_a} \qquad (3-2)$$

直流电动机的降压启动

因为电枢电阻 R_a 很小，所以直接启动电流将达到很大的数值，通常可达到 $(10\sim20)I_N$。过大的启动电流会引起电网电压下降，影响电网上的其他用户，使电动机的换向严重恶化，甚至会烧坏电动机；同时过大的冲击转矩会损坏电枢绕组和传动机构。因此，除了个别容量很小的电动机外，一般直流电动机是不允许直接启动的。

对直流电动机的启动，一般有如下要求：

(1) 要有足够大的启动转矩。

(2) 启动电流要限制在一定的范围内。

(3) 启动设备要简单、可靠。

为了限制启动电流，他励直流电动机通常采用电枢回路串电阻启动或降低电枢电压启动。无论采用哪种启动方法，启动时都应保证电动机的磁通达到最大值。这是因为 $T_{st}=C_T\Phi I_{st}$ 在同样的电流下，Φ 大则 T_{st} 大；而在同样的转矩下，Φ 大则 I_{st} 可以小一些。

2. 直流电动机的降压启动

当直流电源电压可调时，可以采用降压方法启动。启动时，以较低的电源电压启动电动机，启动电流便随电压的降低而正比减小。随着电动机转速的上升，反电动势逐渐增大，再逐渐提高电源电压，使启动电流和启动转矩保持在一定的数值上，从而保证电动机按需要的加速度升速。

降压启动虽然需要专用电源，设备投资较大，但它启动平稳，启动过程中能量损耗小，因而得到了广泛的应用。

3.3.2 电枢回路串电阻启动

电动机启动前，应使励磁回路调节电阻 $R_{st}=0$，这样励磁电流 I_f 最大，使磁通 Φ 最大。电枢回路串接启动电阻 R_{st}，在额定电压下的启动电流为

$$I_{st} = \frac{U_N}{R_a+R_{st}} \qquad (3-3)$$

电枢回路串电阻启动

式中，R_{st} 值的选取应使 I_{st} 不大于允许值。对于普通直流电动机，一般要求 $I_{st}\leqslant(1.5\sim2)I_N$。

在启动电流产生的启动转矩的作用下，电动机开始转动并逐渐加速，随着转速的升高，电枢电动势（反电动势）E_a 逐渐增大，使电枢电流逐渐减小，这样转速的上升就逐渐缓慢下来。为了缩短启动时间，保持电动机在启动过程中的加速不变，就要求在启动过程中电枢电流维持不变，因此随着电动机转速的升高，应将启动电阻平滑地切除，最后使电动机转速达到运行值。

实际上，平滑地切除电阻是不可能的，一般是在电阻回路中串入多级（通常是 2～5 级）

电阻，在启动过程中逐级加以切除。启动电阻的级数越多，启动过程就越快且越平稳，但所需要的控制设备就越多，投资也越大。图 3-16 所示为他励直流电动机二级电阻启动的电路原理图及其机械特性。图 3-17 为他励直流电动机二级电阻启动控制电路。

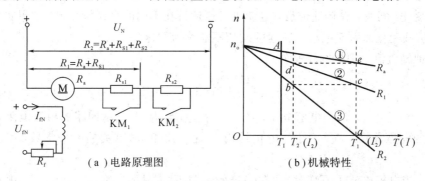

（a）电路原理图　　　（b）机械特性

图 3-16　他励直流电动机二级电阻启动

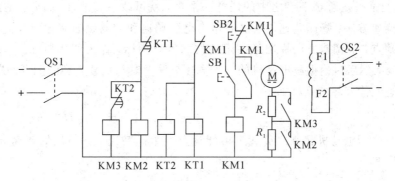

图 3-17　他励直流电动机二级电阻启动控制电路

其工作原理如下：

首先合上开关 QS2、QS1，励磁绕组 F1、F2 获电励磁，与此同时，时间继电器 KT1 和 KT2 的线圈也同时获电，它们的动断触点瞬时断开，使接触器 KM2、KM3 的线圈断电，于是并联在启动电阻 R_1 和 R_2 上的接触器动合触点 KM2 和 KM3 处于断开状态，从而保证了在启动电阻全部串入电枢回路中后电动机才能启动。

按下启动按钮 SB1，接触器 KM1 线圈获电动作，接通电枢回路，并自锁。电动机在串入全部启动电阻的情况下减压启动。同时，由于 KM1 的动断触点断开，使时间继电器 KT1 和 KT2 线圈断电并延时释放，其中 KT1 动断触点经过一定的延时时间，先延时闭合，接触器 KM2 线圈获电，其动合触点闭合，将启动电阻 R_1 短接切除，然后 KT2 动断触点适时闭合，将电阻 R_2 短接切除，电动机启动完毕，投入正常运转。

3.3.3　直流电动机的降压调速

1. 直流电动机调速的概念

为了提高生产效率或满足生产工艺的要求，许多生产机械在工作过程中都需要调速。例如，车床切削工件时，精加工用高转速，粗加工用低转速；轧钢机在轧制不同品种和不同厚度的钢材时，也必须有不同的工作速度。

电力拖动系统的调速可以采用机械调速、电气调速或二者配合起来调速。通过改变传

直流电动
机的降压调速

动机构转速比的方法称为机械调速；通过改变电动机参数的方法称为电气调速。本节只介绍他励直流电动机的电气调速。

改变电动机的参数就是人为地改变电动机的机械特性，从而使负载工作点发生变化，转速随之变化。可见，在调速前后，电动机必然运行在不同的机械特性上。如果机械特性不变，则因负载变化而引起电动机转速的改变不能称为调速。

根据他励直流电动机的转速公式：

$$n = \frac{U - I_a(R_a + R_s)}{C_e \Phi} \tag{3-4}$$

其中，U 为电枢电压，I_a 为电枢电流，R_a 为电枢电阻，R_s 为电枢回路的串联电阻，C_e 为直流电动机的电势常数，它是一个与电机结构（尺寸、绕组等）有关的一个常数，Φ 为励磁磁通。

可知，当电枢电流 I_s 不变时（即在一定的负载下），只要改变电枢电压 U、电枢回路的串联电阻 R_s 及励磁磁通 Φ 三者之中的任意一个量，就可改变转速 n。因此，他励直流电动机具有三种调速方法：降压调速、电枢回路串电阻调速和减弱磁通调速。为了评价各种调速方法的优缺点，对调速方法提出了一定的技术经济指标，称为调速指标。下面先对调速指标做一介绍，然后讨论他励电动机的三种调速方法及其与负载类型的配合问题。

评价调速性能好坏的指标如下：

1）调速范围

调速范围是指电动机在额定负载下可能运行的最高转速 n_{max} 与最低转速 n_{min} 之比，通常用 D 表示，即

$$D = \frac{n_{max}}{n_{min}} \tag{3-5}$$

不同的生产机械对电动机的调速范围有不同的要求。要扩大调速范围，必须尽可能地提高电动机的最高转速，降低电动机的最低转速。电动机的最高转速受电动机的机械强度、换向条件、电压等级等方面的限制，而最低转速则受到低速运行时转速的相对稳定性的限制。

2）静差率（相对稳定性）

转速的相对稳定性是指负载变化时转速变化的程度。转速变化小，其相对稳定性好。转速的相对稳定性用静差率 $\delta\%$ 表示。当电动机在某一机械特性上运行时，由理想空载增加到额定负载，电动机的转速降落 $\Delta n_N = n_0 - n_N$ 与理想空载转速 n_0 之比就称为静差率，用百分数表示为

$$\delta\% = \frac{n_0 - n_N}{n_0} \times 100\% = \frac{\Delta n_N}{n_0} \times 100\% \tag{3-6}$$

显然，电动机的机械特性越硬，其静差率越小，转速的相对稳定性就越高。但是静差率的大小不仅仅是由机械特性的硬度决定的，还与理想空载转速的大小有关。

静差率与调速范围两个指标是相互制约的。设图 3-18 中曲线 1 和曲线 4 为电动机最高转速和最低转速时的机械特性，则电动机的范围 D 与最低转速时的静差率 δ 的关系如下：

$$D = \frac{n_{max}}{n_{min}} = \frac{n_{max}}{n_{0min} - \Delta n_N} = \frac{n_{max}\delta}{\Delta n_N(1 - \delta)} \tag{3-7}$$

式中，Δn_N 为最低转速机械特性上的转速降；δ 为最低转速时的静差率，即系统的最大静差率。

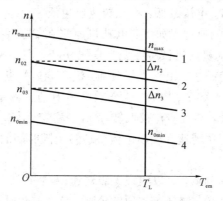

图 3-18　不同机械特性的静差率

由式（3-6）可知，对静差率这一指标要求越高，即 δ 值越小，则调速范围 D 越小；反之，要求调速范围 D 越大，则静差率 δ 越大，转速的相对稳定性越差。

不同的生产机械，对静差率的要求不同，普通车床要求 $\delta \leqslant 30\%$，而高精度的造纸机则要求 $\delta \leqslant 0.01\%$。保证一定静差率指标的前提下，要扩大调速范围，就必须减小转速降 Δn_N。

3）调速的平滑性

在一定的调速范围内，调速的级数越多，就认为调速越平滑。相邻两级转速之比称为平滑系数 φ，其计算式为

$$\varphi = \frac{n_i}{n_{i-1}} \tag{3-8}$$

φ 值越接近 1，则平滑性越好。当 $\varphi = 1$ 时，称为无级调速，即转速可以连续调节。调速不连续时，级数有限，称为有级调速。

4）调速的经济性

调速的经济性主要指调速设备的投资、运行效率及维修费用等。

2. 直流电动机的降压调速

电动机的工作电压不允许超过额定电压，因此电枢电压只能在额定电压以下进行调节。降低电源电压调速的原理及调速过程可用图 3-19 说明。

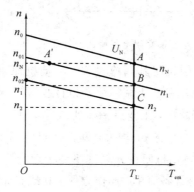

图 3-19　降压调速特性

设电动机拖动恒转矩负载 T_L 在固有特性的 A 点运行，其转速为 n_N。若电源电压由 U_N

下降至 U_1，则达到新的稳态后，工作点将移到对应人为特性曲线的 B 点，其转速下降为 n_1。从图 3-19 中可以看出，电压越低，稳态转速也越低。

转速由 n_N 下降至 n_1 的调速过程如下：电动机原来在 A 点稳定运行时，$T_{em}=T_L$，$n=n_N$。当电压降至 U_1 后，电动机的机械特性变为直线 $n_{01}B$。在降压瞬间，转速 n 不突变，E_a 不突变，所以 I_a 和 T_{em} 突变减小，工作点平移至 A' 点。在 A' 点，$T_{em}<T_L$，电动机开始减速，随着 n 减小，E_a 减小，I_a 和 T_{em} 增大，工作点沿 $A'B$ 方向移动，到达 B 点时，达到了新的平衡，即 $T_{em}=T_L$，此时电动机便在较低转速 n_1 下稳定运行。降压调速过程与电枢串电阻调速过程类似，调速过程中转速和电枢电流（或转矩）随时间的变化也类似。

降压调速的优点如下：

（1）电源电压能够平衡调节，可以实现无级调速。

（2）调速前后机械特性的斜率不变，硬度较高、负载变化时，速度稳定性好。

（3）无论轻载还是重载，调速范围相同，一般 $D=2.5\sim12$。

（4）电能损耗较小。

降压调速的缺点是：需要一套电压可连续调节的直流电源，如晶闸管—电动机系统（简称为 SCR—M 系统）。

3.3.4 电枢回路串电阻调速

电枢回路串电阻调速的特性如图 3-20 所示。设电动机拖动恒转矩负载 T_L 在固有特性上 A 点运行，其转速为 n_N。若电枢回路串入电阻 R_{s1}，则达到新的稳态后，工作点变为人为特性上的 B 点，转速下降到 n_1。从图 3-20 中可以看出，串入的电阻值越大，稳态转速就越低。

电枢回路
串电阻调速

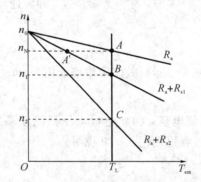

图 3-20 电枢回路串电阻调速的特性

现以转速由 n_N 降至 n_1 为例说明其调速过程。电动机原来在 A 点稳定运行时，$T_{em}=T_L$，$n=n_N$，当串入 R_{s1} 后，电动机的机械特性变为直线 n_0B，因串电阻瞬间转速不突变，故 E_a 不突变，于是 I_a 及 T_{em} 突变减小，工作点平移到 A' 点。在 A' 点，$T_{em}<T_L$，所以电动机开始减速，随着 n 减小，E_a 减小，I_a 及 T_{em} 增大，即工作点沿 $A'B$ 方向移动，当到达 B 点时，$T_{em}=T_L$，达到了新的平衡，电动机便在 n_1 转速下稳定运行。

电枢串电阻调速的优点是设备简单，操作方便。其缺点如下：

（1）由于电阻只能分段调节，因此调速的平滑性差。

（2）低速时特性曲线斜率大，静差率大，所以转速的相对稳定性差。

（3）轻载时调速范围小，额定负载时调速范围一般为 $D \leqslant 2$。

（4）如果负载转矩保持不变，则调速前和调速后因磁通不变而使电动机的 T_{em} 和 I_a 不变，输入功率（$P_1 = U_N I_a$）也不变，但输出功率（$P_2 \propto T_L n$）随转速的下降而减小，减小的部分被串联的电阻消耗掉了，所以损耗较大，效率较低。转速越低，所串电阻越大，损耗越大，效率越低，所以这种调速方法是不太经济的。

因此，电枢串电阻调速多用于对调速性能要求不高的生产机械，如起重机、电车等。

3.3.5　减弱磁通调速

额定运行的电动机，其磁路已基本饱和，即使励磁电流增加很多，磁通也增加很少，从电动机的性能考虑也不允许磁路过饱和。因此，改变磁通只能从额定值往下调，减弱磁通调速也就是弱磁调速，其特性可用图 3-21 说明。

减弱磁通调速

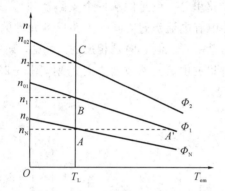

图 3-21　减弱磁通调速的特性

设电动机拖动恒转矩负载 T_L 在固有特性曲线的 A 点运行，其转速为 n_N。若磁通由 Φ_N 减小至 Φ_1，则达到新的稳态后，工作点将移到对应人为特性的 B 点，其转速上升为 n_1。从图 3-21 中可见，磁通越小，稳态转速将越高。

转速由 n_N 上升到 n_1 的调速过程如下：电动机原来在 A 点稳定运行时，$T_{em} = T_L$，$n = n_N$。当磁通减弱到 Φ_1 后，电动机的机械特性变为直线 $n_{01}B$。在磁通减弱的瞬间，转速 n 不突变，电动势 E_a 随着磁通而减小，于是电枢电流 I_a 增大。尽管磁通减小，但 I_a 增大很多，所以电磁转矩 T_{em} 还是增大的，因此工作点移到 A' 点。在 A' 点，$T_{em} > T_L$，电动机开始加速，随着 n 上升，E_a 增大，I_a 和 T_{em} 减小，工作点沿 $A'B$ 方向移动，到达 B 点时，$T_{em} = T_L$，出现了新的平衡，此时电动机便在较高的转速 n_1 下稳定运行。

对于恒转矩负载，调速前后电动机的电磁转矩不变，因为磁通减小，所以调速后的稳态电枢电流大于调速前的电枢电流，这一点与前两种调速方法不同。当忽略电枢反应影响和较小的电阻压降 $R_a I_a$ 的变化时，可近似认为转速与磁通成反比变化。

弱磁调速的优点是：由于在电流较小的励磁回路中进行调节，因而控制方便，能量损耗小，设备简单，而且调速平滑性好。虽然弱磁升速后电枢电流增大，电动机的输入功率增大，但由于转速升高，输出功率也增大，电动机的效率基本不变，因此弱磁调速的经济性是比较好的。

弱磁调速的缺点是：机械特性的斜率变大，特性变软；转速的升高受到电机换向能力和机械强度的限制，因此升速范围不可能很大，一般 $D \leqslant 2$。

为了扩大调速范围，常常把降压和弱磁两种调速方法结合起来，在额定转速以下采用降压调速，在额定转速以上采用弱磁调速。

3.3.6 直流电动机的换向

直流电动机电枢绕组中一个元件经过电刷从一个支路转换到另一个支路时，电流方向改变的过程称为换向。当电机带负载后，元件中的电流经过电刷时，电流方向会发生变化。换向不良会产生电火花或环火，严重时将烧毁电刷，导致电机不能正常运行，甚至引起事故。

直流电动
机的换向

1. 直流电动机换向的概念

直流电动机每个支路中所含元件的总数是相等的，但是，就某一个元件来说，它一会儿在这个支路里，一会儿又在另一个支路里。一个元件从一个支路换到另一个支路时要经过电刷。当电机带有负载后，电枢元件中有电流流过，同一支路里各元件的电流大小与方向都是一样的，相邻支路里电流大小虽然一样，但方向是相反的。可见，某一元件经过电刷，从一个支路换到另一个支路时，元件里的电流必然改变方向。现以图3-22所示的单叠绕组为例来看某个元件里电流换向的过程。

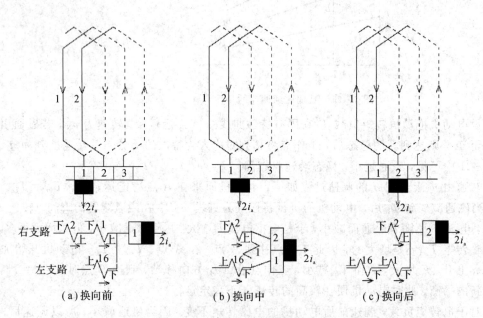

图 3-22　直流电动机的换向过程

为了分析简单，忽略换向片之间的绝缘并假设电刷宽度等于换向片宽度。在图 3-22 中，电枢绕组以线速度 v_a 从右向左移动，电刷固定不动，观察图中元件 1 的换向过程。当电刷完全与换向片 1 接触时，元件 1 里流过的电流为图中所标方向，电流大小为 $i = i_a$；当电枢转到使电刷与换向片 2 相接触时，元件 1 被电刷短路。由于换向片 2 接触了电刷，因此该元件里的电流被分流了一部分。当电刷仅与换向片 2 接触时，换向元件 1 已进入另一支路，其中电流也从换向前的方向变为换向后的反方向，完成了换向过程，元件 1 中流过的电流

$i=-i_a$。元件从开始换向到换向终了所经历的时间称为换向周期(T_k),换向周期通常只有千分之几秒。直流电机在运行时电枢绕组每个元件在经过电刷时都要经历上述换向过程。

换向问题很复杂,换向不良会在电刷和换向片之间产生火花,当火花到一定程度时有可能损坏电刷和换向器表面,从而使电机不能正常工作,但也不是说,直流电动机运行时一点火花也不许出现。详细情况可以参阅国家技术标准的有关规定。

产生火花的原因是多方面的,除电磁原因外,还有机械的原因,此外换向过程中还伴随有电化学和电热学等现象,所以相当复杂。

下面仅对电磁方面的原因做一简略分析。

2. 换向的电磁理论

换向的电磁理论指的是根据换向元件在换向过程中电流变化的情况,判断什么情况下会产生火花,什么情况下不产生火花。

设两相邻的换向片与电刷间的接触电阻分别为 R_{b1} 和 R_{b2},元件自身电阻为 R,流过的电流为 i,元件与换向片间的连线电阻为 R_k,与两个换向片连接的元件电流为 i_1 和 i_2,$\sum e$ 是换向元件的合成电动势,则根据基尔霍夫电压定律可列写换向元件在换向过程中的回路方程:

$$Ri + (R_k + R_{b1})i_1 - (R_k + R_{b2})i_2 = \sum e \qquad (3-9)$$

根据合成电动势 $\sum e$ 的取值情况,换向可分为直线换向($\sum e = 0$)、延迟换向($\sum e > 0$)和超越换向($\sum e < 0$)。

1) 直线换向($\sum e = 0$)

如果元件里的合成电动势 $\sum e$ 为零,并忽略元件电阻过程 R 和元件与换向片或超越换向片间的连线电阻 R_k,则式(3-9)可简化为

$$R_{b1}i_1 - R_{b2}i_2 = 0 \qquad (3-10)$$

式中,接触电阻 R_{b1} 和 R_{b2} 是变化的,其值与电刷和换向片之间的接触面积成反比,即

$$R_{b1} = R_b \frac{S}{S_1} = R_b \frac{S}{L_b(T_k - t)v_k} \qquad (3-11)$$

$$R_{b2} = R_b \frac{S}{S_2} = R_b \frac{S}{L_b t v_k} \qquad (3-12)$$

式中,S_1、S_2 是电刷与换向片 1、2 的接触面积,R_b 是换向片与电刷完全接触时的接触电阻,L_b 是电刷轴向长度,v_k 为换向器线速度,T_k 是换向周期。

根据结点电流定律:

$$i = i_1 - i_a \qquad (3-13)$$

$$i = i_a - i_2 \qquad (3-14)$$

将式(3-11)至式(3-14)代入式(3-10)可得

$$i = i_a \left(1 - \frac{2t}{T_k}\right) \qquad (3-15)$$

从式(3-15)可看出,换向元件里的电流随时间线性变化,这种换向称为直线换向。直线换向时不产生火花,故又称为理想换向。直线换向时元件电流 i 的变化曲线如图 3-23 所示。

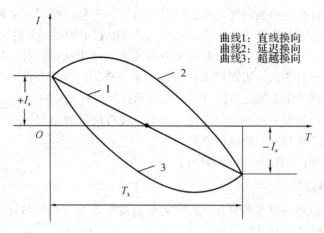

曲线1：直线换向
曲线2：延迟换向
曲线3：超越换向

图 3-23　换向电流变化曲线

2）延迟换向（$\sum e > 0$）

由于换向元件为线圈，且换向过程中线圈的电流是变化的，因此线圈中存在自感电动势 e_L；为了保证换向可靠，实际的电刷宽度比换向片的宽度要大得多，在换向过程中有多个元件同时换向，因此线圈中存在互感电动势，用 e_M 表示。通常将自感电动势 e_L 和互感电动势 e_M 合起来，称为电抗电动势，用 e_r 表示，故有

$$e_r = e_L + e_M = -(L+M)\frac{di}{dt} = -L_r\frac{di}{dt} \qquad (3-16)$$

式中，$L_r = L + M$ 为换向元件的电感系数；L 为换向元件的自感系数；M 为换向元件的互感系数。

根据楞次定律，电抗电动势 e_r 的作用总是阻碍电流变化的，因此，e_r 的方向与元件的换向前电流 i_a 的方向相同。

此外，虽然电刷安装在几何中性线处，主磁极磁密为零，但由于电枢反应的存在，电枢反应磁密却不为零，因此在换向元件中还有切割电动势 e_a 的存在，其计算式为

$$e_a = 2N_cB_a l v_a \qquad (3-17)$$

式中，N_c 为元件的匝数；B_a 为换向元件边所在处的气隙磁通密度；l 为元件边导体的有效长度；v_a 为电枢表面线速度。

切割电动势存在同样会使换向电流变化延缓。因此，线圈中合成电动势（电抗电动势和切割电动势之和）的存在使换向电流变化不再是线性的，出现了电流延迟现象的换向称为延迟换向。延迟换向时电刷下的各点电流密度不再为常数。$e_r + e_a$ 在换向元件中产生的电流称为附加换向电流，用 i_k 表示，其计算式为

$$i_k = \frac{\sum e}{R_{b1} + R_{b2}} = \frac{e_r + e_a}{R_{b1} + R_{b2}} \qquad (3-18)$$

如果换向元件里的电流按照图 3-23 中的延迟换向曲线变化，则电机运行时不会产生火花，但是当合成电动势较大时，换向元件里的电流并不按图中所绘制的延迟换向曲线变化，在电刷与换向片离开的瞬间，换向元件中的附加电流可能不为零，当这个附加电流足够大时将在电刷下产生电火花。

直流电动机因换向不良引起电刷下产生火花，除了上述的电磁原因外还有机械以及化

学方面的因素。机械因素包括：换向器偏心；换向片之间的绝缘凸出；电刷与换向器表面接触不好；电刷上的压力大小不合适；电刷在刷盒里因装得太紧而卡住，或者太松而跳动；各电刷杆之间不等距；各个换向极下的气隙不均匀；换向器表面不清洁；等等。化学方面的因素包括：电刷压力过大，高空缺氧、缺水汽，某些电机所处环境为化工厂，这些都有可能破坏换向器表面的氧化亚铜薄膜，从而产生火花。

3）超越换向（$\sum e < 0$）

如果换向极的磁场较强，e_k 抵消 e_r 后有剩余，则剩余电势产生的 i_k 会改变方向（$i_k < 0$）。当 $i = 0$ 时，$t < T_k/2$，电流改变方向的时刻比直线换向时提前，故称为超越换向，又叫过补偿换向。此时，前刷边电流密度增大，后刷边电流密度减小，这种情况同样对换向是不利的。

3. 改善换向的方法

改善换向的目的在于消除或削弱电刷下的火花。由于电磁是产生火花的主要因素，所以下面主要分析如何消除或削弱由此引起的电磁性火花。

产生电磁火花的直接原因是附加换向电流 i_k。为改善换向，必须限制附加换向电流 i_k。由式（3－18）知，减小 i_k 的方法有两种：一是增加接触电阻 R_{b1} 和 R_{b2}；二是减小换向元件中的合成电动势 $\sum e = e_r + e_a$。为此，改善换向一般采用以下两种方法：

（1）选用合适的电刷，增加电刷与换向片之间的接触电阻。

电机用电刷的型号规格很多，其中炭-石墨电刷的接触电阻最大，石墨电刷和电化石墨电刷次之，铜-石墨电刷的接触电阻最小。

直流电动机如果选用接触电阻大的电刷，则有利于换向，但接触压降较大，电能损耗大，发热大。同时由于这种电刷允许电流密度较小，因此电刷接触面积和换向器尺寸以及电刷的摩擦都将增大。设计制造电动机时会综合考虑两方面的因素，选择恰当的电刷牌号。为此，在使用维修中欲更换电刷时，必须选用与原来同一牌号的电刷，如果实在配不到相同牌号的电刷，则应尽量选择特性与原来相近的电刷，并全部更换。

（2）装设换向极。

目前改善直流电机换向最有效的办法是安装换向极。换向极装设在相邻两主磁极之间的几何中性线上，如图 3－24 所示。加装换向极的主要目的是：让它在换向元件处产生一个磁动势，把电枢反应磁动势抵消掉，使得切割电动势 $e_a = 0$；还得产生一个气隙磁通密度，换向元件切割磁场产生感应电动势以抵消电抗电动势。为达到此目的，换向极绕组应与电枢绕组相串联，使换向极磁场也随电枢磁场的强弱而变化。换向极极性的确定原则是使换向极磁场方向与电枢磁场方向相反。当换向极安装正确时，可使合成电动势大为减小，甚至使 $\sum e = 0$，换向为直线换向。1 kW 以上的直流电机几乎都安装了换向极。

由于电枢反应的影响使主磁极下气隙磁通密度曲线发生畸变，因此增大了某几个换向片之间的电压。在负载变化剧烈的大型直流电动机内有可能出现环火现象，即正负电刷间出现电弧。电动机出现环火，可以在很短的时间内损坏电动机。防止环火出现的办法是在主磁极上安装补偿绕组，从而抵消电枢反应的影响。补偿绕组与电枢绕组串联所产生的磁动势恰恰能抵消电枢反应磁动势。这样当电动机带负载后，电枢反应磁动势被抵消，不会使气隙磁通密度曲线发生畸变，从而可以避免出现环火现象。

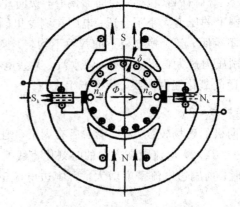

无刷直流电机

图 3-24　用换向极改善换向

补偿绕组装在主磁极极靴里，有了补偿绕组，换向极的负担减轻了，有利于改善换向。

3.3.7　直流电动机的工作特性与机械特性

1. 直流电动机的工作特性

直流电动机的工作特性是指供给电动机额定电压 U_N、额定励磁电流 I_{fN} 时，转速与负载电流之间的关系、转矩与负载电流之间的关系及效率与负载电流之间的关系，这三个关系分别称为电动机的转速特性、转矩特性和效率特性。

直流电动机的工作特性与机械特性

他励直流电动机的工作特性与并励直流电动机的工作特性相同。本节以他励直流电动机为例分析直流电动机的工作特性。

1）转速特性

他励直流电动机的转速特性可表示为 $n=f(I_a)$，整理可得

$$n=\frac{U_N}{C_e\Phi_N}-\frac{R_a}{C_e\Phi_N}I_a \tag{3-19}$$

式(3-19)即为转速特性的表达式。如果忽略电枢反应的去磁效应，则转速与负载电流按线性关系变化，当负载电流增加时，转速有所下降。他励直流电动机的工作特性如图3-25所示。

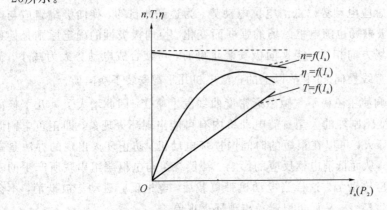

图 3-25　他励直流电动机的工作特性

2）转矩特性

当 $U=U_N$，$I_f=I_{fN}$ 时，$T_{em}=f(I_a)$ 的关系称为转矩特性。根据直流电动机的电磁转矩公式可得电动机转矩特性的表达式如下：

$$T_{em}=C_T\Phi_N I_a \tag{3-20}$$

由式（3-20）可见，在忽略电枢反应的情况下电磁转矩与电枢电流成正比，若考虑电枢反应，则使主磁通略有下降，电磁转矩上升的速度比电流的上升的速度要慢一些，曲线的斜率略有下降。

3）效率特性

当 $U=U_N$，$I_f=I_{fN}$ 时，$\eta=f(I_a)$ 的关系称为效率特性，其计算式为

$$\eta=\frac{P_1-\sum P}{P_1}=1-\frac{P_0+R_a I_a^2}{U_N I_a} \tag{3-21}$$

由前面叙述可知，空载损耗 P_0 是不随负载电流变化的，当负载电流较小时效率较低，输入的功率大部分消耗在空载损耗上；当负载电流增大时效率增大，输入的功率大部分消耗在机械负载上；但当负载电流大到一定程度时，铜损快速增大，此时效率又开始变小。

2. 直流电动机的机械特性

1）机械特性的概念

直流电动机的机械特性是指在电动机的电枢电压、励磁电流、电枢回路电阻为恒值的条件下，即电动机处于稳态运行时电动机的转速 n 与电磁转矩之间的关系，关系式为 $n=f(T_{em})$。由于转速和转矩都是机械量，所以把它称为机械特性。下面以他励直流电动机为例分析直流电动机的机械特性。

图 3-26 所示是他励直流电动机的电路原理图。图中，U 为外施电源电压，E_a 是电枢电动势，I_a 是电枢电流，R_s 是电枢回路串联电阻，I_f 是励磁电流，Φ 是励磁磁通，R_f 是励磁绕组电阻，R_{sf} 是励磁回路串联电阻。按图中标明的各个量的正方向，可以列出电枢回路的电压平衡方程式：

$$U=E_a+RI_a \tag{3-22}$$

式中，$R=R_a+R_s$，为电枢回路总电阻，R_a 为电枢电阻。由电枢电动势 $E_a=C_e\Phi_n$ 和电磁转

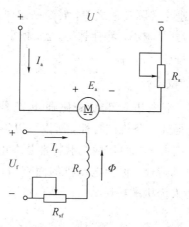

图 3-26　他励直流电动机的电路原理图

矩 $T_{em}=C_T \Phi I_a$，可得他励直流电动机的机械特性方程式：

$$n=\frac{U}{C_e\Phi}-\frac{R}{C_e C_T\Phi^2}T_{em}=n_0-\beta T_{em}=n_0-\Delta n \qquad (3-23)$$

式中，C_e、C_T 分别为电动势常数和转矩常数$(C_T=9.55C_e)$；$n_0=\dfrac{U}{C_e\Phi}$，为电磁转矩 $T_{em}=0$

时的转速，称为理想空载转速；$\beta=\dfrac{R}{C_e C_T\Phi^2}$为机械特性的斜率；$\Delta n=\beta T_{em}$为转速降。

由公式 $T_{em}=C_T\Phi I_a$ 可知，电磁转矩 T_{em} 与电枢电流 I_a 成正比，所以只要励磁磁通 Φ 保持不变，则机械特性方程式也可用转速特性代替，即

$$n=\frac{U}{C_e\Phi}-\frac{R}{C_e\Phi}I_a \qquad (3-24)$$

由式(3-24)可知，当 U、Φ、R 为常数时，他励直流电动机的机械特性是一条以 β 为斜率、向右下方倾斜的直线，如图 3-27 所示。

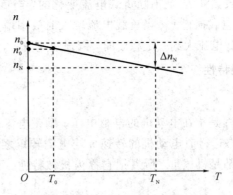

图 3-27　他励直流电动机的机械特性

必须指出，电动机的实际空载转速 n_0' 比理想空载转速略低。这是因为电动机有摩擦，所以存在一定的空载转矩 T_0，空载运行时，电磁转矩不可能为零，它必须克服空载转矩，即 $T_{em}=T_0$，故实际空载转速应为

$$n_0'=\frac{U}{C_e\Phi}-\frac{R}{C_e C_T\Phi^2}T_0 \qquad (3-25)$$

转速降 Δn 是理想空载转速与实际转速之差，转矩一定时，它与机械特性的斜率 β 成正比。β 越大，特性越陡，Δn 越大；β 越小，特性越平，Δn 越小。通常称 β 大的机械特性为软特性，而 β 小的机械特性为硬特性。

2）固有机械特性和人为机械特性

事实上，电枢回路电阻 R、端电压 U 和励磁磁通 Φ 都是可以根据实际需要进行调节的，每调节一个参数可以对应得到一条机械特性，所以可以得到许多条机械特性。其中，电动机自身所固有的、反映电动机本来"面目"的机械特性是在电枢电压、励磁磁通为额定值，且电枢回路不外串电阻时的机械特性，称为电动机的固有（自然）机械特性；调节 U、R、Φ 等参数后得到的机械特性称为人为机械特性。

（1）固有机械特性。

当 $U=U_N$，$\Phi=\Phi_N$，$R=R_a(R_s=0)$时的机械特性称为固有机械特性，其方程式为

$$n = \frac{U_N}{C_e\Phi_N} - \frac{R_a}{C_eC_T\Phi_N^2}T_{em} \qquad (3-26)$$

因为电枢电阻 R_s 很小，特性斜率 β 很小，通常额定转速降 Δn_N 只有额定转速 n_N 的百分之几到百分之十几，所以他励直流电动机的固有机械特性是硬特性，如图 3-28 中的直线图形所示。

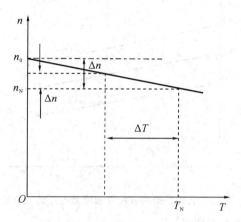

图 3-28　直流电动机的固有机械特性

（2）人为机械特性。

① 电枢串电阻时的人为特性。

保持 $U=U_N$、$\Phi=\Phi_N$ 不变，只在电枢回路中串入电阻 R_s 时的人为特性为

$$n = \frac{U_N}{C_e\Phi_N} - \frac{R_a+R_s}{C_eC_T\Phi_N^2}T_{em} \qquad (3-27)$$

与固有机械特性相比，电枢串电阻时的人为特性的理想空载转速 n_0 不变，但斜率 β 随串联电阻 R_s 的增大而增大，所以特性变软。改变 R_s 的大小，可以得到一簇通过理想空载点 n_0 并具有不同斜率的人为特性，如图 3-29 所示。

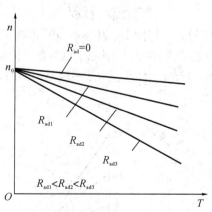

图 3-29　电枢串电阻时的人为特性

② 降低电枢电压时的人为特性。

保持 $R=R_a$（$R_s=0$）、$\Phi=\Phi_N$ 不变，只改变电枢电压 U 时的人为特性为

$$n = \frac{U_N}{C_e\Phi_N} - \frac{R_a}{C_eC_T\Phi_N^2}T_{em} \qquad (3-28)$$

由于电动机的工作电压以额定电压为上限，因此改变电压时只能在低于额定电压的范围内变化，与固有特性比较，降低电压时人为特性的斜率 β 不变，但理想空载转速 n_0 随电压的降低而正比减小。因此，降低电压时的人为特性是位于固有特性下方且与固有特性平行的一组直线，如图 3-30 所示。

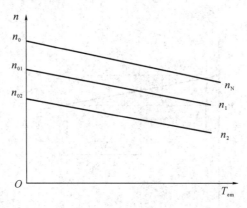

图 3-30 电动机的固有特性和降低电压的人为特性

③ 减弱励磁磁通时的人为特性。

改变励磁回路调节电阻 R_{sf}，就可以改变励磁电流，进而改变励磁磁通。由于电动机额定运行时，磁路已经开始饱和，即使再成倍增加励磁电流，磁通也不会有明显增加，何况由于励磁绕组发热条件的限制，励磁电流也不允许大幅度地增加，因此，只能在额定值以下调节励磁电流，即只能减弱励磁磁通。

保持 $R = R_a (R_s = 0)$、$U = U_N$ 不变，只减弱磁通时的人为特性为

$$n = \frac{U_N}{C_e \Phi} - \frac{R_a}{C_e C_T \Phi^2} T_{em} \qquad (3-29)$$

对应的转速特性为

$$n = \frac{U_N}{C_e \Phi} - \frac{R_a}{C_e \Phi} I_a \qquad (3-30)$$

在电枢串电阻和降低电压的人为特性中，因为 $\Phi = \Phi_N$ 不变，$T_{em} \propto I_a$，所以它们的机械特性 $n = f(T_{em})$ 曲线也代表了转速特性 $n = f(I_a)$ 曲线。但是在讨论减弱磁通的人为特性时，因为磁通 Φ 是个变量，所以 $n = f(I_a)$ 与 $n = f(T_{em})$ 两条曲线是不同的，如图 3-31 所示。

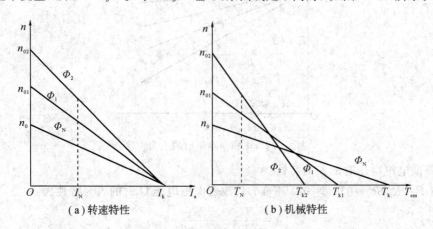

（a）转速特性 （b）机械特性

图 3-31 减弱磁通时的人为特性

当 $n=0$ 时，堵转电流 $I_k=\dfrac{U}{R}=$ 常数，而 n_0 随 Φ 的减小而增大。因此 $n=f(I_a)$ 的人为特性是一组通过横坐标 $I=I_k$ 点的直线，如图 3-31(a) 所示。

改变磁通可以调节转速，从图 3-31(b) 看出，当负载转矩不太大时，磁通减小会使转速升高，当负载转矩特别大时，减弱磁通才会使转速下降，然而，这时的电枢电流已经过大，电动机不允许在这样大的电流下工作。因此，实际运行条件下，可以认为磁通越小，稳定转速越高。

3）机械特性的求取

在设计电力拖动系统时，首先应知道所选择电动机的机械特性，可是电动机的产品目录或铭牌中都未直接给出机械特性的数据，因此通常是根据铭牌数据（P_N、U_N、I_N、n_N）计算或通过实验来求取机械特性。

（1）固有机械特性的求取。

他励直流电动机的固有机械特性为一条直线，所以只要求出直线上任意两点的数据就可以画出这条直线。一般计算理想空载点（$T_{em}=0$，$n=n_0$）和额定运行点（$T_{em}=T_N$，$n=n_N$）数据，具体步骤如下：

① 估算 R_a。电枢电阻 R_a 可用实测方法求得，也可用下式进行估算：

$$R_a=\left(\frac{1}{2}\sim\frac{2}{3}\right)\frac{U_N I_N-P_N}{I_N^2} \tag{3-31}$$

即人为电动机额定运行时，电枢铜耗占总电阻的 $\dfrac{1}{2}\sim\dfrac{2}{3}$。

② 计算 $C_e\Phi_N$、$C_T\Phi_N$：

$$C_e\Phi_N=\frac{U_N-I_N R_a}{n_N}$$

$$C_T\Phi_N=9.55C_e\Phi_N$$

③ 计算理想空载点数据：

$$T_{em}=0,\ n_0=\frac{U_N}{C_e\Phi_N}$$

④ 计算额定工作点数据：

$$T_N=C_T\Phi_N I_N,\ n=n_N$$

以上计算中，用到的额定功率 P_N、额定电压 U_N、额定电流 I_N 和额定转速 n_N 均可从电动机的铭牌中查得。

根据计算所得 $(0,n_0)$ 和 (T_N,n_N) 两点就可以在 $T_{em}-n$ 平面内画出电动机的固有机械特性。通过 $\beta=R/(C_e\Phi_N\cdot C_T\Phi_N)$ 求出 β 后，便可求得他励电动机的固有机械特性方程 $n=n_0-\beta T_{em}$。

（2）人为特性的求取。

在固有特性方程式 $n=n_0-\beta T_{em}$（n_0、β 为已知）的基础上，根据人为特性对应的参数（U、R_s 或 Φ）变化，重新计算 n_0 和 β 值后，便可求得人为特性方程。若要画出人为特性，还需算出某一负载点数据，如点 (T_N,n)，然后连接 $(0,n_0)$ 和 (T_N,n) 两点，便得到人为特性曲线。

3.4 并励直流电动机的正反转控制

并励直流电动机实现反转的方法有两种：一是改变励磁电流方向，二是改变电枢电流方向。不管采用哪一种方法，都是为了改变电动机的电磁转矩方向，从而实现反转。在生产实际中，并励直流电动机的反转都是靠改变电枢电流方向来实现的。并励直流电动机正、反转控制电路原理图如图 3-32 所示。当合上电源总开关 QS 时，断电延时时间继电器 KT 通电，延时闭合动断触点 KT 瞬时断开，欠电流继电器 KA 通电，动合触点 KA 闭合。按下直流电动机正转启动按钮 SB1，接触器 KM1 通电闭合，断电延时时间继电器 KT 断电开始计时，直流电动机 M 串电阻 R 启动运转，经过一定时间，延时闭合常闭触点闭合，接通接触器 KM3 线圈电源，接触器 KM3 通电闭合，切除串电阻 R，直流电动机 M 全压全速正转运行。

并励直流电动机
的正反转控制

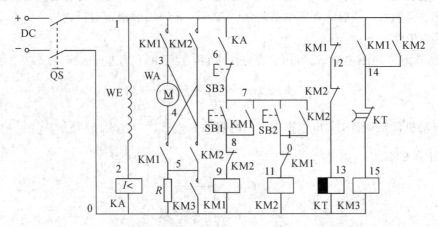

图 3-32　直流电动机正、反转控制线电路

同理，按下直流电动机 M 反转启动按钮 SB2，接触器 KM2 通电，动断触点 KM2 断开，断电延时时间继电器 KT 断电开始计时，直流电动机 M 串电阻 R 启动运转。经过一定时间，已瞬时断开的通电延时常闭触点闭合，接通接触器 KM3 线圈电源，接触器 KM3 通电闭合，切除串电阻 R，直流电动机 M 全压全速反转运行。

直流电动机 M 在运行中，如果励磁线圈 WE 中的励磁电流不够，则欠电流继电器 KA 将欠电流释放，其 1 号线与 6 号线间的常开触点断开，直流电动机 M 停止运行。

3.5 直流电动机的制动控制

人生制动

根据电磁转矩 T_{em} 和转速 n 的方向之间的关系，可以把电动机分为两种运行状态。当 T_{em} 与 n 的方向相同时，称为电动运行状态，简称电动状态；当 T_{em} 与 n 的方向相反时，称为制动运行状态，简称制动状态。电动状态下，电磁转矩为驱动转矩，电动机将电能转换成机械能；制动状态下，电磁转矩为制动转矩，电动机将机械能转换成电能。

在电力拖动系统中,电动机经常需要工作在制动状态。例如,许多生产机械工作时,往往需要快速停车或者由高速运行迅速转为低速运行,这就要求电动机进行制动。因此,电动机的制动运行也是十分重要的。

他励直流电动机的制动有能耗制动、反接制动和回馈制动三种方式,下面分别加以介绍。

3.5.1　能耗制动

图 3-33 是能耗制动的接线图。开关 S 接电源侧为电动状态运行,此时电枢电流 I_a、电枢电动势 E_a、转速 n 及驱动性质的电磁转矩 T_{em} 的方向如图 3-33 所示。当需要制动时,将开关 S 投向制动电阻 R_B 上,电动机便进入能耗制动状态。

直流电动机的
能耗制动

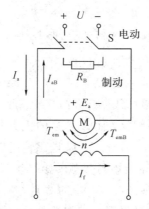

图 3-33　能耗制动的接线图

初始制动时,因为磁通保持不变,电枢存在惯性,其转速 n 不能马上降为零,而是保持原来的方向旋转,于是 n 和 E_a 的方向均不改变。但是,由于 E_a 在闭合的回路内产生的电枢电流 I_{aB} 与电动状态时电枢电流 I_a 的方向相反,因此产生的电磁转矩 T_{emB} 也与电动状态时 T_{em} 的方向相反,变为制动转矩,于是电机处于制动运行。制动运行时,电机靠生产机械惯性力的拖动而发电,将生产机械储存的动能转换成电能,并消耗在电阻上,直到电机停止转动为止,所以这种制动方式称为能耗制动。

能耗制动时的机械特性就是在 $U=0$、$\Phi=\Phi_N$、$R=R_a+R_B$ 条件下的一条人为机械特性,即

$$n=-\frac{R_a+R_B}{C_e C_T \Phi_N^2} T_{em} \tag{3-32}$$

或

$$n=-\frac{R_a+R_B}{C_e \Phi_N} I_a \tag{3-33}$$

可见,能耗制动时的机械特性是一条通过坐标原点的直线,其理想空载转速为零,特性的斜率 $\beta=\dfrac{R_a+R_B}{C_e C_T \Phi_N^2}$,与电动状态下电枢串电阻 R_B 时的人为特性的斜率相同,如图 3-34 中的直线 BC 所示。

能耗制动时，电机工作点的变化情况可用机械特性曲线说明。设制动前工作点在固有特性曲线 A 点处，其 $n>0$，$T_{em}>0$，T_{em} 为驱动转矩。开始制动时，因 n 不突变，故工作点将沿水平方向跃变到能耗制动特性曲线上的 B 点。在 B 点，$n>0$，$T_{em}<0$，电磁转矩为制动转矩，于是电动机开始减速，工作点沿 BO 方向移动。

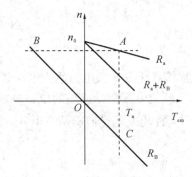

图 3-34　能耗制动时的机械特性

若电动机拖动反抗性负载，则工作点到达 O 点时，$n=0$，$T_{em}=0$，电机便停转。

若电机拖动位能性负载，则工作点到达 O 点时，虽然 $n=0$，$T_{em}=0$，但在位能负载的作用下，电机反转并加速，工作点将沿曲线 OC 方向移动。此时 E_a 的方向随 n 的反向而反向，即 n 和 E_a 的方向均与电动状态时相反，而 E_a 产生的 I_a 方向却与电动状态时相同，随之 T_{em} 的方向也与电动状态时相同，即 $n<0$，$T_{em}>0$，电磁转矩仍为制动转矩。随着反向转速的增加，制动转矩也不断增大，当制动转矩与负载转矩平衡时，电机便在某一转速下处于稳定的制动状态，即匀速下放重物，如图 3-34 中的 C 点。

改变制动电阻 R_B 的大小，可以改变能耗制动特性曲线的斜率，从而改变起始制动转矩的大小以及下放位能负载时的稳定速度。R_B 越小，特性曲线的斜率越小，起始制动转矩越大，而下放位能负载的速度越小。减小制动电阻，可以增大制动转矩，缩短制动时间，提高工作效率。但制动电阻太小，将会造成制动电流过大，通常限制最大制动电流不超过额定电流的 $2\sim2.5$ 倍。选择制动电阻的原则是：

$$I_{aB}=\frac{E_a}{R_a+R_B}\leqslant I_{max}=(2\sim2.5)I_N$$

即

$$R_B\geqslant\frac{E_a}{(2\sim2.5)I_N}-R_a \qquad\qquad (3-34)$$

式中，E_a 为制动瞬间（制动前电动状态时）的电枢电动势。如果制动前电机处于额定运行，则 $E_a=U_N-R_aI_N\approx U_N$。

能耗制动操作简单，但随着转速的下降，电动势减小，制动电流和制动转矩也随之减小，制动效果变差。若为了使电机能更快地停转，可以在转速到一定程度时，切除一部分制动电阻，使制动转矩增大，从而加强制动作用。

3.5.2　反接制动

反接制动分为电压反接制动和倒拉反转反接制动两种。

直流电动机的
反接制动

1. 电压反接制动

电压反接制动时的接线图如图 3-35 所示。开关 S 投向"电动"侧时，电枢接正极性的电源电压，此时电动机处于电动状态运行。进行制动时，开关 S 投向"制动"侧，此时电枢回路串入制动电阻 R_B 后，接上极性相反的电源电压，即电枢电压由原来的正值变为负值。此时，在电枢回路内，U 与 E_a 顺向串联，共同产生很大的反向电流：

$$I_{aB} = \frac{-U_N - E_a}{R_a + R_B} = -\frac{U_N + E_a}{R_a + R_B} \qquad (3-35)$$

反向的电枢电流 I_{aB} 产生很大的反向电磁转矩 T_{emB}，从而产生很强的制动作用，这就是电压反接制动。

电动状态时，电枢电流的大小由 U_N 与 E_a 之差决定，而反接制动时，电枢电流的大小由 U_N 与 E_a 之和决定，因此反接制动时电枢电流是非常大的。为了限制过大的电枢电流，反接制动时必须在电枢回路中串接制动电阻 R_B。反接制动时电枢电流不超过电动机的最大允许值 $I_{max} = (2 \sim 2.5) I_N$，因此应串入的制动电阻值为

$$R_B \geqslant \frac{U_N + E_a}{(2 \sim 2.5) I_N} - R_a \qquad (3-36)$$

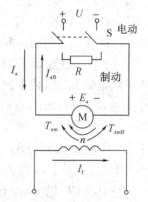

图 3-35 电压反接制动接线图

比较式(3-36)和式(3-34)可知，反接制动电阻值要比能耗制动电阻值约大一倍。

电压反接制动时的机械特性就是在 $U = -U_N$，$\varPhi = \varPhi_N$，$R = R_a + R_B$ 条件下的一条人为特性，即

$$n = -\frac{U_N}{C_e \varPhi_N} - \frac{R_a + R_B}{C_e C_T \varPhi_N^2} T_{em} \qquad (3-37)$$

$$n = -\frac{U_N}{C_e \varPhi_N} - \frac{R_a + R_B}{C_e \varPhi_N} I_a \qquad (3-38)$$

可见，其特性曲线是一条通过 $-n_0$ 点，斜率为 $\frac{R_a + R_B}{C_e C_T \varPhi_N^2}$ 的直线，如图 3-36 中线段 BC 所示。

电压反接制动时电机工作点的变化情况可用图 3-36 说明如下：设电动机原来工作在固有特性上的 A 点，反接制动时，由于转速不突变，因此工作点沿水平方向跃变到反接制动特性上的 B 点，之后在制动转矩作用下，转速开始下降，工作点沿 BC 方向移动，当到达 C 点时，制动过程结束。在 C 点，$n = 0$，但制动的电磁转矩 $T_{emB} = T_C \neq 0$，当负载是反抗性负载，且 $|T_C| \leqslant |T_L|$ 时，电动机便停止不转。当 $|T_C| \geqslant |T_L|$ 时，在反向转矩的作用下，电动机将反

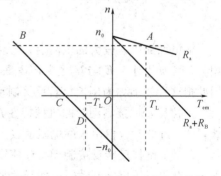

图 3-36 电压反接制动时的机械特性

向启动，并沿特性曲线加速到 D 点，进入反向电动状态下稳定运行。当制动的目的就是停车时，在电机转速接近于零时，必须立即断开电源。

反接制动过程中(图 3-36 中 BC 段)，U、I_a、T_{em} 均为负，而 n、E_a 为正。输入功率

$P_1 = UI_a > 0$，表明电动机从电源输入电功率；输出功率 $P_2 = T_2\Omega \approx T_{em}\Omega < 0$，表明轴上输入的机械功率转变成电枢回路的电功率。由此可见，反接制动时，从电源输入的电功率和从轴上输入的机械功率转变成的电功率一起全部消失在电枢回路的电阻 $(R_a + R_B)$ 上，其能量损耗是很大的。

2. 倒拉反转反接制动

倒拉反转反接制动只适用于位能性恒转矩负载。现以起重机下放重物为例来说明。

图 3-37(a)所示为正向电动状态(提升重物)时电动机的各物理量方向，此时电动机工作在固有特性(见图 3-37(c))上的 A 点。如果在电枢回路中串入一个较大的电阻 R_B，便可实现倒拉反转反接制动。串入 R_B 将得到一条斜率较大的人为特性，如图 3-37(c)中的直线 n_0D 所示。制动过程如下：串电阻瞬间，因转速不能突变，故工作点由固有特性上的 A 点沿水平跳跃到人为特性上的 B 点，此时电磁转矩 T_B 小于负载转矩 T_L，于是电机开始减速，工作点沿人为特性由 B 点向 C 点变化，到达 C 点时，$n = 0$，电磁转矩为堵转转矩 T_k，因为 T_k 仍小于负载转矩 T_L，所以在重物的重力作用下电动机将反向旋转，即下放重物。因为励磁不变，所以 E_a 随 n 的方向而改变方向，由图 3-37(b)可以看出，I_a 的方向不变，故 T_{em} 的方向也不变。这样，电动机反转后，电磁转矩为制动转矩，电动机处于制动状态，如图 3-37(c)中的 CD 段所示。随着电动机反向转速的增加，E_a 增大，电枢电流 I_a 和制动的电磁转矩 T_{em} 也相应增大，当到达 D 点时，电磁转矩与负载转矩平衡，电动机便以稳定的转速匀速下放重物。电动机串入 R_B 越大，最后稳定的转速越高，下放重物的速度也越快。

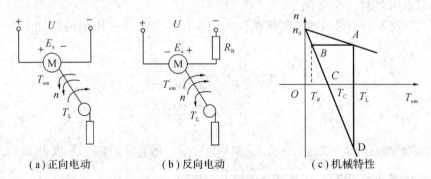

(a)正向电动　　　　　(b)反向电动　　　　　(c)机械特性

图 3-37　倒拉反转反接制动

电枢回路串入较大的电阻后，电动机能出现反转制动运行，主要是位能负载的倒拉作用，又因为此时的 E_a 与 U 也顺向串联，共同产生电枢电流，这一点与电压反接制动相似，因此把这种制动称为倒拉反转反接制动。

倒拉反转反接制动时的机械特性方程式就是电动状态时电枢串联电阻的人为特性方程式，只不过此时电枢串入的电阻值较大，使得 $n < 0$。

因此，倒拉反转反接制动特性曲线是电动状态电枢串电阻人为特性在第四象限的延伸部分。倒拉反转反接制动时的能量关系和电压反接制动时相同。

3.5.3　回馈制动

电动状态下运行的电动机，在某种条件下(如电动机拖动的机车下坡时)会出现运行转速 n 高于理想空载转速 n_0 的情况，此时 $E_a > U$，电枢电流反向，电磁转矩的方向也随之改变，即由驱动转矩变成制动转矩。从能量传递方向看，电动机处于发电状态，将机车下坡时失去的位能变成电能回馈给电网，因此这种状态称为回馈制动状态。

直流电动机的
回馈制动

回馈制动时的机械特性方程式与电动状态时相同，只是运行在特性曲线上不同的区段而已。当电动机拖动机车下坡出现回馈制动时，其机械特性位于第二象限，如图 3-38 中的 n_0A 段。当电动机拖动起重机下放重物出现回馈制动时，其机械特性位于第四象限，如图 3-38 中的 $-n_0B$ 段。图 3-38 中的 A 点是电动机处于正向回馈制动的稳定运行点，表示机车以恒定的速度下坡。图 3-38 中的 B 点是电动机处于反向回馈制动的稳定运行点，表示重物匀速下放。

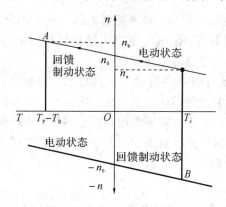

图 3-38 回馈制动机械特性

除以上两种回馈制动稳定运行外，还有一种发生在动态过程中的回馈制动过程。例如，降低电枢电压的调速过程和弱磁状态下增磁调速过程中都将出现回馈制动过程，下面对这两种情况进行说明。

在图 3-39 中，A 点是电动状态运行工作点，对应电压为 U_1，转速为 n_A。当进行降压（U_1 降为 U_2）调速时，因转速不突变，工作点由 A 点平移到 B 点，此后工作点在降压人为特性的 Bn_{02} 段上的变化过程即为回馈制动过程，该过程起到了加快电机减速的作用，当转速到 n_{02} 时，制动过程结束。从 n_{02} 降到 C 点转速 n_C 为电动状态减速过程。

在图 3-40 中，磁通由 Φ_1 增大到 Φ_2 时，工作点的变化情况与图 3-39 相同，其工作点在 Bn_{02} 段上变化时也为回馈制动过程。

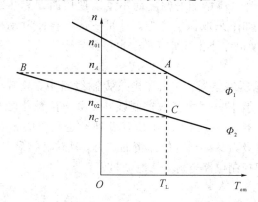

图 3-39 降压调速时产生回馈制动

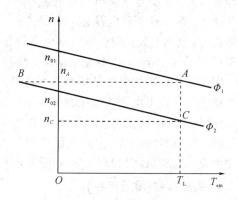

图 3-40 增磁调速时产生回馈制动

回馈制动时,由于有功率回馈到电网,因此与能耗制动和反接制动相比,回馈制动是比较经济的。

3.6 直流电动机的保护

直流电动机应装设保护装置,以减少电动机的运行事故,延长电动机的使用寿命。直流电动机除应装设短路保护装置外,还应根据不同情况分别装设短路、过载、弱磁、欠压、失压、过流或失磁等保护元件。

直流电动机的保护

1. 短路保护

当电动机绕组和导线的绝缘损坏,或者控制电器及线路损坏发生故障时,线路将出现短路现象,产生很大的短路电流,使电动机等电器设备严重损坏。因此,在发生短路故障时,保护电器必须立即动作,迅速将电源切断。

常用的短路保护电器是熔断器和自动空气断路器。熔断器的熔体与被保护的电路串联,当电路正常工作时,熔断器的熔体不起作用,相当于一根导线,其上面的压降很小,可忽略不计。当电路短路时,会有很大的短路电流流过熔体,使熔体立即熔断,切断电动机电源,电动机停转。同样若电路中接入自动空气断路器,则当出现短路时,自动空气断路器会立即动作,切断电源使电动机停转。

2. 过载保护

当电动机负载过大、启动操作频繁或缺相运行时,会使电动机的工作电流长时间超过其额定电流,电动机绕组过热,温升超过其允许值,导致电动机的绝缘材料变脆,寿命缩短,严重时会使电动机损坏。因此,当电动机过载时,保护电器应动作、切断电源,使电动机停转,避免电动机在过载下运行。

常用过载保护电器是热继电器。当电动机的工作电流等于额定电流时,热继电器不动作,电动机正常工作;当电动机短时过载或过载电流较小时,热继电器不动作,或经过较长时间才动作;当电动机过载电流较大时,串接在主电路中的热元件会在较短时内发热弯曲,使串接在控制电路中的常闭触点断开,先后切断控制电路和主电路的电源,使电动机停转。

3. 欠压保护

当电网电压降低时,电动机便在欠压下运行。由于电动机载荷没有改变,所以欠压下电动机转速下降,定子绕组中的电流增加。因为电流增加的幅度尚不足以使熔断器和热继电器动作,所以这两种电器起不到保护作用。如不采取保护措施,时间一长将会使电动机过热损坏。另外,欠压将引起一些电器释放,使电路不能正常工作,也可能导致人身伤害和设备损坏事故。因此,应避免电动机欠压下运行。

实现欠压保护的电器是接触器和电磁式电压继电器。在机床电气控制线路中,只有少数线路专门装设了电磁式电压继电器用于欠压保护;而大多数控制线路,由于接触器已兼有欠压保护功能,所以不必再加设欠压保护电器。一般当电网电压降低到额定电压的85%以下时,接触器(电压继电器)线圈产生的电磁吸力减小到复位弹簧的拉力,动铁芯被释放,其主触点和自锁触点同时断开,切断主电路和控制电路电源,使电动机停转。

4. 失压保护(零压保护)

生产机械在工作时,由于某种原因发生电网突然停电,这时电源电压下降为零,电动机停转，生产机械的运动部件随之停止转动。一般情况下，操作人员不可能及时拉开电源开关，如不采取措施，当电源恢复正常时，电动机会自行启动运转，很可能造成人身伤害和设备损坏事故，并引起电网过电流和瞬间网络电压下降。因此，必须采取失压保护措施。

在电气控制线路中，起失压保护作用的电器是接触器和中间继电器。当电网停电时，接触器和中间继电器线圈中的电流消失，电磁吸力减小为零，动铁芯释放，触点复位，切断了主电路和控制电路电源。当电网恢复供电时，若不重新按下启动按钮，则电动机就不会自行启动，实现了失压保护。

5. 过流保护

为了限制电动机的启动或制动电流，需要在直流电动机的电枢绕组中或在交流绕线式异步电动机的转子绕组中串入附加的限流电阻。如果在启动或制动时，附加电阻被短接，将会造成很大的启动或制动电流，使电动机或机械设备损坏。因此，对直流电动机或绕线式异步电动机，常常采用过流保护。

过流保护常用电磁式过电流继电器来实现。当电动机过流值达到电流继电器的动作值时，继电器动作，使串接在控制电路中的常闭触点断开，切断控制电路，电动机随之脱离电源停转，达到了过流保护的目的。

6. 失磁保护

直流电动机必须在磁场有一定强度时才能正常启动。若在启动时，电动机的励磁电流很小，产生的磁场太弱，则将使电动机的启动电流很大；若电动机在正常运转过程中，磁场突然减弱或消失，则电动机的转速将会迅速升高，甚至发生"飞车"。因此，在直流电动机的电气控制线路中要采取失磁保护。失磁保护是在电动机励磁回路中串入失磁继电器(即欠电流继电器)来实现的。在电动机启动运转过程中，当励磁电流值达到失磁继电器的动作值时，继电器就吸合，使串接在控制电路中的常开触点闭合，允许电动机启动或维持正常运转；但当励磁电流减小很多或消失时，失磁继电器就释放，其常开触点断开，切断控制电路，接触器线圈失电，电动机断电停转。

3.7 直流电动机控制线路的安装调试

3.7.1 直流电动机控制线路的安装步骤与方法

安装电动机控制线路时，必须按照有关技术文件执行，并应适应安装环境的需要。

电动机的控制线路包含电动机的启动、制动、反转和调速等，大部分控制线路采用各种有触点的电器，如接触器、继电器、按钮等。一个控制线路可以比较简单，也可以相当复杂。但是，任何复杂的控制线路总是由一些比较简单的环节有机地组合起来的。因此，对不同复杂程度的控制线路，在安装时所需要技术文件的内容也不同。对于简单的电气设备，一般可把有关资料归在一个技术文件(如原理图)里，但该文件应能表示电气设备的全部器件，并能实施电气设备和电网的连接。

保护生态

直流电动机控制
线路的安装步骤
与方法

电动机控制线路的安装步骤和方法如下：

（1）按元件明细表配齐电器元件，并进行检验。

所有电气控制器件至少应具有制造厂的名称或商标、型号或索引号、工作电压性质和数值等标志。若工作电压标志在操作线圈上，则应使装在器件中的线圈的标志显而易见。

（2）安装控制箱（柜或板）。

控制板的尺寸应根据电器的安排情况决定。

① 电器应尽可能组装在一起，使其成为一台或几台控制装置。只有那些必须安装在特定位置上的器件，如按钮、手动控制开关、位置传感器、离合器、电动机等，才允许分散安装在指定的位置上。

安放发热元件时，必须使箱内所有元件的温升保持在它们的容许极限内。对发热很大的元件，如电动机、制动电阻等，必须隔开安装，必要时可采用风冷。

② 所有电器必须安装在便于更换、检测方便的地方。为了便于维修和调整，箱内电气元件必须位于离地 $0.4\sim2$ m，所有接线端子必须位于离地 0.2 m 处，以便于装拆导线。

③ 安排器件必须符合规定的间隔和爬电距离，并应考虑有关的维修条件。控制箱中裸露、无电弧的带电零件与控制箱导体壁板间的间隙为：对于 250 V 以下的电压，间隙应不小于 15 mm；对于 $250\sim500$ V 的电压，间隙应不小于 25 mm。

除必须符合上述有关要求外，还应做到：

① 除了手动控制开关、信号灯和测量仪器外，门上不要安装任何器件。

② 由电源电压直接供电的电器最好装在一起，使其与只由控制电压供电的电器分开。

③ 电源开关最好装在箱内右上方，其操作手柄应装在控制箱前面和侧面。电源开关上方最好不安装其他电器，否则，应把电源开关用绝缘材料盖住，以防电击。

④ 箱内电器（如接触器、继电器等）应按原理图上的编号顺序，牢固安装在控制箱（板）上，并在醒目处贴上各元件相应的文字符号。

⑤ 控制箱内电器安装板必须能自由通过控制箱和壁的门，以便装卸。

（3）布线。

① 选用导线。

导线的选用要求如下：

a. 导线的类型。硬线只能固定安装于不动部件之间，且导线的截面积应小于 0.5 mm²。若在有可能出现振动的场合或导线的截面积大于等于 0.5 mm²，则必须采用软线。电源开关的负载侧可采用裸导线，但必须是直径大于 3 mm 的圆导线或者是厚度大于 2 mm 的扁导线，并应有预防直接接触的保护措施（如绝缘、间距、屏护等）。

b. 导线的绝缘。导线必须绝缘良好，并应具有抗化学腐蚀的能力。在特殊条件下工作的导线必须同时满足使用条件的要求。

c. 导线的截面积。在必须承受正常条件下流过的最大稳定电流的同时，还应考虑到线路允许的电压降、导线的机械强度以及与熔断器相配合。

② 敷设方法。所有导线从一个端子到另一个端子的走线必须是连续的，中间不得有接头。有接头的地方应加接线盒。接线盒的位置应便于安装与检修，而且必须加盖，盒内导线必须留有足够的长度，以便于拆线和接线。敷线时，对明露导线必须做到满足平直、整齐、走线合理等要求。

③ 接线方法。所有导线的连接必须牢固，不得松动。在任何情况下，连接器件必须与连接导线的截面积和材料性质相适应。

一般一个端子只连接一根导线。有些端子不适合连接软导线时，可在导线端头上采用针形、叉形等冷压接线头。如果采用专门设计的端子，可以连接两根或多根导线，但导线的连接方式必须是工艺上成熟的各种方式，如夹紧、压接、焊接、绕接等。这些连接工艺应严格按照工序要求进行。

导线的接头必须采用焊接方法，所有导线应当采用冷压接线头。如果电气设备在正常运行期间承受很大振动，则不许采用焊接的接头。

④ 导线的标志。

a. 导线的颜色标志。保护导线(PE)必须采用黄绿双色；动力电路的中线(N)和中间线(M)必须是浅蓝色；交流或直流动力电路应采用黑色；交流控制电路采用红色；直流控制电路采用蓝色；用作控制电路联锁的导线，如果是与外边控制电路连接，而且当电源开关断开仍带电，则应采用橘黄色或黄色；与保护导线连接的电路采用白色。

b. 导线的线号标志。导线线号的标志应与原理图和接线图相符。在每一根连接导线的线头上必须套上标有线号的套管，位置应接近端子处。

3.7.2　直流电动机试运行过程中的检查

电动机运行过程
中的检查

1. 启动时检查

(1) 电动机在通电试运行时必须提醒在场人员注意，传动部分附近不应有其他人员站立，工作人员也不应站在电动机及被拖动设备的两侧，以免旋转物切向飞出造成伤害事故。

(2) 接通电源之前就应作好切断电源的准备，以防万一接通电源后电动机出现不正常的情况(如电动机不能启动，启动缓慢，出现异常声音等)时能立即切断电源。使用直接启动方式的电动机应空载启动。由于启动电流大，因此拉合闸动作应迅速果断。

(3) 一台电动机的连续启动次数不宜超过 3~5 次，以防止启动设备和电动机过热。尤其是电动机功率较大时要随时注意电动机的温升情况。

(4) 电动机启动后不转、转动不正常或有异常声音时，应迅速停机检查。

(5) 使用三角启动器和自耦减压器时，软启动或变频启动时必须遵守操作程序。

2. 试运行时检查

(1) 检查电动机转动是否灵活或有杂音。注意电动机的旋转方向与要求的旋转方向是否相符。

(2) 检查电源电压是否正常。对于 380 V 异步电动机，电源电压不宜高于 400 V，也不能低于 360 V。

(3) 记录启动时母线电压、启动时间和电动机空载电流。注意电流不能超过额定电流。

(4) 检查电动机所带动的设备是否正常，电动机与设备之间的传动是否正常。

(5) 检查电动机运行时的声音是否正常，有无冒烟和焦味。

(6) 用验电笔检查电动机外壳是否有漏电和接地不良现象。

(7) 检查电动机外壳有无过热现象并注意电动机的温升是否正常，轴承温度是否符合制造厂的规定。对绝缘的轴承，还应测量其轴电压。

(8) 检查换向器、滑环和电刷的工作是否正常，观察其火花情况。允许电刷下面有轻微的火花。

(9) 检查电动机的轴向窜动指滑动轴承是否超过相关规定。测量电动机的振动是否超过表中规定的数值。对容量为 40 kW 及以下的不重要的电动机，可不测量振动值。

3.8 直流电动机的常见故障及处理方法

由于直流电动机调速、启动性能优良，调速范围宽广，过载能力大，能满足生产过程自动化系统各种不同的特殊运行要求，因此，广泛应用于对启动和调速有较高要求的场合，如大型可逆式轧钢机、矿井卷扬机、宾馆高速电梯、龙门刨床、电力机车、内燃机车、城市电车、地铁列车、电动自行车、造纸和印刷机械、船舶机械、大型精密机床和大型起重机等生产机械中；但是由于直流电机在运行时电刷与换向器之间容易产生火花，因而可靠性较差，容易产生各种运行故障。了解直流电动机的故障现象，分析直流电动机产生故障的原因，掌握其故障排除与检修的方法，是电气工程技术人员必须具备的基本能力。

大国工匠孙红梅

3.8.1 直流电动机常见故障的检修方法

直流电动机在运行过程中会产生各种各样的故障现象，产生故障的原因也各不相同，故障排除与检修的方法也不一样。这里我们只对直流电动机常见故障及处理方法进行分析。直流电动机常见故障的检修方法如表3-3所示。

直流电动机常见故障的检修方法

表 3-3　直流电动机常见故障的检修方法

故障现象	故障原因分析	故障排除与检修
直流电动机不能启动	(1) 电源无电压； (2) 有电源但电动机不能转动； (3) 励磁回路断路； (4) 电刷回路断开； (5) 启动电流太小	(1) 检查电源线路是否完好，启动器连接是否准确，熔丝是否熔断； (2) 负载过重、电枢被卡死或启动设备不符合要求，应分别进行检查； (3) 检查变阻器及磁场绕组是否熔断； (4) 检查电枢绕组及电刷换向器接触情况，一般刷握弹簧松弛或接触面接触不良的情况较多； (5) 检查所用启动器是否合适
直流电动机转速不正常	(1) 转速过高，具有剧烈火花； (2) 电刷不在正常位置； (3) 电枢绕组及磁场绕组短路； (4) 串励直流电动机轻载或空载运转； (5) 磁场回路电阻过大	(1) 检查电源电压是否过高，磁场绕组与启动器(或调速器)连接是否良好、是否接错，磁场绕组或调速器内部是否断路； (2) 按所刻记号调整刷杆座位置； (3) 检查是否短路(磁场绕组必须每极分别测量电阻大小)； (4) 增加负载大小； (5) 检查磁场变阻器和励磁绕组电阻，并检查接触是否良好

续表

故障现象	故障原因分析	故障排除与检修
直流电动机电刷火花过大	(1) 电刷不在中性线上； (2) 电刷压力不当，与换向器接触不良，电刷磨损或电刷牌号不对； (3) 换向器表面不光滑或云母片凸出； (4) 电动机过载或电源电压过高； (5) 电枢绕组、磁极绕组或换向极绕组故障	(1) 调整刷杆位置使其在中性线上； (2) 调整电刷压力，研磨电刷与换向器的接触面，调换电刷； (3) 研磨换向器表面，下刻云母槽； (4) 降低电动机负载及电源电压； (5) 分别检查电枢绕组、磁极绕组和换向极绕组的电阻
直流电动机外壳带电	(1) 各绕组绝缘电阻太低或绝缘层开裂； (2) 出线端与机座相接触； (3) 各绕组绝缘损坏造成对地短路	(1) 各绕组重新烘干或重新浸漆； (2) 修复出线端绝缘； (3) 对各绕组修复绝缘损坏处
直流电动机过热或冒烟	(1) 电动机长期处于过载状态； (2) 电源电压长期过高或过低； (3) 电枢、磁极、换向极绕组故障； (4) 启动或正、反转过于频繁； (5) 定子、转子铁芯相擦	(1) 更换功率较大的直流电动机或降低负载； (2) 检查电源电压，恢复到正常状态； (3) 分别检查电枢、磁极、换向极绕组； (4) 减少启动次数，避免不必要的正、反转； (5) 检查电机气隙是否均匀，轴承是否磨损
直流电动机机械振动大	(1) 基础不坚固或电动机在基础上固定不牢固； (2) 机组轴线不同心； (3) 电枢不平衡； (4) 过载或过速	(1) 加强基础坚实性，牢固固定直流电动机； (2) 调整机组轴线的同心度； (3) 重新校正好电枢平衡； (4) 减少负载力矩或降低转速

3.8.2 直流电动机主要部件常见故障的检修

直流电动机主要
部件常见故障
的检修

1. 电枢绕组常见故障的检修

1）电枢绕组接地故障的检修

电枢绕组接地是直流电动机绕组最常见的故障。这类故障一般发生在槽口处和槽内底部，对其的判定可采用绝缘电阻表法或校验灯法。用绝缘电阻表测量电枢绕组对机座的绝缘电阻时，如阻值为零，则说明电枢绕组接地；用毫伏表法进行判定时，将 36 V 低压电源通过额定电压为 36 V 的低压照明灯后，连接到换向器片上及转轴一端，若灯泡发亮，则说明电枢绕组存在接地故障。具体是哪个槽的绕组元件接地，可用如图 3-41(b)所示的毫伏表法进行判定。将 6～12 V 低压直流电源的两端分别接到相隔 $K/2$ 或 $K/4$ 的两换向片上(K 为换向片数)，然后用毫伏表的一支表笔触及电动机轴，另一支表笔触在换向片上，依次测量每个换向片与电动机轴之间的电压值。若被测换向片与电动机轴之间有一定电压数值(即毫伏表有读数)，则说明该换向片所连接的绕组元件未接地；相反，若读数为零，则说明该换向片所连接的绕组元件接地。最后，还要判明究竟是绕组元件接地还是与之相连接的换向片接地，还应将该绕组元件的端都从换向片上取下来，再分别测试加以确定。

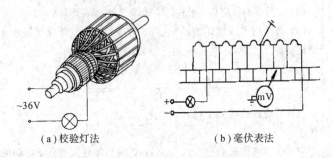

(a)校验灯法　　　　(b)毫伏表法

图 3-41　电枢绕组接地故障的检修

找出电枢绕组接地点后，可以根据绕组元件接地的部位，采取适当的修理方法。若接地点在元件引出线与换向片连接的部位，或者在电枢铁芯槽的外部槽口处，则在接地部位的导线与铁芯之间重新进行绝缘处理即可。若接地点在铁芯槽内，则一般需要更换电枢绕组。如果只有一个绕组元件在铁芯槽内发生接地，而且电动机又急需使用，则可采用应急处理方法，即将该元件所连接的两换向片之间用短接线将该接地元件短接，此时电动机仍可继续使用，但是电流及火花将会变大。

2）电枢绕组短路故障的检修

若电枢绕组严重短路，则会将电动机烧坏。只有个别线圈发生短路，电动机仍能运转，只是使换向器表面火花变大，电枢绕组发热严重时，若不及时发现并加以排除，则最终也将导致电动机烧毁。因此，当电枢绕组出现短路故障时，必须及时予以排除。

电枢绕组短路故障主要包括同槽绕组元件的匝间短路及上下层绕组元件之间的短路。查找短路的常用方法如下：

(1)短路测试器法。与前面查找三相异步电动机定子绕组匝间短路的方法一样，将短路测试器接通交流电源后，置于电枢铁芯的某一槽上，将断锯条在其他各槽口上面平行移动，当出现较大幅度的振动时，该槽内的绕组元件存在短路故障。

（2）毫伏表法。如图 3-42 所示，将 6.3 V 交流电压（用直流电压也可以）加在相隔 $K/2$ 或 $K/4$ 的两换向片上，用毫伏表的两支表笔依次接触到换向器的相邻两换向片上，检测换向器的片间电压。在检测过程中，若发现毫伏表的读数突然变小，例如，图中 4 与 5 两换向片间的测试读数突然变小，则说明与该两换向片相连的电枢绕组元件有匝间短路。若在检测过程中，各换向片间电压相等，则说明没有短路故障。

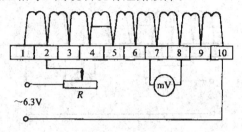

图 3-42　电枢绕组短路故障的检修

电枢绕组短路故障可按不同情况分别加以处理。若绕组只有个别地方短路，且短路点较为明显，则可将短路导线拆开后在其间垫入绝缘材料并涂以绝缘漆，待烘干后即可使用。若短路点难以找到，而电动机又急需使用，则可用前面所述的短接法将短路元件所连接的两换向片短接。若短路故障较严重，则需局部或全部更换电枢绕组。

3）电枢绕组断路故障的检修

电枢绕组断路也是直流电动机的常见故障之一。实践经验表明，电枢绕组断路点一般发生在绕组元件引出线与换向片的焊接处。造成的原因有：一是焊接质量不好，二是电动机过载、电流过大造成脱焊。这种断路点一般较容易发现，只要仔细观察换向器升高片处的焊点情况，再用螺钉旋具或镊子拨动各焊接点，即可发现。

若断路点发生在电枢铁芯槽内部，或者不易发现的部位，则可用如图 3-43 所示的方法来判定。将 6～12 V 的直流电源连接到换向器上相距 $K/2$ 或 $K/4$ 的两换向片上，用毫伏表测量各相邻两换向片间的电压，并逐步依次进行测电动势 E。有断路的绕组所连接的两换向片（如图中的 4、5 两换向片）被毫伏表跨接时，有读数指示，而且指针发生剧烈跳动。若毫伏表跨接在完好的绕组所连接的两换向片上，则指针将无读数指示。

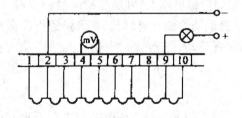

图 3-43　电枢绕组断路故障的检修

电枢绕组断路点若发生在绕组元件与换向片的焊接处，则只要重新焊接好即可使用。若断路点不在槽内，则可以先焊接短线，再进行绝缘处理。如果断路点发生在铁芯槽内，且断路点只有一处，则将该绕组元件所连接的两换向片短接后，也可继续使用。若断路点较多，则必须更换电枢绕组。

2．换向器常见故障的检修

1）换向器片间短路故障的检修

按图 3－44 所示方法进行检测，如判定为换向器片间短路，则可先仔细观察发生短路的换向片表面的具体状况，一般均由于电刷炭粉在槽口将换向片短路或火花烧灼所致。

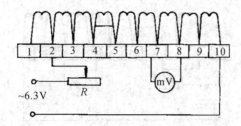

图 3－44　换向器片间短路故障的检修

可用拉槽工具刮去造成片间短路的金属屑末及电刷粉末。若用上述方法仍不能消除片间短路，即可确定短路发生在换向器内部，一般需要更换新的换向器。

2）换向器接地故障的检修

接地故障一般发生在前端的云母环上，该环有一部分裸露在外面，由于灰尘、油污和其他杂物的堆积，很容易造成接地故障。当接地故障发生时，这部分的云母环大都已烧损，而且查找起来也比较容易。修理时，一般只要把击穿烧坏处的污物清除干净，并用虫胶漆和云母材料填补烧坏之处，再用可塑云母板覆盖1～2 层即可。

3）云母片凸出故障的检修

由于换向器上换向片的磨损比云母片要快，因此直流电动机使用较长一段时间后，有可能出现云母片凸起。在对其进行修理时，用拉槽工具把凸出的云母片刮削到比换向片约低 1 mm 即可。

3．电刷中性线位置的确定及电刷的研磨

1）电刷中性线位置的确定方法

确定电刷中性线的位置常用的是感应法，即将励磁绕组通过开关接到 1.5～3 V 的直流电源上，毫伏表连接到相邻两组电刷上（电刷与换向器的接触一定要良好）。当断开或闭合开关（即交替接通和断开励磁绕组的电流）时，毫伏表的指针会左右摆动，将电刷架顺电动机转向或逆电动机转向缓慢移动，直到毫伏表指针几乎不动为止，此时刷架的位置就是中性线所在的位置。

2）电刷的研磨方法

电刷与换向器表面接触面积的大小将直接影响到电刷下火花的等级。对新更换的电刷必须进行研磨，以保证其接触面积在 80％ 以上。研磨电刷的接触面时，一般采用 0 号砂布，砂布的宽度等于换向器的长度，砂布应能将整个换向器表面包住，再用橡皮胶布或胶带将砂布固定在换向器上，将待研磨的电刷放入刷握内，然后按电动机旋转的方向转动电枢，即可进行研磨。

总之，检修直流电动机时，首先要根据故障的现象分析故障产生的原因，采用正确的检查方法，从而达到修复的目的。

 **任务实施**

任务 3 直流电动机的使用

1. 工具器材

（1）工具：螺钉旋具、尖嘴钳、钢丝钳、镊子等。

（2）仪表：万用表、兆欧表、转速表等。

直流电动机的使用

（3）器材：直流电动机、直流电机电源、变阻器、导线等。部分实训器材如图 3-45 所示。

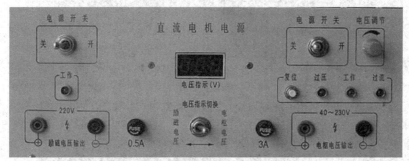

（a）直流电机电源

（b）直流电动机

（c）变阻器

图 3-45 部分实训器材

2. 操作内容与步骤

（1）直流电动机的认识。

① 认识实训用的直流电动机的外形、结构。

② 熟悉直流电动机的铭牌，并填写表 3-4。

（2）直流电动机简单工作电路的连接。

① 直流电动机的简单工作电路如图 3-46 所示。认识并分析电路的工作原理。

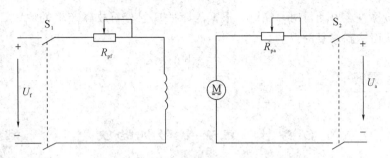

图 3-46　直流电动机的简单工作电路

② 根据直流电动机的额定值和电源的参数，按照图 3-46 所示的电路图连接直流励磁电源、电枢电源、调节电阻和直流电动机。其连接线路如图 3-47 所示。

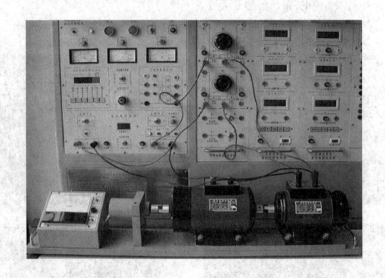

图 3-47　直流电动机的连接线路

（3）直流电动机的启动。

直流电动机连接线路经过教师检查无误后，可通电启动直流电动机。启动电动机前，务必将励磁回路调节电阻 R_{pf} 的阻值调到最小，将电枢回路调节电阻 R_{pa} 的阻值调到最大。先闭合开关 S_1，接通直流励磁电源；再闭合开关 S_2，接通电枢电源；观察直流电动机是否启动运转。启动后观察转速表指针的偏转方向，应为正向偏转，若不正确，可拨动转速表上的正、反向开关来纠正。

（4）直流电动机的调速。

① 调节电枢电源的"电压调节"旋钮，使电动机的端电压为 220 V 额定电压。

② 逐渐增加电枢电压，观察上升过程中电动机转速的变化情况。

③ 逐渐减小电枢回路调节电阻 R_{pa} 的阻值，观察电动机转速的变化情况。

④ 慢慢减小励磁回路调节电阻 R_{pf} 的阻值，观察电动机转速的变化情况。

将结果填入表 3-5 中。

（5）直流电动机的反转控制。

① 将电枢回路调节电阻 R_{pa} 的阻值调回到最大值，先断开电枢电源开关 S_2，再断开励

磁电源开关 S_1，使电动机停机。

② 将电枢绕组的两端接线对调后，再按直流电动机的启动步骤启动电动机，并观察电动机的转向及转速表指针的偏转方向。

③ 将励磁绕组的两端接线对调后，再按直流电动机的启动步骤启动电动机，并观察电动机的转向及转速表指针的偏转方向。

将结果填入表 3－5 中。

3. 注意事项

（1）直流电动机启动时，必须将励磁回路调节电阻 R_{pf} 的阻值调至最小，先接通励磁电源，使励磁电流最大。同时必须将电枢回路调节电阻 R_{pa} 的阻值调至最大，然后方可接通电枢电源，使电动机正常启动。

（2）直流电动机停机时，必须先切断电枢电源，然后断开励磁电源。同时必须将电枢回路调节电阻 R_{pa} 的阻值调回到最大值，将励磁回路调节电阻 R_{pf} 的阻值调回到最小值，为下次启动作好准备。

（3）测量前注意检查仪表的量程、极性及接法是否正确。

（4）整个实训过程中务必注意人员和用电设备的安全。

表 3－4　直流电动机的额定值记录表

序号	额定值名称	符　号	数　值
1	额定功率	P_N	
2	额定电压	U_N	
3	额定电流	I_N	
4	额定转速	n_N	
5	额定励磁电压	U_{fN}	
6	额定励磁电流	I_{fN}	
7	额定效率	η_N	
8			
9			
10			

表 3－5　直流电动机的调速与反转控制记录表

序号	操作内容	转速或转向的变化情况
1	减小电枢回路调节电阻 R_{pa} 的阻值	
2	增大励磁回路调节电阻 R_{pf} 的阻值	
3	电枢绕组的两端接线对调	
4	励磁绕组的两端接线对调	

考核评价

评分标准如表 3-6 所示。

表 3-6　项目直流电动机的评分标准

序号	考核内容	考核要求	配分	得分
1	技能训练的准备	预习技能训练的内容	10	
2	仪器、仪表的使用	正确使用万用表、转速表、实验台等设备	10	
3	观察和记录直流电动机等设备的技术数据	记录结果正确，观察速度快	20	
4	直流电动机的接线	电路绘制正确、简洁，接线速度快，通电运行一次成功	30	
5	直流电动机的反转与调速	正确使用调节电阻改变转速 正确改变接线使电动机反转	30	
6	合计得分			
7	否定项	发生重大责任事故、严重违反教学纪律者，得 0 分		
8	指导教师签名 _____	日期 _____		

 项目总结

直流电机是一种把直流电能转换成机械能或者把机械能转换成直流电能的机械。本项目主要学习了直流电动机的结构、工作原理，直流电动机的拆卸与安装，直流电动机启动、调速、反接、制动等基本控制线路，直流电动机的保护与控制线路的连接调试，直流电动机的常见故障与维修等内容。读者应掌握直流电动机及其控制线路的基本知识、基本原理及应用维修方法，为进一步学习电力拖动技术、电气控制设备的安装及其应用奠定坚实的基础。

表 3-7 所示为直流电动机及其控制线路总结。

表 3-7　直流电动机及其控制线路总结

学习单元	主要内容	知识要点
直流电动机的结构原理	（1）直流电动机的概念、特点、用途。 （2）直流电动机的结构。 （3）直流电动机的工作原理。 （4）直流电动机的类型、铭牌	（1）直流电动机是电能转换成机械能的装置。 （2）直流电动机有优良的调速和启动性能，常应用于电力机车、城市电车、电动自行车等。 （3）直流电动机由定子和转子两大部分组成。 （4）载流导体在磁场中运动会产生感应电动势；载流导体在磁场中受力。这两个规律是直流电动机工作的基础。 （5）直流电动机按照励磁方式可分为他励、并励、串励和复励直流电动机。铭牌的作用主要是提供电动机额定数据及产品数据

学习单元	主要内容	知识要点
直流电动机的拆卸与安装	(1) 直流电动机的拆卸方法。 (2) 直流电动机的安装方法。 (3) 直流电动机的保养方法。 (4) 直流电动机装配后的检验	(1) 直流电动机的拆卸重点是轴承的拆卸。拆卸时要按拆卸顺序作标记。 (2) 直流电动机装配前，各配合处要先清理除锈，装配时应按各部件拆卸时所作标记复位。 (3) 直流电动机要定期检查各部件的运行情况。 (4) 装配后的检验主要包括一般检查、绝缘电阻测定等
直流电动机的控制线路	(1) 直流电动机的启动控制。 (2) 直流电动机的调速控制。 (3) 直流电动机的换向。 (4) 直流电动机的工作特性和机械特性。 (5) 直流电动机的正反转控制。 (6) 直流电动机的制动控制	(1) 直流电动机的启动方法有降低电源电压启动和电枢回路串电阻启动。 (2) 直流电动机的调速方法有降压调速、电枢回路串电阻调速和减弱磁通调速。 (3) 直流电动机电枢绕组中电流方向改变的过程为换向，方法有直线换向、延迟换向和超越换向。 (4) 直流电动机转速与负载电流之间的关系、转矩与负载电流之间的关系及效率与负载电流之间的关系称为工作特性。电动机的转速与电磁转矩之间的关系称为机械特性。 (5) 直流电动机改变电磁转矩方向，从而实现反转控制。 (6) 直流电动机的制动方法有能耗、反接和回馈制动
直流电动机的保护和控制线路的连接调试	(1) 直流电动机的保护方法。 (2) 直流电动机控制线路的安装步骤和方法。 (3) 直流电动机运行中的检查调试方法	(1) 直流电动机的保护主要指短路保护、过载、欠压、失压、过流或失磁等保护和保护装置的设置。 (2) 直流电动机控制线路的安装必须按照有关技术文件执行，并应适应安装环境的需要，且导线、控制器件的选择和控制箱的安装等要满足需要和要求。 (3) 直流电动机检查调试主要包括启动前、启动时和运行中等的检查调试
直流电动机的常见故障及处理方法	(1) 直流电动机常见故障的检修方法。 (2) 直流电动机主要部件常见故障的检修	(1) 直流电动机常见故障有不能启动，转速不正常，电刷火花过大，外壳带电，过热或冒烟，机机械振动大等。对不同的故障现象，应分析产生故障的原因，采用正确的检查方法，从而达到修复的目的。 (2) 直流电动机主要部件常见故障的检修： ① 电枢绕组接地故障的检修； ② 电枢绕组短路故障的检修； ③ 电枢绕组开路故障的检修； ④ 换向器片间短路故障的检修； ⑤ 换向器接地故障的检修； ⑥ 确定电刷中性线的位置； ⑦ 电刷的研磨方法

拓展训练

1. 直流电动机有哪些优缺点？应用于哪些场合？

2. 直流电动机的基本结构由哪些部件所组成？

3. 直流电动机中，换向器的作用是什么？

4. 直流电动机按励磁方式不同可以分成哪几类？

5. 一台直流发电机，$P_N = 10 \text{ kW}$，$U_N = 110 \text{ V}$，$n_N = 1450 \text{ r/min}$，$\eta_N = 85\%$，求额定电流 I_N。

6. 一台直流电动机，$P_N = 20 \text{ kW}$，$U_N = 220 \text{ V}$，$n_N = 1500 \text{ r/min}$，$\eta_N = 88\%$，求额定输入功率 P_{1N}、额定电流 I_N 和额定输出转矩 T_{2N}。

7. 什么叫电动机的可逆原理？

8. 直流电动机的电枢绕组有哪两种最基本的形式？分别有什么特点？

9. 启动直流电动机前，电枢回路调节电阻 R_{pa} 和励磁回路调节电阻 R_{pf} 的阻值应分别调到什么位置？

10. 直流电动机在轻载或额定负载时，增大电枢回路调节电阻 R_{pa} 的阻值，电动机的转速如何变化？增大励磁回路的调节电阻 R_{pf} 的阻值，转速又如何变化？

11. 用哪些方法可以改变直流电动机的转向？同时调换电枢绕组的两端和励磁绕组的两端接线，直流电动机的转向是否改变？

12. 直流电动机停机时，应该先切断电枢电源还是先断开励磁电源？

13. 并励直流电动机与串励直流电动机比较，主要有哪些区别？

14. 并励直流电动机实现正反转的控制原理是什么？

15. 并励直流电动机的制动方式有哪几种？各有什么特点？

16. 串励电动机采用电枢法反接制动时，通过改变外电源的电压极性能否达到制动目的？为什么？

17. 直流电枢绕组元件内的电动势和电流是直流还是交流？若是交流，为什么计算稳态电动势时不考虑元件的电感？

18. 直流电机电枢绕组为什么必须是闭合的？

19. 如何改变并励、串励、积复励电动机的转向？

20. 一台他励直流电动机，当所拖动的负载转矩不变时，电机端电压和电枢附加电阻的变化都不能改变其稳态下电枢电流的大小，这一现象应如何理解？这时拖动系统中哪些量必然要发生变化？对串励电动机，情况又如何？

21. 并励电动机和串励电动机的机械特性有何不同？为什么电车和电力机车都采用串励电动机？

22. 一台直流并励电动机，在维修后作负载试验，发现电动机转速很高，电流超过正常值，停机检修发现线路无误，电动机的励磁电流正常。试分析该故障的可能原因并说明理由。

23. 试分析在下列情况下，直流电动机的电枢电流和转速有何变化（假设电动机不饱和）。

(1) 电枢端电压减半，励磁电流和负载转矩不变；

（2）电枢端电压减半，励磁电流和输出功率不变；

（3）励磁电流加倍，电枢端电压和负载转矩不变；

（4）励磁电流和电枢端电压减半，输出功率不变；

（5）电枢端电压减半，励磁电流不变，负载转矩随转速的平方而变化。

24．试述并励直流电动机的调速方法，并说明各种方法的特点。

25．并励电动机在运行中励磁回路断线，将会发生什么现象？为什么？

26．一台并励直流电动机，$P_N = 138$ kW，$U_N = 230$ V，$n_N = 970$ r/min，电枢回路总电阻 $R_a = 0.05$ Ω，定子为 6 极，电枢采用单叠绕组。正常运行时有三对电刷，忽略电枢反应的影响，试分析计算该电动机可能发出的最大功率。

27．一台直流电动机，$2p = 4$，元件数 $S = 120$，每个元件的电阻为 0.2 Ω，当转速 $n = 1000$ r/min 时，每个元件的平均电动势为 10 V。当电枢绕组分别为单叠和单波时，正负电刷端的电压 U 和电枢绕组电阻 R_a 各是多少？

28．某串励电动机，$P_N = 14.7$ kW，$U_N = 220$ V，$I_N = 78.5$ A，$n_N = 585$ r/min，$R_a = 0.26$ Ω（包括电刷接触电阻）。欲在总负载制动转矩不变的情况下把转速降到 350 r/min，需串入多大的电阻（假设磁路不饱和）？

项目 3 案例

项目4 三相交流异步电动机及其控制线路

 项目描述

现代生产机械都广泛使用电动机来驱动。根据产生或使用电能种类的不同,旋转的电磁机械可分为直流电机和交流电机两大类。交流电机可分为异步电机和同步两种。异步电机主要作为电动机使用。异步电动机又有单相和三相两种,而三相异步电动机又分笼型和绕线式。三相异步电动机是所有电动机中应用最广泛的一种。据有关资料统计,现在电网中的电能 2/3 以上是由三相异步电动机消耗的,而且工业越发达,现代化程度越高,其比例也越大。

很多机械设备的动力传动都来自三相异步电动机,再配合相应的电气控制线路,就可以制造出各种功能的机械设备。本项目介绍三相异步电动机以及三相异步电动机的启动、运行控制、制动、调速的知识。

 项目目标

知识目标	1. 了解三相异步电动机的工作原理 2. 了解三相异步电动机的结构 3. 理解三相异步电动机的运行原理 4. 三相笼型异步电动机的启动 5. 掌握三相异步电动机正反转控制线路 6. 掌握三相交流异步电动机的调速 7. 掌握三相交流异步电动机制动技术
能力目标	1. 了解电气控制的基本知识 2. 会识读电气原理图 3. 掌握根据电气原理图绘制安装接线图的方法 4. 掌握了解三相异步电动机的使用、维护和检修的方法
思政目标	1. 培养学生民族自豪感 2. 培养学生精益求精的工匠精神 3. 训练或培养学生获取信息的能力 4. 培养学生团结协作、交流协调的能力 5. 培养学生安全生产、遵守操作规程等良好的职业素养

知识准备

节能减排

4.1　三相异步电动机的工作原理

　　三相异步电动机的定子绕组是一个空间位置对称的三相绕组，如果在定子绕组通入三相对称的交流电流，就会在电动机内部建立起一个恒速旋转的磁场，称为旋转磁场，它是异步电动机工作的基本条件。因此，有必要先说明旋转磁场是如何产生的，有什么特性，然后再讨论异步电动机的工作原理。

4.1.1　旋转磁场

1. 旋转磁场的产生

旋转磁场

　　图 4-1 为最简单的三相异步电动机的定子绕组，每相绕组只有一个线圈，三个相同的线圈 U1-U2、V1-V2、W1-W2 在空间的位置彼此互差 120°，分别放在定子铁芯槽中。当把三相线圈接成星形，并接通三相对称电源后，那么在定子绕组中便产生三个对称电流，即

$$i_U = I_m \sin\omega t$$
$$i_V = I_m \sin(\omega t - 120°) \qquad (4-1)$$
$$i_W = I_m \sin(\omega t + 120°)$$

其波形如图 4-2 所示。

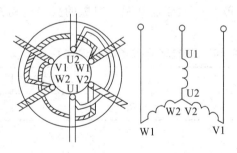

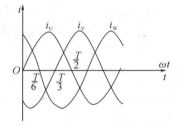

　　图 4-1　三相异步电动机最简单的定子绕组　　　　图 4-2　三相电流的波形

　　电流通过每个线圈要产生磁场，而现在通过定子绕组的三相交流电流的大小及方向均随时间而变化，那么三个线圈所产生的合成磁场是怎样的呢？这可由每个线圈在同一时刻各自产生的磁场进行叠加而得到。

　　假如电流由线圈的始端流入、末端流出为正，反之为负。电流流入端用"⊗"表示，流出端用"⊙"表示。下面就分别取 $t=0$、$T/6$、$T/3$、$T/2$ 四个时刻所产生的合成磁场作定性分析(其中 T 为三相电流变化的周期)。

　　当 $t=0$ 时，由三相电流的波形可见，电流瞬时值 $i_U=0$，i_V 为负值，i_W 为正值。这表示 U 相无电流，V 相电流是从线圈的末端 V2 流向首端 V1，W 相电流是从线圈的始端 W1 流向末端 W2，这一时刻由三个线圈电流所产生的合成磁场如图 4-3(a)所示。它在空间形成二极磁场，上为 S 极，下为 N 极(对定子而言)。设此时 N、S 极的轴线(即合成磁场的轴线)为零度。

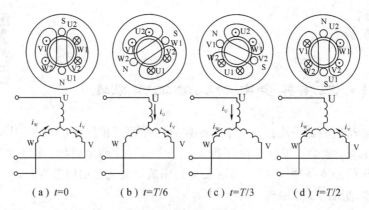

（a）t=0   （b）t=T/6   （c）t=T/3   （d）t=T/2

图 4-3　两极旋转磁场

当 $t=T/6$ 时，U 相电流为正，由 U1 端流向 U2 端，V 相电流为负，由 V2 端流向 V1 端，W 相电流为零。其合成磁场如图 4-3(b)所示，也是一个两极磁场，但 N、S 极的轴线在空间顺时针方向转了 60°。

当 $t=T/3$ 时，i_U 为正，由 U1 端流向 U2 端，$i_V=0$，i_W 为负，由 W2 端流向 W1 端，其合成磁场比上一时刻又向前转过了 60°，如图 4-3(c)所示。

用同样的方法可得出当 $t=T/2$ 时，合成磁场比上一时刻又转过了 60°空间角。由此可见，图 4-3 描述的是一对磁极的旋转磁场。但电流经过一个周期的变化时，磁场也沿着顺时针方向旋转一周，即在空间旋转的角度为 360°。

上面分析说明，当空间互差 120°的线圈通入对称的三相交流电流时，在空间就产生了一个旋转磁场。

国产的异步电动机的电源频率通常为 50 Hz。对于已知磁极对数的异步电动机，可得出对应的旋转磁场的转速，如表 4-1 所示。

表 4-1　异步电动机磁极对数和对应的旋转磁场的转速关系表

P	1	2	3	4	5	6
$n_1/(\text{r/min})$	3000	1500	1000	750	600	500

2. 旋转磁场的转向

由图 4-3 中各个瞬间磁场变化可以看出，当通入三相绕组中的电流的相序为 $i_U \rightarrow i_V \rightarrow i_W$ 时，旋转磁场在空间是沿绕组始端 U→V→W 方向旋转的，在图中按顺时针方向旋转。如果把通入三相绕组中的电流相序任意调换其中两相，如调换 V、W 两相，此时通入三相绕组电流的相序为 $i_U \rightarrow i_W \rightarrow i_V$，则旋转磁场按逆时针方向旋转。由此可见，旋转磁场的方向是由三相电流的相序决定的，即把通入三相绕组中的电流相序任意调换其中的两相，就可改变旋转磁场的方向。

4.1.2　三相异步电动机的工作原理

1. 异步转动原理

由前面分析可知，如果在定子绕组中通入三相对称电流，则定子内部

三相异步电动机
的工作原理

产生某个方向转速为 n_1 的旋转磁场。这时转子导体与旋转磁场之间存在相对运动，切割磁力线而产生感应电动势。电动势的方向可根据右手定则确定。由于转子绕组是闭合的，因此在感应电动势的作用下，绕组内有电流流过，如图 4-4 所示。转子电流与旋转磁场相互作用，便在转子绕组中产生电磁力 F。力 F 的方向可由左手定则确定。该力对转轴形成了电磁转矩 T_{em}，

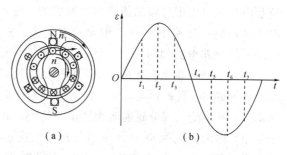

（a）　　　　　　　　　（b）

图 4-4　异步电动机工作原理图

使转子按旋转磁场方向转动。异步电动机的定子和转子之间能量的传递是靠电磁感应作用的，故异步电动机又称感应电动机。

转子的转速 n 是否会与旋转磁场的转速 n_1 相同呢？答案是不可能的。因为一旦转子的转速和旋转磁场的转速相同，二者便无相对运动，转子也不能产生感应电动势和感应电流，也就没有电磁转矩了。只有二者转速有差异时，才能产生电磁转矩，驱使转子转动。可见，转子转速 n 总是略小于旋转磁场的转速 n_1。正是由于这个关系，这个电动机被称为异步电动机。

由上可知，n_1 与 n 有差异是异步电动机运行的必要条件。通常把同步转速 n_1 与转子转速 n 二者之差称为转差，转差与同步转速 n_1 的比值称为转差率（也叫滑差率），用 s 表示，即 $s=(n_1-n)/n_1$。

转差率 s 是异步电动机运行时的一个重要物理量。当同步转速 n_1 一定时，转差率的数值与电动机的转速 n 相对应。正常运行的异步电动机其 s 很小，一般 $s=0.01\sim0.05$。

2. 异步电动机空载和负载运行

要使异步电动机运行，必须产生足够大的电磁转矩。电动机空载运行时，它产生的电磁力必须克服轴与轴之间的摩擦和转子旋转所受风阻等产生的空载转矩，即 $T_{em}=T_0$，电动机才能稳定运行。T_0 一般很小，所以电磁转矩也很小，但其转速很高，几乎接近同步转速。

异步电动机轴上带负载转动时，也必须符合动力学的规律，即只有在电动机的电磁转矩与机械负载的反抗力矩相平衡，即 $T_{em}=T_L$ 时，电动机才能以恒速运行。如果电动机的电磁转矩大于反抗力矩，即 $T_{em}>T_L$，则电动机将产生加速运行；反之，如果 $T_{em}<T_L$，则电动机将减速运转。

异步电动机依靠转子转速的变化来调整电动机的电磁能量，从而使电动机的电磁转矩得到相应的改变，以适应负载变化的需要来实现新的平衡。当电动机以稳定的转速 n 运行时，假如由于某种原因，负载转矩突然降低，即变为 $T_{em}>T_L$，电动机将作加速旋转，转子感应电动势和电流减小，从而使电磁转矩减小，直到电磁转矩与新的反抗转矩相平衡，此时电动机在高于原转速 n 的情况下稳定运行。反之，转矩由于某种原因增大时，电动机将最终稳定运行在低于原转速的情况下。

3. 三相异步电动机的电磁关系

三相异步电动机的电磁关系与变压器的很相似。异步电动机的定子绕组相当于变压器的一次绕组，转子绕组相当于变压器的二次绕组，只不过是短路的绕组。但三相异步电动机的每相绕组不像变压器那样集中地绕在铁芯上，而是分布在铁芯内壁的槽内，每一相绕

组是由许多沿周围分布的线圈串联而成的。另外，三相异步电动机的磁路中有一个较大的空气隙。三相异步电动机的每相电路如图4-5所示。

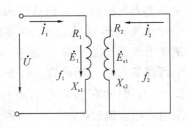

当定子绕组接上三相电源后，有三相电流流过，并产生旋转磁场。其磁通通过定、转子的铁芯闭合，分为两部分：其中绝大部分磁通既交链定子绕组，又交链转子绕组，称为主磁通 $\dot{\Phi}_0$；另一部分磁通仅交链定子绕组本身，而不交链定子绕组，称为定子漏磁通 $\dot{\Phi}_{s1}$。主

图4-5 三相异步电动机的每相电路

磁通和定子漏磁通分别在定子绕组中产生感应电动势 $\dot{E}_1$ 和 $\dot{E}_{s1}$（由漏磁感抗 X_{s1} 产生）。此外，定子绕组还存在电阻 R_1，当电流通过时产生电阻压降 $\dot{I}_1R_1$。所以，外加电源电压 $\dot{U}$ 由电动势 $\dot{E}_1$、$\dot{E}_{s1}$ 以及电阻压降 $\dot{I}_1R_1$ 这三部分之和相平衡。考虑到 $\dot{E}_{s1}$、$\dot{I}_1R_1$ 与 $\dot{E}_1$ 较小，可以忽略不计，所以定子感应电动势 $\dot{E}_1$ 近似地与电源电压 $\dot{U}$ 相平衡，即

$$\dot{U} \approx \dot{E}_1 = 4.44\, k_{w1} N_1 f_1 \dot{\Phi}_0 \tag{4-2}$$

式中，k_{w1} 为定子绕组系数，它是异步电动机的定子绕组分布放在槽中所产生的感应电动势比绕组集中放置时减小而引入的系数。

当负载增加时，转子电流 $\dot{I}_2$ 增大，转子的磁动势 $\dot{I}_2N_2$ 也增加。由磁动势平衡关系 $\dot{I}_0N_1=\dot{I}_1N_1+\dot{I}_2N_2$（该式的推导方法与变压器相似）可知，在外加电源电压保持不变的情况下，要维持此时空载磁动势不变，只有增大定子的电流来抵消转子磁动势对旋转磁动势的影响，才能保持其平衡关系。由此可见，异步电动机中定子绕组电流是随负载的变化而变化的，亦即异步电动机向电网取用的电流和功率是由机械负载的大小决定的。

4.2　三相异步电动机的结构与铭牌

4.2.1　三相异步电动机的结构

三相异步电动机按转子结构的不同分为笼型异步电动机和绕线型转子异步电动机两大类。笼型异步电动机由于结构简单、价格低廉、工作可靠、维护方便已成为生产上应用得最广泛的一种电动机。绕线型转子异步电动机由于结构较复杂、价格较高，一般只用在要求调速和启动性能好的

三相异步电动机的结构

场合，如桥式起重机上。异步电动机由两个基本部分组成：定子（固定部分）和转子（旋转部分）。笼型和绕线型转子异步电动机的定子结构基本相同，所不同的只是转子部分。笼型异步电动机的主要部件如图4-6所示；绕线型转子异步电动机的结构如图4-7所示。

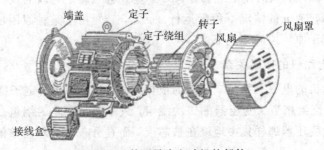

图4-6　笼型异步电动机的部件

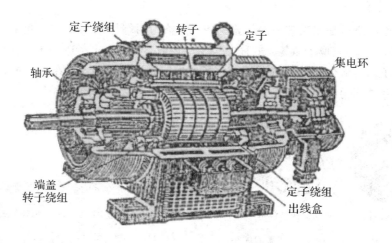

图 4 - 7 绕线型转子异步电动机结构图

1. 定子

三相异步电动机的定子由机座中的定子铁芯及定子绕组组成。机座一般由铸铁制成。定子铁芯是由有压冲槽的硅钢片叠成的,片与片之间涂有绝缘漆。三相绕组是用绝缘铜线或铝线绕制成三相对称的绕组按一定的规则连接嵌放在定子槽中的。过去用 A、B、C 表示三相绕组始端,X、Y、Z 表示其相应的末端,这六个接线端引出至接线盒。按现国家标准,始端标以 U1、V1、W1,末端标以 U2、V2、W2。三相定子绕组可以接成如图 4 - 8 所示的星形或三角形,但必须视电源电压和绕组额定电压的情况而定。一般电源电压为 380 V(指线电压),如果电动机定子各相绕组的额定电压是 220 V,则定子绕组必须接成星形,如图 4 - 8(a)所示;如果电动机各相绕组的额定电压为 380 V,则应将定子绕组接成三角形,如图 4 - 8(b)所示。

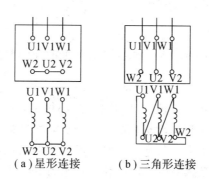

(a)星形连接   (b)三角形连接

图 4 - 8 三相绕组的连接

2. 转子

转子部分是由转子铁芯和转子绕组组成的。转子铁芯也是由相互绝缘的硅钢片叠成的。转子冲片如图 4 - 9(a)所示。铁芯外圆冲有槽,槽内安装转子绕组。根据绕组结构不同,转子可分为两种形式:笼型转子和绕线型转子。

1）笼型转子

笼型转子的绕组是在铁芯槽内放置铜条，铜条的两端用短路环焊接起来，绕组的形状如图 4-9（b）所示。它像个鼠笼，故称之为笼型转子。为了简化制造工艺，小容量异步电动机的笼型转子都是熔化的铝浇铸在槽内而形成的，称为铸铝转子。在浇铸的同时，可把转子的短路环和端部的冷却风扇也一样用铝铸成，如图 4-10 所示。

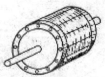
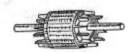

（a）转子冲片　　（b）笼型绕组　　（c）笼型转子

图 4-9　笼型转子　　　　　　图 4-10　铸铝转子

2）绕线型转子

绕线型转子绕组和定子绕组一样，也是一个用绝缘导线绕成的三相对称绕组，被嵌放在转子铁芯槽中，接成星形。绕组的三个出线端分别接到转轴端部的三个彼此绝缘的铜制滑环上。通过滑环与端盖上的电刷构成滑动接触，把转子绕组的三个出线端引到机座上的接线盒内，便于与外部变阻器连接，故绕线型转子又称为滑环式转子，其外形如图 4-11 所示。

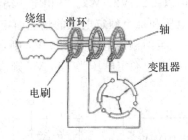

图 4-11　绕线型转子与外部变阻器的连接图

3. 气隙

异步电动机的气隙比同容量直流电动机的气隙小得多，在中、小型异步电动机中，一般为 0.2~2.5 mm。气隙大小对电动机性能影响很大，气隙愈大，则为建立磁场所需励磁电流就愈大，从而电动机的功率因数愈小。如果把异步电动机看成变压器，显然，气隙愈小，则定子和转子之间的相互感应（即耦合）作用就愈好。因此应尽量让气隙小些，但也不能太小，否则会使加工和装配困难，运转时定转子之间易发生扫膛。

4.2.2　三相异步电动机的铭牌

每台异步电动机的机座上都有一个铭牌，它标记着电动机的型号、各种额定值和连接方法等（如图 4-12 所示）。按电动机铭牌所规定的条件和额定值运行，称作额定运行状态。下面以三相异步电动机 Y112S-6 的铭牌为例来说明各数据的含义。

三相异步电动
机的铭牌

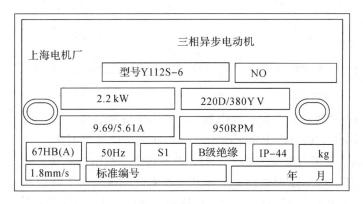

图 4-12　三相异步电动机的铭牌

1. 型号

型号指电动机的产品代号、规格代号和特殊环境代号。电动机产品型号一般采用大写印刷体的汉语拼音字母和阿拉伯数字组成。其中汉语拼音字母根据电动机全名选择有代表意义的汉字，再用该汉字的第一个拼音字母组成。

我国目前生产的异步电动机种类很多，有老系列和新系列之别。老系列电动机已不再生产，现有的将逐步被新系列电动机所取代。新系列电机符合国际电工协会标准，具有国际通用性，技术、经济指标更高。表 4-2 是几种常用系列异步电动机新旧代号对照表。

表 4-2　异步电动机新旧产品代号对照表

产 品 名 称	新代号	意 义	老 代 号
异步电动机	Y	异	J、JO、JS、JK
绕线型异步电动机	YR	异	JR、JRO
高启动转矩异步电动机	YQ	异起	JQ、JQO
多速异步电动机	YD	异多	JD、JDO
精密机床异步电动机	YJ	异精	JJO
大型绕线型高速异步电动机	YRK	异绕快	YRG

我国生产的异步电动机的主要产品系列有：

Y 系列为一般的小型鼠笼型全封闭自冷式三相异步电动机，主要用于金属切削机床、通用机械、矿山机械和农业机械等。

YD 系列是变极多速三相异步电动机。

YR 系列是三相绕线型异步电动机。

YZ 和 YZR 系列是起重和冶金用三相异步电动机，YZ 是鼠笼型，YZR 是绕线型。

YB 系列是防爆式鼠笼型异步电动机。

YCT 系列是电磁调速异步电动机。

其他类型的异步电动机可参阅有关产品目录。

2. 额定值

1）额定功率 P_N

额定功率指电动机在额定负载运行时轴上输出的机械功率，单位为 W。

2）额定电压 U_N 和接法

额定电压指电动机在额定运行状态时，定子绕组应加的线电压，单位为 V。有铭牌上给出了两个电压值，它们对应于定子绕组三角形和星形两种不同的连接方式。当铭牌标为 220D/380Y V 时，表明当电压为 220 V 时，电动机定子绕组用三角形连接；而电源为 380 V 时，电动机定子绕组用星形连接。两种方式都能保证每相定子绕组在额定电压下运行。为了使电动机正常运行，一般规定电源电压波动不应超过额定值的 5%。

3）额定电流 I_N

额定电流指电动机在额定电压下运行，输出功率达到额定值，流入定子绕组的线电流，单位为 A。

4）额定频率 f_N

额定频率指加在电动机定子绕组上的允许频率。我国电力网的频率规定为 50 Hz。

5）额定转速 n_N

额定转速指电动机在额定电压、额定频率和额定输出的情况下电动机的转速，单位为 r/min。

6）绝缘等级

绝缘等级指电动机内部所有绝缘材料允许的最高温度等级，它规定了电动机工作时允许的温升。电动机允许温升与绝缘耐热等级的关系见表 4-3。

表 4-3　电动机允许温升与绝缘耐热等级的关系

绝缘耐热等级	A	E	B	F	H	C
允许最高温度/℃	105	120	130	155	180	180 以上
允许最高温升/℃	65	80	90	115	140	140 以上

7）定额

按电动机在额定运行时的持续时间，定额分为连续（S1）、短时（S2）及断续（S3）三种。"连续"表示该电动机可以按铭牌的各项定额长期运行。"短时"表示只能按照铭牌规定的工作时间短时使用。"断续"表示该电动机短时运行，但每次周期性断续使用。本例电动机为 S1 连续工作方式。

8）防护等级

防护等级是提示电动机防止杂物与水进入的能力。它是由外壳防护标志字母 IP 后跟 2 位具有特定含义的数字代码进行标定的。例如，某电动机的防护等级为 IP44，其意义见表 4-4 和表 4-5。

表 4 - 4　防护等级代码(1)

防护等级 (第一位数字)	定义	防护等级 (第一位数字)	定义
0	有专门的防护装置	4	能防止直径大于 1 mm 的固体侵入
1	能防止直径大于 50 mm 的固体侵入	5	防尘
2	能防止直径大于 12 mm 的固体侵入	6	完全防止灰尘进入壳内
3	能防止直径大于 25 mm 的固体侵入		

表 4 - 5　防护等级的代码(2)

防护等级(第二位数字)	定义
0	无防护
1	防滴
2	15°防滴
3	防淋水
4	防止任何方向溅水
5	防止任何方向喷水
6	防止海浪或强力喷水
7	简称浸水级
8	简称潜水级

9）噪声量

为了降低电动机运输时带来的噪声，目前电动机都规定了噪声指标，该指标随电动机容量及转速的不同而不同(容量及转速相同的电动机，噪声指标又分"1"、"2"两段)。中小型电动机噪声量的大致范围为 50～100 dB，本例电动机的噪声量为 67 dB。

10）振动量

振动量表示电动机振动的情况，本例电动机振动为每秒轴向移动不超过 1.8 mm。

在铭牌上除了给出的以上主要数据外，有的电动机还标有额定功率因数 $\cos\varphi_N$。电动机是感性负载，定子相电流滞后定子相电压一个 φ 角，所以功率因数 $\cos\varphi_N$ 是指额定负载下定子电路的相电压与相电流之间相位差的余弦。

 知识点扩展

电动机的选择

电动机选择的参考因素主要包括：电动机形式、电压与转速；电动机防护形式的选择；电动机的电压和转速。

首先要根据生产机械对电力传动提出要求(如启动与制动的频繁程度，有无调速要求等）来选择电动机的电流种类，即选用交流电动机还是选用直流电动机；其次应结合电源情况选择电动机额定电压的大小；再由生产机械所要求的转速及传动设备的要求选取它的额定转速；然后根据电动机和生产机械的安装位置和周围环境情况来决定电动机的结构形式和防护形式；最后由生产机械所需要的功率大小来决定电动机的额定功率（容量）。直流接触器触点多为指型。

4.3 三相异步电动机的运行

农业强国

对于一台普通的三相异步电动机来说，一旦制造出厂，它通电后产生的旋转磁场的速度是固定的，但是转子的转速会随着转轴上的负载变化而变化。电动机带不同负载时，三相异步电动机的转差率、转矩、功率因数、电流、效率等参数均不同，为了高效经济地利用电动机，需要掌握分析异步电动机性能的方法。异步电动机的工作特性是用好电动机的依据，因此熟悉异步电动机的运行性能，掌握常用的测试方法是很有必要的。

三相异步电动机的运行特性主要是指三相异步电动机在运行时电动机的功率、转矩、转速相互之间的关系。

4.3.1 电磁转矩

电磁转矩是指电动机由于电磁感应作用，转子转轴所受到的作用力矩。它是衡量三相异步电动机带负载能力的一个重要指标。

电磁转矩

为了更好地使用三相异步电动机，我们必须首先弄清楚电磁转矩同哪些物理量有关。由于电动机的转子是通过旋转磁场与转子绕组之间的电磁感应作用而带动的，因此电磁转矩必然与旋转磁场的每极磁通 Φ 和转子绕组的感应电流 I_2 的乘积有关。此外，它还受转子绕组功率因数 $\cos\varphi_2$ 的影响。根据理论分析，电磁转矩 T 可用下式确定：

$$T = C_T \Phi I_2 \cos\varphi_2 \tag{4-3}$$

式中：C_T 为异步电动机的转矩常数，它与电动机的结构有关；Φ 为旋转磁场的每极磁通[量]，单位为 Wb；I_2 为转子电流的有效值，单位为 A；$\cos\varphi_2$ 为转子电路的功率因数。

式（4-3）中没有反映电磁转矩的一些外部条件，如电源电压 U_1、转子转速 n_2 以及转子电路参数之间的关系，对使用者来说，应用不够方便。为了直接反映这些因素对电磁转矩的影响，可以对式（4-3）进一步推导（过程略），最后得出

$$T = K \frac{sR_2 U_1^2}{R_2^2 + (sX_{20})^2} \tag{4-4}$$

式中：K 是与电动机结构有关的常数；R_2 是转子电阻；X_{20} 是电动机转速 $n=0$ 时转子的感抗（此时转子中电流的频率为 f_1）。

由式（4-4）可知，电磁转矩与定子每相电压 U_1 的平方成正比，电源电压的波动对转矩影响较大。同时，电磁转矩 T 还受转子电阻 R_2 的影响。

4.3.2 空载运行与负载运行状态

空载运行是指在额定电压和额定频率下，三相异步电动机的轴上没有任何机械负载的

运行状态。在空载运行的情况下，三相异步电动机所产生的电磁转矩仅克服了电动机的机械摩擦、风阻的阻转矩，所以是很小的。因为电动机所受到的阻转矩很小，所以电动机的转速非常接近旋转磁场的同步转速 n_0，即 $n \approx n_0$。在这种情况下，可以认为旋转磁场不切割转子绕组，转子绕组中的感应电动势和感应电流接近 0，转子电路相当于开路。受其影响，定子绕组中的电流 I_1 也较小，并且 I_1 在相位上滞后定子外加电压 U_1 接近

空载运行与负载
运行状态

90°，此时，电动机定子电路的功率因数较低（一般在 0.2 左右），消耗的有功功率较少，电网提供的能量不能得到很好地利用。由式(4-3)可知，此时电磁转矩也很小，稳定运行时，$T = T_0$（T_0 为电动机空载时所受到的阻转矩，称为空载转矩）。

当三相异步电动机轴上带有机械负载以后，电动机处于负载运行状态。在负载运行状态下，电动机除了要克服机械摩擦、风阻的阻转矩以外，还要克服外加负载在电动机轴上所产生的阻转矩，此时，电动机的转速 n 要下降，以同步转速 n_0 旋转的旋转磁场与转子绕组之间的相对转速增大，于是转子绕组中的感应电动势和感应电流都增大了。受其影响，电动机定子电流 I_1 也要随着转子电流的增加而增大，定子电路的功率因数得以提高，电网输送给电动机的有功功率也随之增加，电能得到了较好的利用。由式(4-3)可知，电磁转矩也很小，稳定运行时，$T = T_0 + T_L$（T_L 为负载在电动机轴上所产生的阻转矩）。

三相异步电动机轴上带有机械负载稳定运行过程中，如果机械负载增大或减小，则转子转速、电流、功率因数、电磁转矩也会作出相应的变化，使电动机达到新的平衡状态。如把电动机的负载增大（即加大转子轴上的负载转矩），则在开始增大的一瞬间，转子所产生电磁转矩小于轴上的负载转矩，因而转子减速。但定子的电流频率 f_1 和极对数 p 通常均为定值，故旋转磁场的同步转速不变。随着转子转速的逐步下降，转子与旋转磁场的同步速差逐渐增大，于是，转子导线中的感应电动势和电流及其产生的电磁转矩也就随之而增大；最后当 $T = T_L$ 时，转子就不再减速，而是在较低的转速下又作等速运转。如把电动机的负载减少，则转子的转速便上升，其过程与上述情况相反。

三相异步电动机在其额定负载的 70%～100% 运行时，其功率因数和效率都比较高，因此应该合理选用电动机的额定功率，使它运行在满载或接近满载的状态，尽量避免或减少轻载和空载运行的时间。

4.3.3　机械特性

三相异步电动机受电磁转矩而旋转，电磁转矩与转速之间有必然的联系。

在电源电压 U_1 和转子电阻 R_2 为定值时，三相异步电动机转子转速随着电磁转矩 T 变化的关系曲线 $n = f(T)$ 称为异步电动机的机械特性。

机械特性

图 4-13 给出了 $n = f(T)$ 的机械特性曲线。下面通过特性曲线来对电动机的运行性能进行分析。

1. 启动过程和运行过程分析

电动机接通电源，尚未转动（$n = 0$，$s = 1$）时的转矩称为启动转矩，用 T_q 表示。只有当启动转矩 T_q 大于转轴上的阻转矩时，转子才能旋转起来并在电磁转矩的作用下逐渐加速。从图 4-13 可以看出，启动后，随着电动机转速的上升，电磁转矩也逐渐增大（沿 cb 段上

升），直到最大转矩 $T_{\max}$。之后，随着转速的继续上升，曲线进入 ba 段，电磁转矩反而减小。最后，当电磁转矩等于阻转矩时，电动机达到平衡状态，就以某一转速作等速旋转。

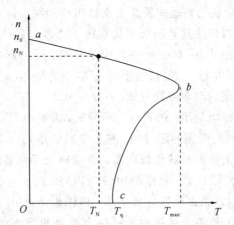

图 4 - 13　三相异步电动机的机械特性曲线

电动机一般工作在曲线 ba 段，在这段区域里，当负载转矩变化时，电动机产生的电磁转矩会作出相应变化，使电磁转矩等于阻转矩，达到新的平衡状态，以新的速度等速旋转。例如，负载增大，则因为阻转矩大于电磁转矩，电动机转速开始下降；随着转速的下降，转子与旋转磁场之间的转差增大，于是转子中的感应电动势和感应电流增大，使得电动机的电磁转矩同时增加。当电磁转矩增加到与阻转矩相等时，电动机达到新的平衡状态。这时，电动机以较低于前一平衡状态的转速稳定运行。反之，负载减小，电动机将以高于前一平衡状态的转速稳定运行。

从特性图上还可以看出，ab 段较为平坦，也就是说当负载转矩变化时，电动机的变化不大，这种特性称为电动机的硬机械特性。具有硬机械特性的三相异步电动机适用于一般的金属切削机床。

2. 三个特殊的电磁转矩

1）启动转矩

启动转矩与额定转矩的比值 $\lambda_q = \dfrac{T_q}{T_N}$ 反映了异步电动机的启动能力。一般地，$\lambda_q = 0.9 \sim 1.8$。

如果改变电源电压 U_1 或改变转子电阻 R_2，则可以得到如图 4 - 14 所示的一组特性曲线。由图 4 - 14(a)可知，当电源电压 U_1 降低时，启动转矩 T_q 会减小。在图 4 - 14(b)中，当转子电阻 R_2 适当增大时，启动转矩也会随着增大。绕线型三相异步电动机常采用转子串电阻的方法以获得较大的启动转矩。

2）额定转矩 T_N

异步电动机长期连续运行时，转轴上所能输出的最大转矩，或者说电动机在额定负载时的转矩，叫作电动机的额定转矩，用 T_N 表示。

电动机在匀速运行时，电磁转矩 T 必须与电动机负载所产生的阻转矩 T_c 相平衡。若不考虑空载损耗转矩（主要是机械摩擦和风阻所产生的阻转矩），则可以认为电磁转矩 T 应

该与电动机轴上输出的机械负载转矩 T_2 相等，即

$$T \approx T_2$$

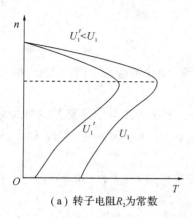

（a）转子电阻R_2为常数

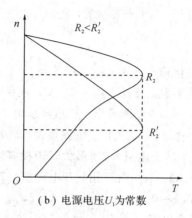

（b）电源电压U_1为常数

图 4 - 14　对应不同电源电压和转子电阻时的特性曲线

电动机的额定转矩可以根据铭牌上的额定功率和额定转速按式（4 - 5）求出：

$$T_N \approx T_2 = \frac{60 P_2 \times 10^3}{2 \pi n_N} = 9550 \frac{P_2}{n_N} \qquad (4 - 5)$$

式中：P_2 是电动机轴上输出的机械功率，单位为 kW；T 是电动机的电磁转矩，单位是 N · m；n 是额定转速，单位是 r/min。

【例 4 - 1】　有一 Y225M - 4 型三相异步电动机，由铭牌知 $U_N = 380$ V，$P_N = 45$ kW，$n_N = 1480$ r/min，启动转矩与额定转矩之比 $T_{st}/T_N = 1.9$，试求：

（1）额定转差率；

（2）启动转矩；

（3）如果负载转矩为 510 N · m，则在 $U_1 = U_N$ 和 $U_1' = 0.9 U_N$ 两种情况下电动机能否启动？

解　（1）由已知额定转速 1480 r/min 可推算出同步转速 $n_1 = 1500$ r/min，所以

$$S_N = \frac{n_1 - n_N}{n_1} \times 100\% = \frac{1500 - 1480}{1500} \times 100\% = 1.3\%$$

（2）由已知条件可求额定转矩：

$$T_N = 9550 \frac{P_N}{n_N} = 9550 \times \frac{45}{1480} \text{N · m} = 290.4 \text{ N · m}$$

再计算：

$$T_{st} = 1.9 T_N = 1.9 \times 290.4 \text{ N · m} = 551.8 \text{ N · m}$$

（3）当 $U_1 = U_N$ 时，$T_{st} = 551.8$ N · m > 510 N · m，可以启动。

当 $U_1' = 0.9 U_N$ 时，$T_{st} = 0.9^2 \times 551.8 = 447$ N · m < 510 N · m，所以不能启动。

3）最大转矩 T_{max}

从机械特性曲线上看，转矩有一个最大值，该值被称为最大转矩或临界转矩 T_{max}。最大转矩所对应的转差率称为临界转差率，用 s_m 表示。一旦负载转矩大于电动机的最大转矩，电动机就带不动负载，转速沿特性曲线 bc 段迅速下降到 0，发生闷车现象。此时，三相异步电动机的电流会升高 6～7 倍，电动机严重过热，时间一长就会烧毁电动机。

显然，电动机的额定转矩应该小于最大转矩，而且不能太接近最大转矩，否则电动机稍微一过载就立即闷车。三相异步电动机的短时容许过载能力是用电动机的最大转矩 T_{max} 与额定转矩 T_N 之比来表示的，我们称之为过载系数 λ，即

$$\lambda = \frac{T_{max}}{T_N} \tag{4-6}$$

一般三相异步电动机的过载系数 $\lambda = 1.8 \sim 2.5$，特殊用途（如起重、冶金）的三相异步电动机的过载系数 λ 可以达到 $3.3 \sim 3.4$ 或更大。

从图 4-14 中还能看出，三相异步电动机的最大转矩还与定子绕组的外加电压 U_1 有关，实际上它与 U_1^2 成正比。也就是说，当外加电压 U_1 由于波动变低时，最大转矩 T_{max} 将减小。但是，转子电阻 R_2 对最大转矩没有影响。

【例 4-2】 有一台三相异步电动机，其额定数据如下：$P_N = 40$ kW，$n = 1470$ r/min，$U_1 = 380$ V，$\eta = 0.9$，$\cos\varphi = 0.5$，$\lambda = 2$，$\lambda_q = 1.2$。试求：

（1）额定电流；

（2）转差率；

（3）额定转矩、最大转矩、启动转矩。

解 （1）$I_N = \dfrac{P_N \times 10^3}{\sqrt{3} U_1 \eta \cos\varphi} = \dfrac{40 \times 10^3}{\sqrt{3} \times 380 \times 0.9 \times 0.9}$ A $= 75$ A

（2）由 $n = 1470$ r/min，$n \approx n_0$ 可知，电动机是四极的，$p = 2$，则

$$n_0 = \frac{60f}{p} = \frac{60 \times 50}{2} = 1500 \text{ r/min}$$

所以

$$s = \frac{n_0 - n}{n_0} \times 100\% = \frac{1500 - 1470}{1500} \times 100\% = 0.02$$

（3）$T_N = 9550 \dfrac{P_N}{n} = 9550 \times \dfrac{40}{1470} = 259.9$ N·m

$T_{max} = \lambda T_N = 2 \times 259.9 = 519.8$ N·m

$T_q = \lambda_q T_N = 1.2 \times 259.9 = 311.9$ N·m

4.3.4 电压 U_1 和转子电阻 R_2 对电动机转速的影响

最大转矩随外加电压 U_1 而改变，对应不同的机械特性。当负载转矩不变时，电压下降，电动机转速也将下降，所以通过改变电压 U_1 可以调速。

电压和转子电阻对电动机转速的影响

绕线型异步电动机转子串入不同的电阻，对应不同的机械特性。电阻越大，曲线越偏向下方。在一定的负载转矩下，电阻越大，转速越低。所以绕线型异步电动机转子串电阻不仅可以增大启动转矩，还可以调速。

4.3.5 三种运行状态

一台异步电动机既可以运行在电动状态，也可以运行在发电状态或电磁制动状态，这是由外界条件所决定的，这就是电动机的可逆性。

三种运行状态

1. 电动状态

如果转子顺着旋转磁场的方向转动，且 $0 < n < n_0$，也就是 $0 < s < 1$，则电机处于电动状态。这时的电磁各量方向如图 4-15(a) 所示。

假设旋转磁场以逆时针方向旋转，相当于转子导体逆时针切割磁力线，由右手定则知，N 极下的转子导体中感应电流方向为垂直于纸面向外，转子电流与旋转磁场作用形成电磁转矩，电磁转矩为顺时针，带动转子顺时针旋转。

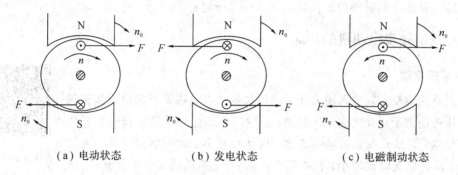

(a) 电动状态　　　　　(b) 发电状态　　　　　(c) 电磁制动状态

图 4-15　异步电动机的三种运行状态

2. 发电状态

如果原动机拖动转子顺时针方向旋转，使转子的速度高于旋转磁场的速度，即 $n > n_0$，$s < 0$，则异步电动机运行于发电状态，如图 4-15(b) 所示。转子导体切割磁力线的方向与电动状态相反，转子电流改变了方向，所以电磁转矩也变为逆时针，与原动机拖动转子的方向相反，对原动机起制动作用，转子从原动机吸收机械功率，送出电功率，因而是发电状态。

异步电机较少用作发电机，较多的是从电动状态过渡到发电状态。例如，当吊车重物下降，转速大于同步转速时，就会出现这种情况。

3. 电磁制动状态

假设在某种外因作用下，使转子反着磁场方向转动，即 $-\infty < n < 0$，$1 < s < +\infty$ 时，电机就运行于电磁制动状态，如图 4-15(c) 所示。由于这时转子导体切割旋转磁场的方向与电动运行时相同，所以转子电流、电磁转矩方向都不变。这时的电磁转矩方向与旋转磁场的转向相同，与转子转向相反，因此起制动作用。

电磁制动用来获得制动转矩，例如在起重设备中使重物缓缓下降。

4.4　三相笼型异步电动机的启动

三相笼型异步电动机的启动是指异步电动机在接通电源后，从静止状态到稳定运行状态的过渡过程。在启动的瞬间，由于转子尚未加速，此时 $n_2 = 0$，$s = 1$，旋转磁场以最大的相对速度切割转子导体，转子感应电动势的电流最大，致使定子启动电流 I_{1Q} 也很大，其值约为额定电流的 $4 \sim 7$ 倍。尽管启动电流很大，但因功率因数甚低，所以启动转矩 T_Q 较小。

过大的启动电流会引起电网电压明显降低，而且还影响接在同一电网的其他用电设备的正常运行，严重时连电动机本身也转不起来。如果是频繁启动，不仅使电动机温度升高，还会产生过大的电磁冲击，影响电动机的寿命。启动转矩小会使电动机启动时间拖长，既影响生产效率又会使电动机温度升高，如果小于负载转矩，则电动机根本就不能启动。

根据异步电动机存在着启动电流很大，而启动转矩很小的问题，必须在启动瞬间限制启动电流，并应尽可能地增大启动转矩，以加快启动过程。

对于容量和结构不同的异步电动机，考虑到性质和大小不同的负载，以及电网的容量，解决启动电流大、启动转矩小的问题，要采取不同的启动方式。下面对笼型异步电动机和绕线型转子异步电动机常用的几种启动方法进行讨论。

4.4.1 笼型异步电动机的启动

1. 直接启动

所谓直接启动，就是利用刀开关或接触器将电动机定子绕组直接接到额定电压的电源上，故又称全压启动。直接启动的优点是启动设备和操作都比较简单，其缺点就是启动电流大，启动转矩小。对于小容量异步电动机，因电动机启动电流较小，且体积小，惯性小，启动快，一般来说，对电网、对电动机本身都不会造成影响，故可以直接启动，但必须根据电源的容量来限制直接启动电动机的容量。

笼型异步电动机
的启动

在工程实践中，直接启动可按式（4-7）核定：

$$\frac{I_Q}{I_N} \leqslant \frac{3}{4} + \frac{P_H}{4}P_N \qquad (4-7)$$

式中：I_Q 为电动机的启动电流；I_N 为电动机的额定电流；P_N 为电动机的额定功率（kW）；P_H 为电源的总容量（kV·A）。

如果不能满足式（4-7）的要求，则必须采取限制启动电流的方法进行启动。

2. 三相笼型异步电动机的降压启动

对中、大型笼型异步电动机，可采用降压启动方法，以限制启动电流。待电动机启动完毕，再恢复全压工作。但是降压启动的结果会使启动转矩下降较多，因为 T_Q 与电源电压 U_1 的平方成正比。所以，降压启动只适用于在空载或轻载情况下启动电动机。下面介绍几种常用的降压启动方法。

1）定子电路串接电阻启动

在定子电路中串接电阻启动线路如图 4-16 所示。启动时，先合上电源隔离开关 Q1，将 Q2 扳向"启动"位置，电动机即串入电阻 R_Q 启动。待转速接近稳定值时，将 Q2 扳向"运行"位置，R_Q 被切除，使电动机恢复正常工作情况。由于启动时，启动电流在 R_Q 上产生一定的电压降，使得加在定子绕组的电压降低了，因此限制了启动电流。调节电阻 R_Q 的大小可以将启动电流限制在允许的范围内。采用定子电路串接电阻启动时，虽然降低了启动电流，但也使启动转矩大大减小。

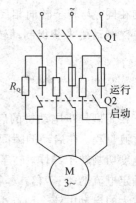

图 4-16　定子串接电阻启动线路图

假设定子电路串电阻启动后，定子端电压由 U_1 降低到 U_1' 时，电动机参数保持不变，则启动电流与定子绕组端电压成正比，于是有

$$\frac{U_1}{U_1'} = \frac{I_{1Q}}{I_{1Q}'} = K_u$$

式中：I_{1Q} 为直接启动电流；I_{1Q}' 为降压后的启动电流；K_u 为启动电压降低的倍数，即电压比，$K_u > 1$。

由式（4-4）可知，在电动机参数不变的情况下，启动转矩与定子端电压的平方成正比，故有 $T_Q = T_Q' = [U_1/U_1']^2 = K_u^2$。显然，启动转矩将大大减小。定子串电阻降压启动，只适用于空载和轻载启动。由于采用电阻降压启动时损耗较大，因此一般用于低电压电动机启动中。

2）星-三角降压启动

对于正常运行时定子绕组规定是三角形连接的三相异步电动机，启动时可以采用星形连接，使电动机每相所承受的电压降低，因而降低了启动电流，待电动机启动完毕，再接成三角形，故称这种启动方式为星-三角降压启动，其接线原理线路如图 4-17 所示。

启动时，先将控制开关 SA2 投向星形位置，将定子绕组接成星形，然后合上电源控制开关 SA1。当转速上升后，再将 SA2 切换到三角形运行的位置上，电动机便接成三角形在全压下正常工作。

下面分析星-三角降压启动时的启动电流与启动转矩。由图 4-18 可知，如果三角形连接直接启动，则电动机电压为

$$U_D = U_N$$

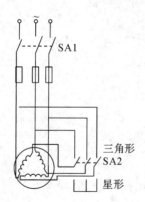

图 4-17　星-三角降压启动的原理线路图

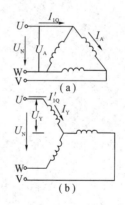

图 4-18　三角形与星形

电网供给电动机的线电流为

$$I_{1Q} = \sqrt{3}\, I_D$$

如果采用星形连接降压启动，由图 4-18(b) 可知，电动机相电压为

$$U_Y = \frac{U_N}{\sqrt{3}}$$

电网供给电动机的线电流为

$$I_{1Q}' = I_Y$$

可见，两种情况下的线电流之比为

$$\frac{I'_{1Q}}{I_Q}=\frac{U_N}{\sqrt{3}}$$

考虑到启动时相电流与相电压成正比，则

$$\frac{I'_{1Q}}{I_{1Q}}=\frac{U_Y}{\sqrt{3}U_D}=\frac{U_N}{\sqrt{3}\cdot\sqrt{3}U_N}=\frac{1}{3}$$

由该式可见，采用星-三角降压启动，电网供给的电流下降为三角形连接时的 1/3。

根据启动转矩与电压成正比的关系，两种情况下的启动转矩比为

$$\frac{T'_Q}{T_Q}=\frac{U_1^2}{U_D^2}=\frac{1}{3}$$

上式说明，星-三角降压启动时转矩降低的百分比与电流降低的百分比相同。由于高电压电动机引出六个出线端子有困难，因此星-三角降压启动一般仅用于 500 V 以下的低压电动机，且又限于正常运行时定子绕组作三角连接。常见电动机的额定电压标为 380/220 V，其含义是：当电源线电压为 380V 时用星形连接，线电压为 220 V 时用三角形连接。显然，当电源线电压为 380 V 时，这类电动机就不能采用星-三角降压启动。星-三角降压启动的优点是启动设备简单，成本低，运行比较可靠，维护方便，所以广为应用。

3）自耦变压器降压启动

自耦变压器降压启动是利用自耦变压器将电网电压降低后再加到电动机定子绕组上，待转速接近稳定值时再将电动机直接接到电网上。其原理如图 4-19 所示。

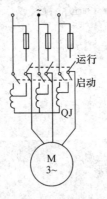

图 4-19 自耦变压器降压启动原理图

启动时，将开关扳到"启动"位置，自耦变压器一次侧接电网，二次侧接电动机定子绕组，实现降压启动。当转速接近额定值时，将开关扳向"运行"位，切除自耦变压器，使电动机直接接入电网全压运行。

为说明采用自耦变压器降压启动对启动电流的限制和对启动转矩的影响，取自耦变压器一相电路分析即可，如图 4-20 所示。已知自耦变压器的电压比 $K_u=N_1/N_2=U_1/U_2=I'_{2Q}/I'_{1Q}$（$U_1$ 为电网相电压，U_2 为加到电动机一相定子绕组上的自耦变压器输出电压，I'_{1Q} 为电网相自耦变压器一次侧提供的降压启动电流，I'_{2Q} 为自耦变压器二次侧提供给电动机的降压启动电流）。

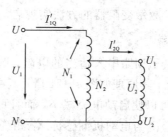

图 4-20　自耦变压器一相电路

设直接启动时，电网提供给电动机的降压启动电流为 I_{1Q}，加给定子绕组的相电压为 U_1，则根据启动电流与定子绕组电压成正比的关系，电动机定子绕组降压前后的电流比为

$$\frac{I'_{2Q}}{I_{1Q}}=\frac{U_2}{U_1}=\frac{1}{K_u} \tag{4-8}$$

且 $I'_{2Q}=K_u I'_{1Q}$，则

$$\frac{I'_{1Q}}{I_{1Q}}=\frac{1}{K_u^2} \tag{4-9}$$

可见，采取自耦变压器降压启动，当定子端电压降低为原来的 $1/K_u$（$U_2=U_1/K_u$）时，电网供给的启动电流降低为原来的 $1/K_u$。启动转矩降低了，比值又如何呢？由启动转矩与电压的平方成正比的关系可知

$$\frac{T'_Q}{T_Q}=\frac{U_2^2}{U_1^2}=\frac{1}{K_u^2}$$

或

$$T'_Q=\frac{T_Q}{K_u^2} \tag{4-10}$$

式（4-10）说明，启动转矩的缩小比例与启动电流的缩小比例相同。

自耦变压器的二次侧上备有几个不同的电压抽头，以供用户选择电压。例如，QJ 型有三个抽头，其输出电压分别是电源电压的 55%、64%、73%，相应的电压比分别为 1.82、1.56、1.37；QJ3 型也有三个抽头，分别为 40%、60%、80%，K_u 分别为 2.5、1.67、1.25。

在电动机容量较大或正常运行时连成星形，并带一定负载启动时，宜采用自耦降压启动。此时应根据负载的情况，选用合适的变压器抽头，以获得需要的启动电压和启动转矩。这时启动转矩仍有削弱，但不致降低 1/3（与星-三角降压启动相比较）。

自耦变压器的体积大，重量重，价格较高，维修麻烦，且不允许频繁移动。自耦变压器的容量一般等于电动机的容量；每小时内允许连续启动的次数和每次启动的时间在产品说明书上都有明确的规定，选配时应注意。

4.4.2　绕线型转子异步电动机的启动

对于笼型异步电动机，无论采用哪一种降压启动方法来减小启动电流，电动机的启动转矩都随着减小。所以，对某些重载下启动的生产机械（如起重机、带运输机等），不仅要限制启动电流，还要求有足够大的启动转矩，在这种情况下就基本上排除了采用笼型转子异步电动机的可能性，而采用启动性能较好的绕线型异步电动机。通常绕线型转子异步电动机用

绕线型转子异步
电动机的启动

转子电路串接启动电阻器或串接频敏变阻器的方法实现启动。

1. 转子电路串接启动电阻器

绕线型转子异步电动机的转子回路串入适当的电阻，既可降低启动电流，又可提高启动转矩，改善电动机的启动性能。其原理如图 4-21 所示。在异步电动机的转子回路中接入适当的电阻（使 R_2 增大），不仅可以使启动电流减小，而且可以使启动转矩增大。如果使转子回路的总电阻（包括串入电阻）R_2 与电动机漏感抗 X_{20} 相等，则启动转矩可达到最大值。

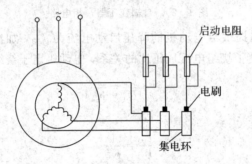

图 4-21　绕线型转子异步电动机的启动

启动时，先将变阻器调到最大位置（如图 4-22 中 R_Q'''），然后合上电源开关，转子便转动起来。随着转速的升高，电磁转矩将沿着 $T_{em}=f(n)$ 曲线而变化，如图 4-22 所示。例如，启动后转速沿曲线 4 变化，转速由零升到某值时，切除一段电阻（由 R_Q''' 减小到 R_Q''），此时电动机的转速跳变（由 a 点到 A 点），使转矩沿曲线 3 变化。之后，将串入的电阻逐渐切除，直到全部切除为止，转速上升到正常转速，此时电动机稳定运行于 D 点（曲线 1）。启动完毕后，要用举刷装置把电刷举起，同时把集电环短接。当电动机停止时，应把电刷放下，且将电阻全部接入，为下次再启动做好准备。

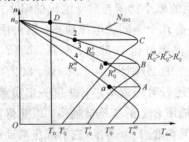

图 4-22　绕线型转子异步电动机的机械特性曲线

绕线型转子异步电动机不仅能在转子回路串入电阻以减小启动电流，增大启动转矩，而且还可以在小范围内进行调速，因此广泛地应用于启动较困难的机械（如起重吊车、卷扬机等）上。但它的结构比笼型异步电动机复杂，造价高，效率也稍低，在启动过程中，当切除电阻时，转矩突然增大，会在机械部件上产生冲击；当电动机容量较大时，转子电流很大，启动设备也将变得庞大，操作和维护工作量大。为了克服这些缺点，目前多采用频敏变阻器作为启动电阻。

2. 转子电路串接频敏变阻器

频敏变阻器是一个三相铁芯绕组（三相绕组接成星形），铁芯一般做成三柱式，由几片或几十片较厚（30～50 mm）的 E 形钢板或铁板叠装制成，其结构和启动线路如图 4-23 所示。

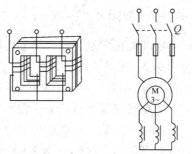

（a）频敏变阻器的结构示意图　（b）启动线路图

图 4-23　频敏电阻器降压启动

电动机启动时，电阻绕组中的三相交流电通过频敏变阻器，在铁芯中便产生交变磁通，该磁通在铁芯中产生很强的涡流，使铁芯发热，产生涡流损耗，频敏变阻器线圈的等效电阻随着频率的增大而增加，由于涡流损耗与频率的平方成正比，当电动机启动（$s=1$）时，转子电流（即频敏变阻器线圈中通过的电流）频率最高（$f_2=f_1$），因此频敏变阻器的电阻和感抗最大。启动后，随着转子转速的逐渐升高，转子电流频率（$f_2=sf_1$）便逐渐降低，于是频敏变阻器铁芯中的涡流损耗及等效电阻也随之减小。实际上，频敏变阻器相当于一个电抗器，它的电阻是随交变电流的频率而变化的，它正好满足了绕线型转子异步电动机的启动要求。

由于频敏变阻器在工作时总存在着一定的阻抗，使得机械特性比固有机械特性软一些，因此，在启动完毕后，可用接触器将频敏变阻器短接，使电动机在固有特性上运行。

新技术电机

频敏变阻器是一种静止的无触点变阻器，它具有结构简单、启动平滑、运行可靠、成本低廉、维护方便等优点。

【例 4-3】　现有一台异步电动机铭牌数据如下：$P_N=10$ kW，$n_N=1460$ r/min，$U_N=380/220$ V，星-三角连接，$\eta_N=0.868$，$\cos\varphi_{1N}=0.88$，$I_Q/I_N=6.5$，$T_Q/T_N=1.5$，试求：

（1）额定电流和额定转矩；

（2）电源电压为 380 V 时，电动机的接法及直接启动的启动电流和启动转矩；

（3）电源电压为 220 V 时，电动机的接法及直接启动的启动电流和启动转矩；

（4）采用星-三角启动，求其启动电流和启动转矩，并分析此时能否带 $60\%T_N$ 和 $25\%T_N$ 负载转矩。

解　（1）

$$I_N=\frac{P_N}{\eta_N\sqrt{3}U_N\cos\varphi_N}$$

星形连接时，$U_N=380$ V，故相应额定电流：

$$I_N=\frac{10\times10^3}{0.868\times\sqrt{3}\times380\times0.88}=19.9 \text{ A}$$

三角形连接时，$U_N=220$ V，则相应额定电流：

$$I_{NY}=\frac{10\times10^3}{0.868\times\sqrt{3}\times220\times0.88}=34.4 \text{ A}$$

不管星形连接还是三角形连接，定子绕组相电压相同（等于其额定相电压），则

$$T_N = 9550 \frac{P_N}{n_N} = 9550 \times \frac{10}{1460} \text{ N} \cdot \text{m} = 65.4 \text{ N} \cdot \text{m}$$

（2）电源电压为 380 V 时，电动机正常运行应为星形连接，直接启动时，有：

$$I_{QY} = 6.5 I_{NY} = 6.5 \times 19.9 \text{ A} = 129.35 \text{ A}$$

$$T_{QY} = 1.5 T_N = 1.5 \times 65.4 \text{ N} \cdot \text{m} = 98.1 \text{ N} \cdot \text{m}$$

（3）电源电压为 220 V 时，电动机正常运行应为三角形连接，直接启动时，有：

$$I_{QD} = 6.5 I_{ND} = 6.5 \times 34.4 \text{ A} = 223.6 \text{ A}$$

$$T_{ND} = 1.5 T_N = 1.5 \times 65.4 \text{ N} \cdot \text{m} = 98.1 \text{ N} \cdot \text{m}$$

（4）星-三角启动只适用于正常运行为三角形的电动机，故正常运行时应为三角形连接，相应电源电压为 220 V。启动时为星形连接，定子绕组相电压等于其额定相电压的 $1/\sqrt{3}$，即 127 V。所以

$$I_{QY} = \frac{1}{3} \times I_{QD} = \frac{1}{3} \times 224 \text{ A} = 74.7 \text{ A}$$

$$T_{QY} = \frac{1}{3} \times T_{ND} = \frac{1}{3} \times 98.1 \text{ N} \cdot \text{m} = 32.7 \text{ N} \cdot \text{m}$$

$60\% T_N$ 负载下启动时的反抗转矩：

$$T_{2Q} = 0.6 T_N = 0.6 \times 65.4 \text{ N} \cdot \text{m} = 39.2 \text{ N} \cdot \text{m}$$

$T_{2Q} > T_{QY}$，故不能移动。

$25\% T_N$ 负载下启动时的反抗转矩：

$$T_{2Q} = 0.25 T_N = 0.25 \times 65.4 \text{ N} \cdot \text{m} = 16.4 \text{ N} \cdot \text{m}$$

$T_{2Q} < T_{QY}$，故能启动。

通过以上计算可知，采用不同的启动方法，其启动电流及启动转矩的大小是不同的。要使电动机带负载启动，必须使启动转矩大于反抗转矩。

4.5 三相异步电动机正反转控制线路

单向转动的控制线路比较简单，但是只能使电动机朝一个方向旋转，带动生产机械的运动部件朝一个方向运动。很多生产机械往往要求运动部件能向正反两个方向运动，如机床工作台的前进和后退，万能铣床主轴的正反转，起重机的上升和下降等。当改变通入电动机定子绕组的三相电源相序，即把接入电动机三相电源进线中的任意两相对调接线时，电动机就可以反转。下面介绍几种常用的正反转控制线路。

4.5.1 接触器联锁的正反转控制线路

接触器联锁的正反转控制线路如图 4-24 所示。

线路中采用了两个接触器，即正转用的接触器 KM1 和反转用的接触器 KM2，它们分别用正转按钮 SB2 和反转按钮 SB3 控制。从主电路中可以看出，这两个接触器的主触点所接通的电源相序不同，KM1 按 L1—L2—L3 相序接线，KM2 则按 L3—L2—L1 相序接线。

由主电路可看出，接触器 KM1 和 KM2 的主触点不允许同时闭合，否则将造成两相电

接触器联锁的
正反转控制线路

源短路事故。为了避免两个接触器同时得电动作，在正反转控制电路中分别串接了对方接触器的一对辅助常闭触点，这样当一个接触器得电动作时，通过其常闭触点使另一个接触器不得电动作，接触器间这种相互制约的作用叫接触器联锁，用"▽"表示。

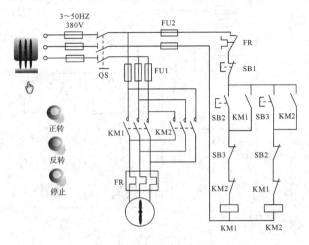

图 4-24　接触器联锁的正反转控制线路

线路的工作原理如下：

（1）先合上电源开关 QS。

（2）正转控制：

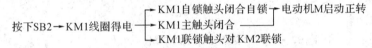

（3）反转控制：

由以上分析可见，该线路的优点是工作可靠，但缺点是操作不便，正、反转变换时需要按下停止按钮。

为了克服接触器联锁的正反转控制线路操作不便的缺点，可以采用按钮联锁的正反转控制线路，这种正反转控制线路的工作原理与接触器联锁的正反转控制线路的工作原理基本相同，只是电动机正转变反转时，直接按下反转按钮 SB2 即可实现，不必先按停止按钮，就可以正反转直接改变。这种线路的优点是操作方便，但是有严重缺点：容易产生电源两相短路事故。例如，当正转接触器 KM1 发生主触点熔焊或杂物卡住等故障时，即使 KM1 线圈失电，主触点也分断不开，这时若直接按下反转按钮，KM2 得电动作，触点闭合，必然造成短路事故，所以采用此线路工作有一定的安全隐患。在实际工作中，经常采用按钮、接触器双重联锁的正反转控制线路。

4.5.2　按钮、接触器双重联锁的正反转控制线路

为了克服接触器联锁的正反转控制线路和按钮联锁的正反转控制线路的不足，在按钮

联锁的基础上增加了接触器联锁,构成按钮、接触器双重联锁的正反转控制线路,如图 4-25 所示。

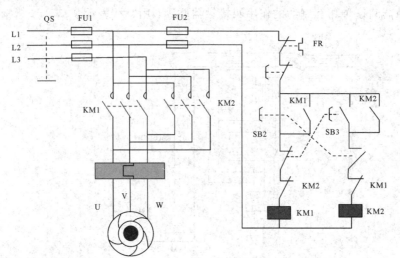

图 4-25 按钮、接触器双重联锁的正反转控制线路

该线路兼有两种线路联锁控制线路的优点,操作方便,且工作安全可靠。

线路工作原理如下:

(1) 合上电源开关 QS。

(2) 正转控制:

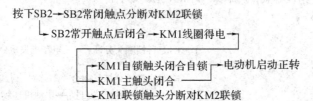

(3) 反转控制:

若要停止,可按下 SB1,整个控制电路失电,电动机停转。

4.6 三相交流异步电动机的调速

在工业生产中,为了获得最高的生产率和保证产品加工质量,常要求生产机械能在不同的转速下工作。如果采用电气调速,则可大大简化机械变速机构。

由异步电动机的转速表达式:

$$n = n_1(1-s) = \frac{60f_1}{p}(1-s) \qquad (4-11)$$

可知，要调节异步电动机的转速，可采用改变电源频率 f_1、极对数 p 以及转差率 s 等三种方法来实现。

4.6.1　变极调速

变极调速

在电源频率恒定的条件下，改变定子绕组形成的磁场极对数 p，就可以改变同步转速 n_1 和相应的转子转速 n，称为变极调速。此法只适用于笼型电动机，因为笼型转子绕组的极对数是感应产生的，随定子磁场极对数改变而自动改变，使两磁场极对数保持一致，从而形成有效的平均电磁转矩。

交流电动机定子绕组磁动势的极对数取决于绕组中电流的方向，因此改变绕组接线使绕组内电流方向改变，就能够改变极对数 p。常用的单绕组变极电动机其定子上只装一套三相绕组，就是通过改变绕组连接方式来达到改变极对数 p 的目的。例如，若采用如图 4 - 26(b)所示的绕组连接方式，则可获得如图 4 - 26(a)所示的 $p=4$ 的极对数；若改变成如图 4 - 27(b)所示的连接方式，使半数绕组中的电流方向改变，则可得到如图 4 - 27(a)所示的 $p=2$ 的极对数。

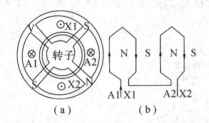

图 4 - 26　$2p=4$ 的绕组和极数

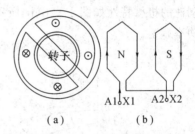

图 4 - 27　$2p=2$ 的绕组和极数

单绕组变极可以使定子绕组磁动势极对数成倍数关系改变，从而获得倍极比(如 2/4 极、4/8 极)的双速电机，也可以获得非倍极比(如 4/6 极、6/8 极)的双速电机，还可以获得极数比为 2/4/8 和 4/6/8 的三速电机。

4.6.2　变频调速

变频调速

根据转速公式可知，当转差率 s 变化不大时，异步电动机的转速 n 基本上与电源频率 f_1 成正比。连续调节电源频率，就可以平滑地改变电动机的转速。但是单一地调节电源频率，将导致电动机运行性能的恶化，其原因分析如下：

电动机正常运行时，定子漏阻抗压降很小，可以认为 $U_1 \approx E_1 = 4.44 f_1 N_1 k_{w1} \Phi_0$。

若端电压 U_1 不变，则当频率 f_1 减小时，主磁通 Φ_0 将增加，这将导致磁路过分饱和，励磁电流增大，功率因数降低，铁芯损耗增大，而当 f_1 增大时，Φ_0 将减小，电磁转矩及最大转矩下降，过载能力降低，电动机的容量也得不到充分利用。因此，为了使电动机能保持较好的运行性能，要求在调节 f_1 的同时，改变定子电压 U_1，以维持 Φ_0 不变，或者保持电动机的过载能力不变。U_1 随 f_1 按什么样的规律变化最为合适呢？一般认为，在任何类型负载下变频调速时，若能保持电动机的过载能力不变，则电动机的运行性能较为理想。

目前随着电力电子技术的发展，已出现了各种性能良好、工作可靠的变频调速电源装置，将促进变频调速的广泛应用。额定频率时称为基频，调频时可以从基频向下调，也可从基频向上调。

1. 从基频向下调的变频调速(保持 U_1/f_1 = 恒值，即恒转矩调速)

如果频率下调，而端电压 U_1 为额定值，则随着 f_1 下降，气隙每极磁通 Φ_0 增加，使电动机磁路进入饱和状态。过饱和时，会使激磁电流迅速增大，使电动机运行性能变差。因此，变频调速应设法保证 Φ_0 不变。若保持 U_1/f_1 = 恒值，则电动机最大电磁转矩 T_m 在基频附近可视为恒值，在频率更低时，随着频率 f_1 下调，最大转矩 T_m 将变小。其机械特性如图4-28(a)所示。可见，这种调速方式近似于恒转矩调速。

2. 从基频向上调的变频调速

电动机端电压是不允许升高的，因此升高频率 f_1、向上调节电动机转速时，其端电压仍应保持不变。这样，f_1 增加，则磁通 Φ_0 降低，属减弱磁场的调速类型。此时电动机最大电磁转矩 T_m 及其临界转差率 s_m 与频率 f_1 的关系可近似表示为

$$T_m \propto \frac{1}{f_1^2}, \quad s_m \propto \frac{1}{f_1} \tag{4-12}$$

变频调速的机械特性如图4-28(b)所示，其运行段近似是平行的，这种调速方式可近似认为恒功率调速。

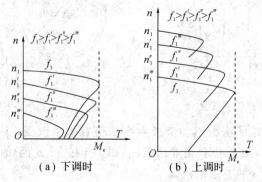

图4-28 变频调速的机械特性

把基频以下和基频以上两种情况合起来，可以得到如图4-29所示的异步电动机变频调速控制特性。图4-29中，曲线1为不带定子电压补偿时的控制特性，曲线2为带电压补偿时的控制特性。如果电动机在不同转速下都具有额定电流，则电动机都能在温升允许条件下长期运行，这时转矩基本上随磁通变化而变化，即在基频以下属于恒转矩调速，而在基频以上属于恒功率调速。如果 f_1 是连续可调的，则变频调速是无级调速。

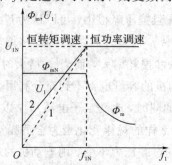

图4-29 异步电动机变频调速控制特性

3. 变频装置简介

要实现异步电动机的变频调速，必须有能够同时改变电压和频率的供电电源。现有的交流供电电源都是恒压恒频的，所以必须通过变频装置才能获得变压变频电源。变频装置分为间接变频和直接变频两类。间接变频装置先将工频交流电通过整流器变成直流，然后经过逆变器将直流变成可控频率的交流，通常称为交-直-交变频装置。直接变频装置则将工频交流一次变换成可控频率的交流，没有中间直流环节，也称为交-交变频装置。目前应用较多的还是间接变频装置。

1) 间接变频装置(交-直-交变频装置)

图 4-30 给出了间接变频装置的主要构成环节。按照不同的控制方式，其结构分为如图 4-31(a)、(b)、(c)所示的三种。

图 4-30　间接变频装置(交-直-交变频装置)

图 4-31 (a)是用可控整流器变压、用逆变器变频的交-直-交变频装置。调压和调频分别在两个环节上进行，两者要在控制电路上协调配合。这种装置结构简单，控制方便，但是由于输入环节采用可控整流器，因此当电压和频率调得较低时，电网端的功率因数较低；输出环节多用晶闸管组成的三相六拍逆变器(每周换流六次)，输出的谐波较大。这是此类变频装置的主要缺点。

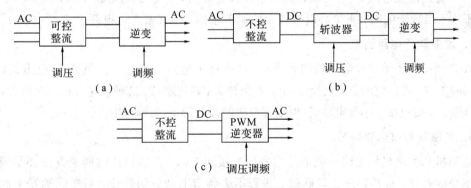

图 4-31　间接变频装置的各种结构形式

图 4-31(b)是用不控整流器整流、用斩波器变压、用逆变器变频的交-直-交变频装置。整流器采用二极管不控整流器，增设斩波器进行脉宽调压。这样虽然多了一个环节，但输入功率因数高，克服了图 4-31(a)的第一个缺点。该结构输出逆变环节不变，仍有谐波较大的问题。

图 4-31(c)是用不控整流器整流、用脉宽调制(PWM)逆变器同时变压变频的交-直-交变频装置。该结构用不控整流器整流，因而输入端功率因数高；用 PWM 逆变，因而谐波可以减少。这样可以克服图 4-31(a)的两个缺点。

2）直接变频装置（交-交变频装置）

直接变频装置的结构如图4-32所示。该装置只用一个变换环节就可以把恒压恒频的交流电源变换成变压变频电源。这种变频装置输出的每一相都是一个两组晶闸管整流装置反并联的可逆线路（见图4-33）。正、反两组按一定周期相互切换，在负载上就可获得交变的输出电压 u_o。u_o 的幅值取决于各组整流装置的控制角，u_o 的频率取决于两组整流装置的切换频率。当整流器的控制角和这两组整流装置的切换频率不断变化时，即可得到变压变频的交流电源。

图4-32　直接（交-交）变频装置

图4-33　交-交变频装置一相电路

4.6.3　变转差率调速

改变转差率调速方法有：改变电压调速，改变转子电阻调速，电磁转差离合器调节等。

变转差率调速

1. 改变电压调速

当改变外加电压时，由于 $T_m \propto U_1^2$，所以最大转矩随外加电压 U_1^2 而改变。当负载转矩 T_2 不变，电压由 U_1 下降至 U_1' 时，转速将由 n 降为 n'（转差率由 s 上升至 s'）。所以通过改变电压 U_1 可实现调速。这种调速方法，当转子电阻较小时，能调节速度的范围不大；当转子电阻大时，可以有较大的调节范围，但又增大了损耗。

2. 改变转子电阻调速

改变绕线型转子异步电动机的转子电路（在转子电路中接入一变阻器），电阻越大，曲线越偏向下方。在一定的负载转矩 T_2 下，电阻越大，转速越低。这种调速方法损耗较大，调整范围有限，主要应用于小型电动机（例如起重机的提升设备）的调速中。

3. 电磁转差离合器调节

电动机和生产机械之间一般都是用机械连接起来的。前面讲述的调速方法都是调节电动机本身的转速，显然调速比较麻烦。能否不去调节电动机的转速，而在联轴器上想办法呢？电磁转差离合器就是一种利用电磁方法来实现调速的联轴器。

电磁离合器是由电枢和感应子两部分组成的，这两部分没有机械的连接，都能自由地围绕同一轴心转动，彼此间的圆周气隙为 0.5 mm。

一般情况下，电枢与异步电动机硬轴连接，由电动机带动它旋转，称为主动部分，其转速由异步电动机决定，是不可调的；感应子则通过联轴器与生产机械固定连接，称为从动部件。

当感应子上的励磁线圈没有电流通过时，由于主动与从动之间无任何联系，显然主动轴以转速 n_1 旋转，但从动轴不动，相当于离合器脱开。当通入励磁电流以后，建立了磁场，形成如图4-34所示的磁极，使得电枢与感应子之间有了电磁联系，当二者之间有相对运动时,便在电枢铁芯中产生涡流,电流方向由右手定则确定。根据载流导体在磁场中的受力作用,电枢受力方向由左手定则确定。但由于电枢已由异步电动机拖动旋转,根据作用力与反作用力大小相等、方向相反的原理,该电磁力形成的转矩 T 要迫使感应子连同负载沿着电枢同方向旋转,将异步电动机的转矩传给生产机械(负载)。

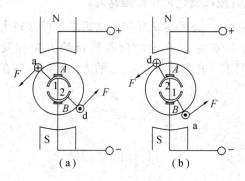

图 4-34　电枢和磁极作用原理图

由上述电磁离合器的工作原理可知,感应子的转速要小于电枢转速,即 $n_2 < n_1$,这一点完全与异步电动机的工作原理相同,故称这种电磁离合器为电磁转差离合器。由于电磁转差离合器本身不产生转矩与功率,只能与异步电动机配合使用,起着传递转矩的作用,通常异步电动机和电磁转差离合器装为一体,因此又统称为转差电动机或电磁调速异步电动机。

图 4-35 所示是电磁转差离合器调速系统的结构原理框图,主要包括异步电动机、电磁转差离合器、直流电源、负载等。

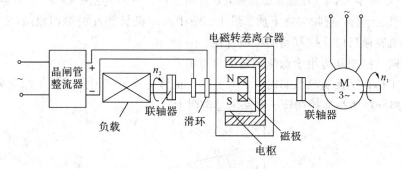

图 4-35　电磁转差离合器调速系统

电磁调速异步电动机具有结构简单、可靠性好、维护方便等优点,而且通过控制励磁电流的大小可实现无级平滑调速,所以广泛应用于机床、起重、冶金等生产机械上。

4.7　三相交流异步电动机制动技术

三相异步电动机的电磁转矩 T_{em} 与转速 n 方向相同时,电动机就处于电动状态,此时,电机从电网吸收电能并转换为机械能向负载输出,电机运行于机械特性的一、三象限。电动机在拖动负载的工作中,只要电磁转矩 T_{em} 与转速 n 的方向相反,电动机就处于制动运行状态,此时电动机运行于机械特性的二、四象限。异步电动机制动运行的作用仍然是快速减速或停车和匀速下放重物。和三相交流异步电动机一样,异步电动机的制动状态也分为三种，即回馈制动、反接制动和能耗制动。

4.7.1 三相异步电动机的反接制动

反接制动

1. 转速反向反接制动(或称倒拉反向反接制动)

转速反向反接制动如图 4-36 所示，异步电动机转子串接较大电阻接通电源，启动转矩的方向与重物 G 产生的负载转矩的方向相反，而且 $T_{st} < T_L$，在重物 G 的作用下，迫使电动机反 T_{st} 的方向旋转，并在重物下放的方向加速。其转差率 s 为

$$s = \frac{n_1 - (-n)}{n_1} > 1 \qquad (4-13)$$

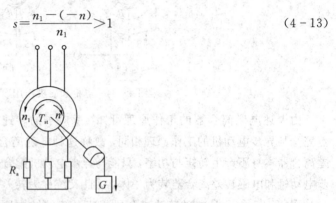

图 4-36 电动机转速反向反接制动电路图

随着 $|-n|$ 的增加，s、I_2 及 T_{em} 都增大，直到满足 $T = T_L$(见图 4-37 中 B 点)，电动机以转速 $-n_2$ 稳定运行，重物匀速下放。图 4-37 中所示机械特性的第四象限(实线部分)即为异步电动机转速反向反接制动的机械特性。

转速反向反接制动适用于低速匀速下放重物。

电动机工作在反接制动状态时，由轴上输入机械功率，定子又通过气隙向转子输送电功率，这两部分功率都消耗在转子电路的总电阻上。

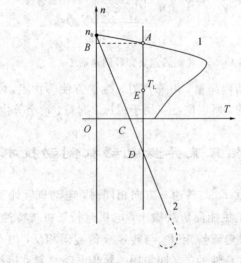

图 4-37 转速反向反接制动时的异步电动机特性

2. 定子两相反接的反接制动

设异步电动机带反抗性负载原来稳定运行于电动状态(如图 4 - 38(b)中的 A 点),为了迅速停车或反转,可将定子两相反接,并同时在绕线型异步电动机转子回路中接电阻 R_f,如图 4 - 38(a)所示。由于定子相序的改变,使旋转磁场的方向发生改变,从而使异步电动机的工作点从原来电动机运行机械特性上的 A 点转移到新的机械特性(通过 $-n_1$ 的特性)上的 B 点。此时,由于转子切割磁场的方向与电动状态时相反,因此感应电动势的方向也改变。此时的转差率为

$$s = \frac{-n_1 - n}{-n} = \frac{n_1 + n}{n_1} > 1 \tag{4-14}$$

由式(4 - 14)可知,$s > 1$ 是反接制动的特点(含转速反向和两相反接两种制动)。

两相反接时,E_2、sE_2、I_2 及 T_{em} 都与电动状态时相反,即电动机转矩变负,与负载转矩共同作用下,使电动机转速很快下降,如图 4 - 38(b)中的 BC 段。当转速降至零(即 c 点)时,如不切除电源,则电动机反向加速而进入反向电动状态(对应于 CD 段)。当加速到 D 点时,电动机稳定运转,从而实现了反转。

以上分析是电动机带反抗性负载的情况,当电动机带位能性负载、用两相反接时,负载转矩不变,但电磁转矩 T_{em} 变负,在电磁转矩 T_{em} 和负载转矩 T_L 的共同作用下,使电动机减速,直到转速为零时,在 T_{em} 和 T_L 的作用下,电动机反向启动并加速。随转子反向加速,电磁转矩仍为负,但绝对值减小,直到转速达 $-n_1$ 时,$T_{em} = 0$。由于负载的作用,转速继续升高,此时 $T_{em} > 0$,直到 $T_{em} = T_L$,电动机才稳定运行于图 4 - 38(b)中的 E 点。

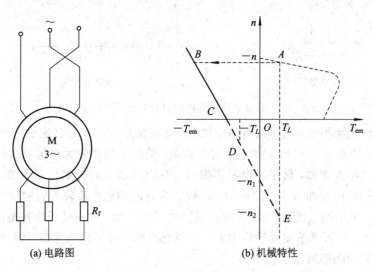

(a) 电路图   (b) 机械特性

图 4 - 38 异步电动机定子两相反接的电路图与机械特性

定子两相反接制动,无论负载性质如何,都是指两相反接开始到转速为零为止这个过程。两相反接制动的优点是制动效果好,缺点是能耗大,制动准确度差,如要停车,还必须由控制线路及时切除电源。这种制动适用于要求迅速停车并迅速反转的生产机械。

异步电动机带位能性负载时,两相反接使转速反转后,在图 4 - 38(b)上 D 点不能稳定运行,还将继续反向加速,当 $|-n| > |-n_1|$ 时,电动机进入反向回馈制动状态。

应当指出,上述两种反接制动,虽然电动机轴上都有机械功率输入,但有所不同。在转

速反向的反接制动时，这部分机械功率由位能性负载提供；而定子两相反接制动，则由整个转动部分所储存的动能提供。因此，前者可恒速运转，后者只能减速，因为储存的动能随转速的降低而减小，以致不能保持恒速运转。

4.7.2　三相异步电动机的能耗制动

能耗制动

设异步电动机原在图 4-39(b) 中的 A 点运行，此时，图 4-39(a) 中 KM2 的触点断开，KM1 闭合。为了迅速停车，断开 KM1 使电机脱离电网，并立即闭合 KM2，则定子两相绕组通入直流，在定子内形成一个固定磁场。此时转子因惯性继续旋转，导线切割磁场，在转子中产生感应电动势及感应电流。根据左手定则可确定转矩的方向与转速的方向相反（根据定子磁场与转子电流有功分量的方向确定），故为制动转矩。

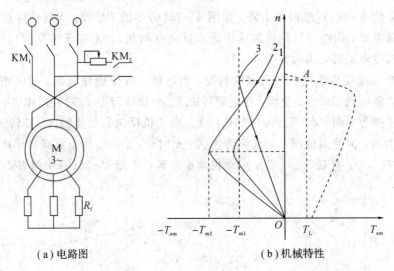

(a) 电路图　　　　　　　　(b) 机械特性

图 4-39　异步电动机能耗制动的电路图及机械特性

当直流励磁电流不变，转子内电阻增加时，对应的最大转矩的转速也增加 $(s_m \propto r_2)$，但最大转矩不变，如图 4-39(b) 中曲线 1 与 3 所示。曲线 3 为串较大电阻时的特性。

当直流励磁电流增加，转子串电阻不变时，对应的最大转矩的转速不变，但最大转矩增大，如图 4-39(b) 中曲线 1 与 2 所示，曲线 2 为直流励磁电流较大时的特性。

由图 4-39(b) 所示的能耗制动时的机械特性可以看出，改变转子串接电阻或定子直流励磁电流的大小，都可调节制动转矩的大小。当电动机转速下降为零时，制动转矩也为零，因此采用能耗制动能准确停车。

在绕线型异步电动机的拖动系统中，采用能耗制动可以使系统迅速停车。

4.7.3　三相异步电动机的回馈制动

回馈制动

当异步电动机因某种外因，例如在位能负载的作用（图 4-40 为重物的作用）下，使转速 n 高于同步转速 n_1，即 $n > n_1$ 时，$s < 0$，转子感应电动势 sE_2 反向。

此时，$\dot{U}_1$ 和 $\dot{I}_1$ 之间的相位差 φ_1 大于 90°，则定子功率 $P_1 = m_1 U_1 I_1$

$\cos\varphi_1$ 为负，说明定子向电网回馈电能。又由于转子电流的有功分量 $I_2'\cos\varphi_2$ 为负，则电磁转矩 $T_{em}=C_T'\Phi_0 I_2'\cos\varphi_2$ 也变负，T_{em} 与 n 反向，故此时异步电动机既回馈电能，又产生制动转矩，说明电动机处于回馈制动状态。

回馈制动时，电动机轴上输出的机械功率 $P_2=T_0$，因 T_{em} 变负而变负，故此时异步电动机由轴上输入（即吸收）机械功率。

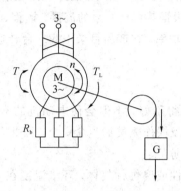

图 4-40　位能负载带动异步电动机进入回馈制动

回馈制动时，T_{em} 为负，n 为正，且 $n>n_1$，当制动转矩与负载位能转矩相等时，电动机在机械特性第二象限的某点稳定运行。

由图 4-40 可知，当异步电动机拖动位能性负载下放重物时，若负载转矩 T_L 不变，则转子所串电阻越大，转速越高。为了避免因转速高而损坏电动机，在回馈制动时，转子回路中不串电阻。

回馈制动时，异步电动机处于发电状态，不过如果定子不接电网，则电动机不能从电网吸取无功电流而建立磁场，就发不出有功电能。这时，在异步电动机三相定子出线端并上三相电容器提供无功功率即可发出电来，这便是所谓的自励式异步发电机。

回馈制动常用于高速且要求匀速下放重物的场合。

实际上，除了下放重物时产生回馈制动外，在变极或变频调速过程中也会产生回馈制动。

4.8　三相异步电动机的使用、维护和检修

4.8.1　正确使用三相异步电动机

1. 电动机的选择原则

合理选择电动机是正确使用电动机的前提。电动机品种繁多，性能各异，选择时要全面考虑电源、负载、使用环境等诸多因素。对于与电动机使用相配套的控制电器和保护电器的选择也是同样重要的。

正确使用三相
异步电动机

（1）类型的选择。异步电动机有笼型和绕线型两种。笼型电动机结构简单，维修容易，价格低廉，但启动性能较差，一般空载或轻载启动的生产机械方可选用。绕线型电动机启动转矩大，启动电流小，但结构复杂，启动和维护较麻烦，只用于需要大启

动转矩的场合，如起重设备等，还可用于需要适当调速的机械设备。

（2）转速的选择。异步电动机的转速接近同步转速，而同步转速（磁场转速）是以磁极对数 p 来分挡的，在两挡之间没有转速。电动机转速选择的原则是使其尽可能接近生产机械的转速，以简化传动装置。

（3）容量的选择。电动机容量（功率）大小的选择是由生产机械决定的。也就是说，由负载所需的功率决定的。例如，根据某台离心泵的流量、扬程、转速、水泵效率等，计算其容量为 39.2 kW，这样根据计算功率，在产品目录中找一台转速与生产机械相同的 40 kW 电动机即可。

2. 电动机的安装原则

若安装电动机的场所选择得不好，不但会使电动机的寿命大大缩短，也会引起故障，还会损坏周围的设备，甚至危及操作人员的生命安全，因此，必须慎重考虑安装场所。

电动机的安装应遵循如下原则：

（1）在有大量尘埃、爆炸性或腐蚀性气体，环境温度在 40℃ 以上以及水中等场所，应该选择具有合适防护形式的电动机。

（2）一般场所安装电动机，要注意防止潮气。不得已的情况下要抬高基础，安装换气扇排潮。

（3）通风条件要良好。环境温度过高会降低电动机的效率，甚至使电动机过热烧毁。

（4）灰尘要少。灰尘过多会附在电动机的线圈上，使电动机绝缘电阻降低，冷却效果恶化。

（5）安装地点要便于对电动机的维护、检查。

3. 电动机的接地装置

电动机的绝缘如果损坏，则运行中机壳就会带电。一旦机壳带电而电动机又没有良好的接地装置，当操作人员接触到机壳时，就会发生触电事故。因此，电动机的安装、使用一定要有接地保护。在电源中性点直接接地系统中，采用保护接中性线，在电动机密集地区应将中性线重复接地。在电源中性点不接地系统中，应采用保护接地。

接地装置包括接地极和接地线两部分。接地极通常用钢管或角钢等制成。钢管多采用 ϕ50 mm，角钢采用 45 mm×45 mm，长度为 2.5 m。接地极应垂直埋入地下，每隔 5 m 打一根，其上端离地面的深度不应小于 0.5～0.8 m，接地极之间用 5 mm×50 mm 的扁钢焊接。

接地线最好用裸铜线，截面积不小于 16 mm²。接地线一端固定在机壳上，另一端和接地极焊牢。容量 100 kW 以下的电动机保护接地，其电阻不应大于 10 Ω。

下列情况可以省略接地：

（1）设备的电压在 150 V 以下。

（2）设备置于干燥的木板地上或绝缘性能较好的物体上。

（3）金属体和大地之间的电阻在 100 Ω 以下时。

4. 开车前的检查

对新安装或停用 3 个月以上的电动机，在开车前必须按使用条件进行必要的检查，检查合格方能通电运行。应检查的项目如下：

（1）检查电动机绕组绝缘电阻。对额定电压在 380 V 及以下的电动机，三相定子绕组对地绝缘电阻和相间绝缘电阻应不小于 0.5 MΩ。如果绝缘电阻偏低，则应进行烘烤后再测。

（2）检查电动机的连接、所用电源电压是否与铭牌规定符合。

（3）对反向运行可能损坏设备的单相运转电动机，必须首先判断通电后的可能旋转方向。判断方法是在电动机与生产机械连接之前通电检查，并按正确转向连接电源线，此后不得再更换电源相序。

（4）检查电动机的启动、保护设备是否符合要求，检查内容包括：启动、保护设备的规格是否与电动机配套，接线是否正确，所装熔体规格是否恰当，熔断器安装是否牢固，这些设备和电动机外壳是否妥善接地。

（5）检查电动机的安装情况。检查电动机端盖螺丝、地脚螺丝、与联轴器连接的螺钉和销子是否紧固，松紧度是否合适，联轴器或皮带轮中心线是否校准，机组的转子是否灵活，有无非正常的摩擦、卡塞、窜动和异响等。

5. 启动注意事项

（1）通电后如电动机不转、转速很低或有嗡嗡声，必须迅速拉闸断电，否则会导致电动机烧毁，甚至危及线路及其他设备。断电后，查明电动机不能启动的原因，排除故障后再重新试车。

（2）电动机启动后，留心观察电动机、传动机构、生产机械等的动作状态是否正常，电流、电压表是否符合要求。如有异常，应立即停机，检查并排除故障后重新启动。

（3）注意限制启动电流次数。因为启动电流很大，所以若连续启动次数太多，则可能损坏绕组。

（4）通过同一电网供电的几台电动机，应尽可能避免同时启动，最好按容量不同从大到小逐一启动。因为同时启动的大电流将使电网电压严重下降，不仅不利于电动机的启动，还会影响电网对其他设备的正常供电。

6. 电动机运行中的检查

（1）电动机在正常运行时的温度不应超过允许的限度。运行时，值班人员应注意经常监视各部位的温升情况。

（2）监视电动机的负载电流。电动机过载或发生故障时，都会引起定子电流剧增，使电动机过热。电气设备都应有电流表，用于监视电动机负载电流，正常运行的电动机负载电流不应超过铭牌上所规定的额定电流值。

（3）监视电源电压、频率的变化和电压的不平衡度。电源电压和频率的过高或过低，三相电压的不平衡都会造成电流不平衡，都可能引起电动机过热或其他不正常现象。电流不平衡度不应超过 10%。

（4）注意电动机的气味、振动和噪声。绕组因温度过高会发出绝缘焦味。有些故障，特别是机械故障，很快会反映为振动和噪声，因此在闻到焦味或发现不正常的振动或碰擦声、特大的嗡嗡声或其他杂音时，应立即停电检查。

（5）经常检查轴承发热、漏油情况，定期更换润滑油，滚动轴承滑脂不宜超过轴承室容积的 70%。

（6）对绕线型转子电动机，应检查电刷与集电环间的接触、电刷磨损以及火花情况，如火花严重则必须及时清理集电环表面，并校正电刷弹簧压力。

（7）注意保持电动机内部清洁，不允许有水滴、油污以及杂物等落入电动机内部。电动机的进风口必须保持畅通无阻。

4.8.2　三相异步电动机的定期检查和保养

电动机除了在运行中应进行必要的维护外，无论是否出现故障，都应定期维修。这是消除隐患、减少和防止故障发生的重要措施。定期维修分为小修和大修两种。小修只作一般检查，对电动机和附属设备不作大的拆卸，大约每半年或更短的时间进行一次；大修则应全面解体检查，大约一年进行一次。

三相异步电动机
的定期检查和保养

1. 定期小修项目

每月应该定期进行下列检查与维修：

（1）测量电动机的绝缘电阻。

（2）检查接地是否安全。

（3）检查润滑油、润滑脂的消耗程度和变质情况。

（4）检查电刷的磨损情况。

（5）检查各个紧固螺钉是否松动。

（6）检查是否有损坏的部件。

（7）检查接线有没有损伤。

（8）清除设备上的灰尘和油泥。

2. 定期大修项目

电动机最好每年大修一次，大修的目的在于对电动机进行一次全面、彻底的检查、维护，发现问题，及时处理。大修的主要工作包括以下几方面：

（1）轴承的精密度检查。

（2）电动机静止部分的检查。

（3）电动机转动部分的检查。

（4）若发现较多问题，则应该拆开电动机进行全面的修理或更换电动机。

4.8.3　三相异步电动机的常见故障及处理方法

电动机的故障包括机械故障和电气故障两个方面。三相笼型转子异步电动机是所有电动机中工作最可靠、最耐用的电动机。它的转子电路发生故障的机会较少，定子电路发生故障的机会较多，但不外乎断路或短路两种情况。下面把三相异步电动机的常见故障和检查处理方法列于表4-6中，供应用时参考。

三相异步电动机
的常见故障及
处理方法

表 4 - 6　三相异步电动机的常见故障和检查处理方法

故障	可能的原因	检查和处理方法
不能启动	(1) 电源线路有断开处； (2) 定子绕组中有断路处； (3) 绕线型转子及其外部电路有断路处	(1) 检查电源是否有电，熔断丝是否烧断，电源开关接触是否良好，电动机接线板上的接线头是否松脱； (2) 在断开电源的情况下，用万用表检查定子绕组有无断路处； (3) 用万用表检查转子绕组及其外部电路，并检查各连接点的接触是否紧密
电源接通后，电动机尚未启动，熔断丝即烧断	(1) 定子电路中有一相对地短路； (2) 熔丝过细； (3) 应该 Y 连接的电动机错接成△； (4) 绕线型电动机的启动变阻器手柄放在运行位置	(1) 接通开关后熔丝立即烧断，大多是接地或短路故障，可用兆欧表检查； (2) 改用额定电流较大的熔丝； (3) 改正接法； (4) 把启动变阻器的手柄旋至启动位置
空载运行正常，加上负载后转速即降低或停转	(1) 应该△接法的电动机错接成 Y； (2) 电动机的电压过低； (3) 转子铜条有断裂处； (4) 负载太大	(1) 改正接法； (2) 恢复电动机的电压到额定值； (3) 取出转子修理； (4) 适当减轻负载
电动机运行时有较大的嗡嗡声，且电流超过额定值较多	(1) 定子绕组有一相断路； (2) 定子绕组有短路处	(1) 检查电动机的熔丝，是否有一相断开； (2) 断开电源，用兆欧表检查
电动机有不正常的振动和响声	(1) 电动机的地基不平； (2) 电动机的联轴器松动； (3) 轴承磨损松动，造成定转子相擦	(1) 改善电动机的安装条件； (2) 停车检查，拧紧螺丝； (3) 更换轴承
电动机的温度过高	(1) 电动机过载； (2) 电动机通风不好； (3) 电源电压过高或过低； (4) 定子绕组中有短路； (5) 电动机单相运行； (6) 定、转子铁芯相擦	(1) 适当减小负载； (2) 检查电动机的风扇是否脱落，通风孔道是否堵塞，电动机附近是否堆放有杂物，影响空气对流通畅； (3) 改善电动机的电压； (4)、(5)、(6) 可参看上面的处理方法

续表

故障	可能的原因	检查和处理方法
轴承温度过高	(1) 传送带过紧； (2) 滚动轴承的轴承室中严重缺少润滑油； (3) 油质太差	(1) 适当调整传送带的松紧程度； (2) 拆下轴承盖，加黄油到 2/3 油室； (3) 调换好的润滑油脂
电动机外壳带电	(1) 接地不良或接地电阻太大； (2) 绕组受潮； (3) 绝缘损坏，引起碰壳	(1) 按规定接好地线，排除接地不良故障； (2) 进行烘干处理； (3) 浸漆修补绝缘，重接引线

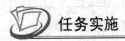 **任务实施**

任务 4　三相异步电动机反接制动控制电路

1. 工具器材

(1) 工具：试电笔、螺丝刀、尖嘴钳、斜口钳、剥线钳、电工刀等。

(2) 仪表：万用表、兆欧表等。

(3) 设备：速度继电器 1 个，三相异步电动机 1 台，熔断器 5 个，交流接触器 2 个，热继电器 1 个，按钮 2 个，限流电阻箱 1 个，接线端子板 1 组，电工工具 1 套，导线若干。

三相异步电动机反
接制动控制电路

2. 电气原理图

三相异步电动机反接制动控制电路的电气原理图如图 3 - 41 所示。

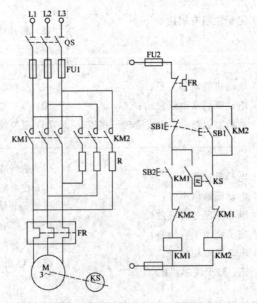

图 3 - 41　三相异步电动机反接制动控制电路的电气原理图

3. 操作内容与步骤

（1）实验板上找到交流接触器等低压元器件，了解其结构及动作原理。

（2）先连接好主电路，再连接控制电路，连接完成后，调整好制动电阻 R 的值，经实验指导老师检查无误后以待通电。

（3）按下启动按钮，电动机启动运行，运行一段时间后再按下停止按钮，观察速度继电器触点的动作情况。

（4）调整速度继电器的反力弹簧，观察制动效果，并予以记录。

4. 任务总结

（1）反接制动控制电路有何优点和缺点，适用于什么情况？

（2）速度继电器反力弹簧反力大小对制动效果有何影响？

 项目总结

本项目主要学习了三相异步电动机的结构、工作原理，三相异步电动机启动、调速、正反转、制动等基本控制线路，三相异步电动机的使用、维护和检修等内容。通过对本项目的学习，学生应掌握三相异步电动机及其控制线路的基本知识、基本原理及应用维修方法，为进一步学习电力拖动技术、电气控制设备的安装及其应用奠定坚实的基础。

表 4-7　三相交流异步电动机及其控制线路总结

学习单元	主要内容	知识要点
三相交流异步电动机的结构与工作原理	（1）三相交流异步电动机的概念、特点、用途。 （2）三相交流异步电动机的结构。 （3）三相交流异步电动机的工作原理。 （4）三相交流异步电动机的类型、铭牌	（1）三相交流异步电动机是电能转换成机械能的装置。 （2）三相交流异步电动机有优良的调速和启动性能，常应用于电力机车、城市电车、电动自行车等。 （3）三相交流异步电动机由定子和转子两大部分组成。 （4）铭牌的主要作用是提供电机的额定数据及产品数据
三相交流异步电动机的控制线路	（1）三相交流异步电动机的启动控制。 （2）三相交流异步电动机的调速控制。 （3）三相交流异步电动机的正反转控制。 （4）三相交流异步电动机的制动控制	（1）三相交流异步电动机的启动方法有直接启动和降压启动两种。降压启动又包括：定子电路串接电阻启动、星-三角降压启动、自耦变压器降压启动。 （2）三相交流异步电动机的调速方法有变极调速、变频调速、变转差率调速。 （3）三相交流异步电动机改变电磁转矩方向，从而实现反转控制。 （4）三相交流异步电动机的制动方法有能耗、反接和回馈制动

续表

学习单元	主要内容	知 识 要 点
三相异步电动机的使用、维护和检修	（1）正确使用三相异步电动机。 （2）三相交流异步电动机的定期检查和保养。 （3）三相交流异步电动机的常见故障及处理方法	（1）正确使用： ① 电动机的选择原则； ② 电动机的安装原则； ③ 电动机的接地装置； ④ 开车前的检查； ⑤ 启动注意事项； ⑥ 电动机运行中的检查。 （2）三相交流异步电动机的定期检查和保养。 ① 定期小修项目。 每月应该定期进行下列检查与维修： a. 测量电动机的绝缘电阻。 b. 检查接地是否安全。 c. 检查润滑油、润滑脂的消耗程度和变质情况。 d. 检查电刷的磨损情况。 e. 检查各个紧固螺钉是否松动。 f. 检查是否有损坏的部件。 g. 检查接线有没有损伤。 h. 清除设备上的灰尘和油泥。 ② 定期大修项目。 a. 轴承的精密度检查。 b. 电动机静止部分的检查。 c. 电动机转动部分的检查。 d. 若发现较多问题，则应该拆开电动机进行全面的修理或更换电动机。 （3）三相交流异步电动机的常见故障及处理方法。电动机的故障有机械故障和电气故障两个方面。三相异步电动机的常见故障和检查处理方法详见表 4－6

 拓展训练

1. 三相交流异步电动机的旋转磁场是怎样产生的？

2. 三相交流异步电动机的结构是怎样的？

3. 三相交流异步电动机的启动控制方法有哪些？

4. 如何实现三相交流异步电动机的正反转控制电路？

5. 三相交流异步电动机的调速控制方法有哪些？

6. 简述三相交流异步电动机的常见故障及排除方法。

7. 三相异步电动机的制动方式有哪几种？

8. 简述三相异步电动机能耗制动的原理。

9. 什么是三相异步电动机的回馈制动？它有何优缺点？

10. 三相异步电动机的反接制动有哪两种方法？各有何特点？

11. 图 4-42 是电动机反接制动的控制电路，分析其反接制动的工作过程。

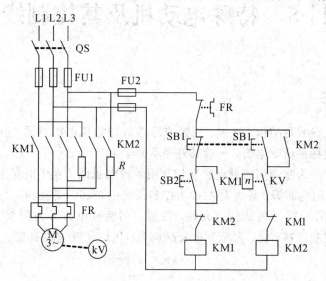

图 4-42　电动机反接制动的控制电路

12. 电源电压不变的情况下，如果将三角形连接的三相异步电动机误接成星形，或将星形连接换接成三角形，其后果如何？

13. 自耦变压器降压启动有何优点？

14. 绕线型异步电动机有哪些启动方式？

15. 什么是电动机的软启动方式？它较传统的降压启动有哪些优点？

16. 图 4-43 是电动机直接启动的线路图，分析启动过程。

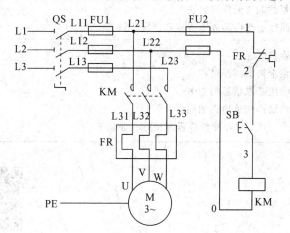

图 4-43　电动机直接启动线路图

项目 4 案例

项目 5　特殊电动机及其控制线路

 项目描述

　　特种电机通常指的是结构、性能、用途或原理等与常规电机不同，且体积和输出功率较小的微型电机或特种精密电机，一般其外径不大于 130 mm。

　　特种电机可以分为驱动用特种电机和控制用特种电机两大类，前者主要用来驱动各种机构、仪表以及家用电器等；后者是在自动控制系统中传递、变换和执行控制信号的小功率电机的总称，用作执行元件或信号元件。控制用的特种电机分为测量元件和执行元件。测量元件包括旋转变压器，交、直流测速发电机等；执行元件主要有交、直流伺服电动机，步进电动机等。

 项目目标

知识目标	1. 熟练掌握步进电机的线路连接设计 2. 掌握步进电机的正向运转过程设计 3. 了解步进电机的正、反向运转控制原理及单步运行状态、连续脉冲运行状态
能力目标	1. 能对正反转电气控制线路连接与检修 2. 掌握根据电气原理图绘制安装接线图的方法 3. 掌握检查和测试电气元件的方法 4. 掌握打印机调试过程中的故障查找和处理方法
思政目标	1. 培养学生民族自豪感 2. 培养学生精益求精的工匠精神 3. 训练或培养学生获取信息的能力 4. 培养学生团结协作交流协调的能力 5. 培养学生安全生产、遵守操作规程等良好职业素养

 知识准备

打破垄断

5.1　伺服电动机及其控制线路常见故障排查

　　伺服电动机在自动控制系统中用作执行元件，用于将输入的控制电压转换成电机转轴的角位移或角速度输出。伺服电动机的转速和转向随着控制电压的大小和极性的改变而改变。

在自动控制系统中，对伺服电动机的性能有如下要求：

（1）调速范围宽。

（2）机械特性和调节特性为线性。

（3）无"自转"现象。

（4）快速响应。

伺服电动机有直流和交流两大类。直流伺服电动机的输出功率较大，交流伺服电动机的输出功率较小。

5.1.1　直流伺服电动机

1. 结构

直流伺服电动机的结构和原理与普通直流电动机的结构和原理没有根本区别。

直流伺服电动机

按照励磁方式的不同，直流伺服电动机分为永磁式直流伺服电动机和电磁式直流伺服电动机。永磁式直流伺服电动机的磁极由永久磁铁制成，不需要励磁绕组和励磁电源。电磁式直流伺服电动机一般采用他励结构，磁极由励磁绕组构成，通过单独的励磁电源供电。

按照转子结构的不同，直流伺服电动机分为空心杯形转子直流伺服电动机和无槽电枢直流伺服电动机。空心杯形转子直流伺服电动机由于其力学性能指标较低，现在已很少采用。无槽电枢直流伺服电动机的转子是直径较小的细长型圆柱铁芯，通过耐热树脂将电枢绕组固定在铁芯上，具有散热好、力能指标高、快速性好的特点。

2. 控制方式

直流电动机的控制方式有两种：一种称为电枢控制，在电动机的励磁绕组上加上恒压励磁，将控制电压作用于电枢绕组来进行控制；另一种称为磁场控制，在电动机的电枢绕组上施加恒压，将控制电压作用于励磁绕组来进行控制。

由于电枢控制的特性好，电枢控制中回路电感小，响应快，因此在自动控制系统中多采用电枢控制。

在电枢控制方式下，作用于电枢的控制电压为 U_c、励磁电压 U_f 保持不变，如图 5-1 所示。

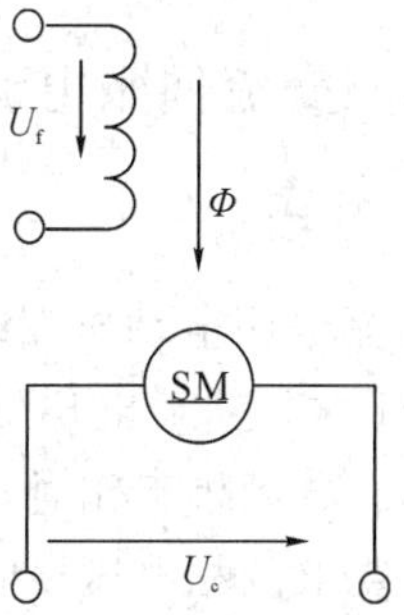

图 5-1　电枢控制的直流伺服电动机原理图

直流伺服电动机的机械特性表达式为

$$n = \frac{U_c}{C_e \Phi} - \frac{R_a}{C_e C_T \Phi^2} T = n_0 - \beta T \tag{5-1}$$

式中，C_e 为电势常数；C_T 为转矩常数；R_a 为电枢回路电阻。

由于直流伺服电动机的磁路一般不饱和，我们可以不考虑电枢反应，认为主磁通 Φ 大小不变。

伺服电动机的机械特性指控制电压一定时转速随转矩变化的关系。当作用于电枢回路的控制电压 U_c 不变时，若转矩 T 增大则转速 n 降低，转矩的增加与电动机的转速降成正比，转矩 T 与转速 n 之间成线性关系。不同控制电压作用下的机械特性如图 $5-2(a)$ 所示。

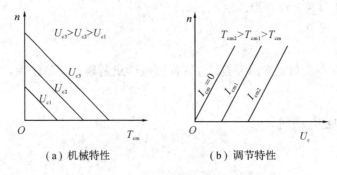

（a）机械特性　　　　　　　（b）调节特性

图 5-2　直流伺服电动机的特性

伺服电动机的调节特性是指在一定的负载转矩下电动机稳态转速随控制电压变化的关系。当电动机的转矩 T 不变时，控制电压的增加与转速的增加成正比，转速 n 与控制电压 U_c 也成线性关系。不同转矩时的调节特性如图 $5-2(b)$ 所示。由图 $5-2(b)$ 可知，当转速 $n=0$ 时，不同转矩 T 所需要的控制电压 U_c 也是不同的，只有当电枢电压大于这个电压值时，电动机才会转动。调节特性与横轴的交点所对应的电压值称为始动电压。负载转矩 T_L 不同时，始动电压也不同，T_L 越大，始动电压越高，死区越大。负载越大，死区越大，伺服电动机不灵敏，所以不可带太大的负载。

直流伺服电动机的机械特性和调节特性的线性度好，调整范围大，启动转矩大，效率高；缺点是电枢电流较大，电刷和换向器维护工作量大，接触电阻不稳定，电刷与换向器之间的火花有可能对控制系统产生干扰。

5.1.2　交流伺服电动机

1. 结构

交流伺服电动机在结构上类似于单相异步电动机，它的定子铁芯中安放着空间相差 90°电角度的两相绕组，一相称为励磁绕组，另一相称为控制绕组。电动机工作时，励磁绕组接单相交流电压，控制绕组接控制信号电压，要求两相电压要同频率。

交流伺服电动机

交流伺服电动机的转子有两种结构形式。一种是笼型转子，与普通三相异步电动机笼型转子相似，只不过在外形上更细长，从而减小了转子的转动惯量，降低了电动机的机电时间常数。笼型转子交流伺服电动机体积大，气隙小，所需的励磁电流小，功率因数高，电动机的机械强度大，但快速响应性能稍差，低速运行也不够平稳。

另一种是非磁性空心杯形转子，其转子做成了杯形结构。为了减小气隙，在杯形转子内还有一个内定子，内定子上不设绕组，只起导磁作用。转子用铝或铝合金制成，杯壁厚 $0.2\sim0.8$ mm，转动惯量小且具有较大的电阻。空心杯转子交流伺服电动机的结构示意图如图 5-3 所示。杯形转子交流伺服电动机具有响应快、运行平稳的优点，但结构复杂，气隙大，空载电流大，功率因数较低。

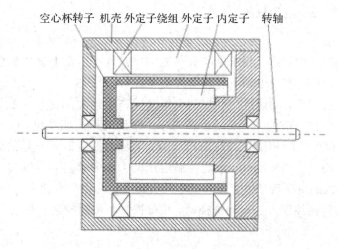

空心杯转子　机壳　外定子绕组　外定子　内定子　转轴

图 5-3　空心杯转子交流伺服电动机的结构示意图

2. 工作原理

交流伺服电动机的工作原理示意图如图 5-4 所示。

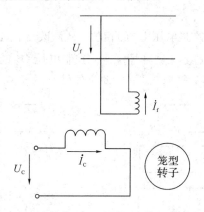

图 5-4　交流伺服电动机的工作原理示意图

　　交流伺服电动机励磁绕组和控制绕组在空间位置上相差 90°电角度，工作时，励磁绕组通入恒定交流电压，控制绕组由伺服放大器供电通入控制电压，两个电压的频率相同，并且在相位上也相差 90°电角度。这样，两个绕组共同作用在电动机内部产生了一个旋转磁场，在旋转磁场的作用下会在转子中产生感应电动势和电流，转子电流与旋转磁场相互作用产生电磁转矩，带动转子转动。

　　由所学知识可知，在单相异步电动机中，当转子转动起来以后，断开启动绕组，电动机仍然能够转动。如果在交流伺服电动机中，控制绕组断开后，电动机仍然转动，那么伺服电动机就处于"自转"状态，这是伺服电动机所不允许的。

　　如何消除伺服电动机的"自转"现象呢？只需要增加伺服电动机的转子电阻就可以了。当控制绕组断开后，只有励磁绕组起励磁作用，单相交流绕组产生的是一个脉振磁场，脉振磁场可以分解为两个方向相反、大小相同的旋转磁场。当转子电阻较小（临界转差率 $S_m < 1$）时，电磁转矩的方向与转速的方向相同，电动机仍然能够转动。当转子电阻较大（$S_m \geqslant 1$）时，电磁转矩与转速的方向相反，在电磁转矩的作用下，电动机能够迅速地停止转

动，从而消除了交流伺服电动机的"自转"。

3．控制方法

在交流伺服电动机中，除了要求电动机不能"自转"外，还要求改变加在控制绕组上的电压的大小和相位，从而改变电动机转速的大小和方向。

根据旋转磁动势理论，励磁绕组和控制绕组共同作用产生的是一个旋转磁场，旋转磁场的旋转方向是由相位超前的那一相绕组转向相位滞后的那一相绕组。改变控制绕组中控制电压的相位，可以改变两相绕组的超前滞后关系，从而改变旋转磁场的旋转方向，交流伺服电动机转速方向也会发生变化。改变控制电压的大小和相位，可以改变旋转磁场的磁通，从而改变电动机的电磁转矩，交流伺服电动机转速也会发生变化。

交流电动机的转速控制方法有幅值控制、相位控制和幅相控制三种。

1）幅值控制

幅值控制是指通过改变控制电压 U_C 的幅值来控制电机的转速，而 U_C 的相位始终保持不变，使控制电流 $\dot{I}_C$ 与励磁电流 I_f 保持 90°电角度的相位关系。如 $\dot{U}_c=0$，则转速为 0，电动机停转。幅值控制的接线如图 5-5(a)所示。

2）相位控制

相位控制是指通过改变控制电压 $\dot{U}_c$ 的相位，从而改变控制电流 $\dot{I}_c$ 与励磁电流 I_f 之间的相位角来控制电动机的转速，在这种情况下，控制电压 $\dot{U}_c$ 的大小保持不变。当两相电流 $\dot{I}_c$ 与 I_f 之间的相位角为 0°时，转速为 0，电动机停转。

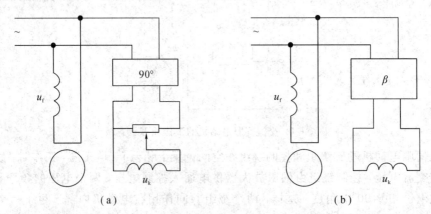

（a） （b）

图 5-5　幅值控制和相位控制方式接线图

3）幅相控制

幅相控制是指通过同时改变控制电压 $\dot{U}_c$ 的幅值及 $\dot{I}_c$ 与 I_f 之间的相位角来控制电机的转速。具体方法是：在励磁绕组回路中串入一个移相电容 C 以后，再接到稳压电源 $\dot{U}_1$ 上，这时励磁绕组上的电压 $U_f=\dot{U}_1-\dot{U}_{cf}$，如图 5-6 所示。控制绕组上加与 $\dot{U}_1$ 相同的控制电压 $\dot{U}_c$，那么当改变控制电压 $\dot{U}_c$ 的幅值来控制电动机转速时，由于转子绕组与励磁绕组之间的耦合作用，励磁绕组的电流 I_f 也随着转速的变化而发生变化，从而使励磁绕组两端的电压 U_f 及电容 C 上的电压 U_{cf} 也随之变化。这样改变 $\dot{U}_c$ 幅值的结果是使 $\dot{U}_c$、U_f 的幅值和它们之间的相位角以及相应电流 $\dot{I}_c$、I_f 之间的相位角也都发生变化，所以属于幅值和相位复合控制方式。当控制电压 $\dot{U}_c=0$ 时，电动机的转速为 0，使电动机停转。在这种控制方式中，选择励磁回路中所接的电容时要尽量使电动机启动时两相绕组产生的磁动势大小相等，相位差为 90°，以保证电动机有良好的启动性能。

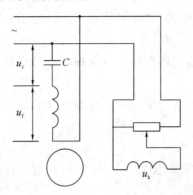

图 5-6　幅相控制的接线图

在以上三种控制方法中，虽然幅相控制的机械特性和调节特性最差，但由于这种方法所采用的控制设备简单，不用移相装置，因此其应用最为广泛。

5.1.3　进给伺服系统中伺服电动机的常见故障排查

三相交流伺服电动机应用广泛，但通过长期运行后，会发生各种故障，及时判断故障原因，进行相应处理，是防止故障扩大、保证设备正常运行的一项重要工作。

进给伺服系统中
伺服电动机的
常见故障排查

（1）通电后电动机不能转动，但无异响，也无异味和冒烟。

故障原因：① 电源未通（至少两相未通）；② 熔丝熔断（至少两相熔断）；③ 过流继电器调得过小；④ 控制设备接线错误。

故障排除：① 检查电源回路开关、熔丝、接线盒处是否有断点，若有，需要修复；② 检查熔丝型号、熔断原因，换新熔丝；③ 调节继电器整定值与电动机配合；④ 改正接线。

（2）通电后电动机不转，有嗡嗡声。

故障原因：① 转子绕组有断路（一相断线）或电源一相失电；② 绕组引出线始末端接错或绕组内部接反；③ 电源回路接点松动，接触电阻大；④ 电动机负载过大或转子卡住；⑤ 电源电压过低；⑥ 小型电动机装配太紧或轴承内油脂过硬；⑦ 轴承卡住。

故障排除：① 查明断点并予以修复；② 检查绕组极性，判断绕组末端是否正确；③ 紧固松动的接线螺丝，用万用表判断各接头是否假接，并予以修复；④ 减载或查出并消除机械故障；⑤ 检查是否采用规定的面接法连接，是否由于电源导线过细使压降过大，若是，则予以纠正；⑥ 重新装配使之灵活，更换合格油脂；⑦ 修复轴承。

（3）电动机启动困难，带额定负载时，电动机转速低于额定转速较多。

故障原因：① 电源电压过低；② 采用面接法时电动机误接；③ 转子开焊或断裂；④ 转子局部线圈错接、接反；⑤ 修复电动机绕组时增加匝数过多；⑥ 电动机过载。

故障排除：① 测量电源电压，设法改善；② 纠正接法；③ 检查开焊和断点并修复；④ 查出误接处并予以改正；⑤ 恢复正确匝数；⑥ 减载。

（4）电动机空载电流不平衡，三相相差大。

故障原因：① 绕组首尾端接错；② 电源电压不平衡；③ 绕组存在匝间短路、线圈反接等故障。

故障排除：① 检查并纠正；② 测量电源电压，设法消除不平衡；③ 消除绕组故障。

（5）电动机运行时响声不正常，有异响。

故障原因：① 轴承磨损或油内有砂粒等异物；② 转子铁芯松动；③ 轴承缺油；④ 电源电压过高或不平衡。

故障排除：① 更换轴承或清洗轴承；② 检修转子铁芯；③ 加油；④ 检查并调整电源电压。

（6）运行中电动机振动较大。

故障原因：① 磨损轴承间隙过大；② 气隙不均匀；③ 转子不平衡；④ 转轴弯曲；⑤ 联轴器（皮带轮）同轴度过低。

故障排除：① 检修轴承，必要时更换；② 调整气隙，使之均匀；③ 校正转子动平衡；④ 校直转轴；⑤ 重新校正，使之符合规定。

（7）轴承过热。

故障原因：① 滑脂过多或过少；② 油质不好，含有杂质；③ 轴承与轴颈或端盖配合不当（过松或过紧）；④ 轴承内孔偏心，与轴相擦；⑤ 电动机端盖或轴承盖未装平；⑥ 电动机与负载间联轴器未校正，或皮带过紧；⑦ 轴承间隙过大或过小；⑧ 电动机轴弯曲。

故障排除：① 按规定加润滑脂（容积的 1/3～2/3）；② 更换清洁的润滑脂；③ 若过松则可用黏结剂修复，若过紧则应车、磨轴颈或端盖内孔，使之适合；④ 修理轴承盖，消除擦点；⑤ 重新装配；⑥ 重新校正，调整皮带张力；⑦ 更换新轴承；⑧ 校正电机轴或更换转子。

（8）电动机过热甚至冒烟。

故障原因：① 电源电压过高；② 电源电压过低，电动机又带额定负载运行，电流过大使绕组发热；③ 修理拆除绕组时，采用热拆法不当，烧伤铁芯；④ 电动机过载或频繁启动；⑤ 电动机缺相，两相运行；⑥ 重绕后定子绕组浸漆不充分；⑦ 环境温度高，电动机表面污垢多，或通风道堵塞。

故障排除：① 降低电源电压（如调整供电变压器分接头）；② 提高电源电压或换粗供电导线；③ 检修铁芯，排除故障；④ 减载，按规定次数控制启动；⑤ 恢复三相运行；⑥ 采用二次浸漆及真空浸漆工艺；⑦ 清洗电动机，改善环境温度，采用降温措施。

 小提示

交、直流伺服电动机系统的区别

交流伺服电动机内部的转子是永磁铁，驱动器控制的 U、V、W 三相电形成电磁场，转子在此磁场的作用下转动，同时电动机自带的编码器反馈信号给驱动器。

直流伺服电动机包括定子、转子铁芯、电动机转轴、伺服电动机绕组换向器、伺服电动机绕组、测速电动机绕组。

5.2　步进电动机及其控制线路常见故障排查

步进电动机是一种将电脉冲信号转换成相应角位移的电动机，每当一个电脉冲加到步进电动机的控制绕组上时，它的轴就转动一定的角度，角位移量与电脉冲数成正比，转速与脉冲频率成正比，这种电动机又称为脉冲电动机。在数字控制系统中，步进电动机常用作执行元件。

步进电动机按照励磁方式分为磁阻式（又称为反应式）、永磁式和混磁式三种；按相数分为单相、两相、三相和多相等形式。下面以三相磁阻式步进电动机为例，介绍步进电动机的结构和工作原理。

5.2.1　步进电动机的结构

三相磁阻式步进电动机模型的结构示意图如图 5-7 所示。它的定、转子铁芯都由硅钢片叠压而成。定子上有六个磁极，每两个相对的磁极上有同一相控制绕组，同一相控制绕组可以并联或串联；转子铁芯上没有绕组，只有四个齿，齿宽等于极靴宽。

步进电动机的结构

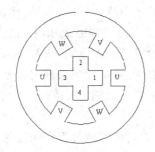

图 5-7　三相磁阻式步进电动机模型的结构示意图

5.2.2　步进电动机的工作原理

三相磁阻式步进电动机的工作原理图如图 5-8 所示。当 U 相控制绕组通电，V、W 两相控制绕组不通电时，由于磁力线总是通过磁阻最小的路径闭合，转子将受到磁阻转矩的作用，使转子齿 1 和 3 与定子 U 相磁级轴线对齐，如图 5-8(a)所示。此时磁力线所通过的磁路磁阻最小，磁导最大，转子只受径向力而无切向力作用，转子停止转动。当 V 相控制绕组

步进电动机的工作原理

通电，U、W 两相控制绕组不通电时，与 V 相磁极最近的转子齿 2 和 4 会旋转到与 V 相磁极相对，转子顺时针转过 30°，如图 5-8(b)所示。当 W 相控制绕组通电，U、V 两相控制绕组不通电时，与 W 相磁极最近的转子齿 1 和 3 会旋转到与 W 相磁极相对，转子再次顺时针转过 30°，如图 5-8(c)所示。这样按 U—V—W—U 的顺序轮流给各相控制绕组通电，转子就会在磁阻转矩的作用下按顺时针方向一步一步地转动。步进电动机的转速取决于绕组变换通电状态的频率，即输入脉冲的频率，旋转方向取决于控制绕组轮流通电的顺序。若通电顺序为 U—W—V—U，则步进电动机反向旋转。

控制绕组从一种通电状态变换到另一种通电状态叫作"一拍",每一拍转子转过的角度称为步距角 θ_b。

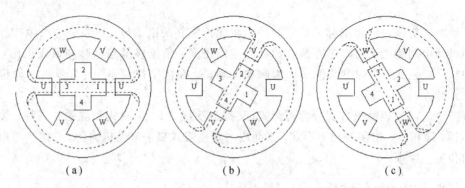

图 5-8 三相磁阻式步进电动机模型单三拍控制时的工作原理

上述通电方式的特点是:每次只有一相控制绕组通电,切换三次为一个循环,称为三相单三拍控制方式。三相单三拍控制方式下,每次只有一相通电,转子在平衡位置附近来回摆动,运行不稳定,因此这种方式很少采用。三相步进电动机除了单三相控制方式外,还有三相双三拍控制方式和三相单、双六拍控制方式。

三相双三拍控制方式的通电顺序为 UV-VW-WU-UV,每次有两相绕组同时通电,每一循环也需要切换三次,步距角与三相单三拍控制方式相同,也为 30°。

三相单、双六拍控制方式的通电顺序为 U-UV-V-VW-W-WU-U,首先 U 相通电,然后 U、V 两相同时通电,再断开 U 相使 V 相单独通电,之后使 V、W 两相同时通电,以此顺序不断轮流通电,完成一次循环需要六拍。三相单、双六拍控制方式的步距角只有三相单三拍和双三拍的一半,为 15°。

三相双三拍控制方式和三相六拍控制方式在切换过程中始终保证有一相持续通电,力图使转子保持原有位置,工作比较平稳。单三拍通电方式没有这种作用,在切换瞬间,转子失去自锁能力,容易失步(即转子转动步数与拍数不相等),在平衡位置也容易产生振荡。

设转子齿数为 Z_r,转子转过一个齿距需要的拍数为 N,则步距角为

$$\theta_b = \frac{360°}{Z_r N} \tag{5-2}$$

每输入一个脉冲,转子转过 $\frac{1}{Z_r N}$ 转,若脉冲电源的频率为 f,则步进电动机的转速为

$$n = \frac{60f}{Z_r N} \tag{5-3}$$

可见,磁阻式步进电动机的转速取决于脉冲频率、转子齿数和拍数,与电压和负载等因素无关。在转子齿数一定时,转速与输入脉冲频率成正比,与拍数成反比。

三相磁阻式步进电动机模型的步距角太大,难以满足生产中小位移量的要求,为了减小步距角,实际中将转子和定子磁极都加工成多齿结构。

图 5-9 是三相磁阻式步进电动机的结构示意图。图中,转子齿数为 $Z_r = 40$ 个,齿沿转子圆周均匀分布,齿和槽的宽度相等,齿间夹角为 9°;定子上有六个磁极,每极的极靴上均匀分布有五个齿,齿宽和槽宽相等,齿间夹角也是 9°。磁极上装有控制绕组,相对的两个极的绕组串联起来并且连接成三相星形。每个定子磁极的极距为 60°,每个极距所占的齿距数

不是整数,当 U - U′相绕组通电,U - U′相磁极下的定、转子齿对齐时,V - V′磁极和 W - W′磁极下的齿就无法对齐,依次错开 1/3 齿距角(即错开 3°)。一般地,m 相异步电动机依次错开的距离为 $1/m$ 齿距。

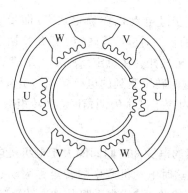

图 5 - 9　小步距角的三相磁阻式步进电动机的结构示意图

如果采用三相单三拍通电方式进行控制,则当 U 相通电时,U 磁极的定子齿和转子齿完全对齐,而 V 磁极和 W 磁极下的定子齿和转子齿无法对齐,依次错开 1/3 和 2/3 齿距(即 3°和 6°),当 U 相断电、V 相通电时,V 磁极下的定子齿和转子齿就会完全对齐,转子转过 1/3 齿距。同样地,当 V 相断电,W 相通电时,转子会再次转过 1/3 齿距。不难看出,通电方式循环改变一轮后,转子就转过一个齿距。

图 5 - 9 所示的步进电动机的齿距角为 9°,采用三相单三拍通电时,通电方式循环一轮需要三拍,则步距角 θ_b 为 3°,我们也可由步距角的计算公式计算得出步距角为

$$\theta_b = \frac{360°}{Z_r N} = \frac{360°}{40 \times 3} = 3°$$

设控制脉冲的频率为 f,则转子转速为

$$n = \frac{60f}{N Z_r} = \frac{60f}{40 \times 3} = \frac{f}{2}$$

当采用三相六拍通电时,步距角为

$$\theta_b = \frac{360°}{Z_r N} = \frac{360°}{40 \times 6} = 1.5°$$

设控制脉冲的频率为 f,则转子转速为

$$n = \frac{60f}{N Z_r} = \frac{60f}{40 \times 6} = \frac{f}{4}$$

转子转过一个齿距所需的运行拍数取决于电机的相数和通电方式,增加相数也可以减小步距角。但相数增多,所需驱动电路就越复杂。常用的步进电动机除了三相以外,还有四相、五相和六相的步进电动机。

5.2.3　步进电动机的主要技术指标和运行特性

1. 步距角和静态步距误差

步距角也称为步距,是指步进电动机改变一次通电方式转子转过的角度。步距角与定子绕组的相数、转子的齿数和通电方式有关。目前我国步

步进电动机的
主要技术指标
和运行特性

进电动机的步距角为 $0.36°\sim90°$，常用的有 $7.5°/15°$、$3°/6°$、$1.5°/3°$、$0.9°/1.8°$、$0.75°/1.5°$、$0.6°/1.2°$、$0.36°/0.72°$等几种。

2. 最大静转矩

步进电动机的静特性是指步进电动机在稳定状态（即步进电动机处于通电状态不变、转子保持不动的定位状态）时的特性，包括静转矩、矩角特性及静态稳定区。静转矩是指步进电动机处于稳定状态下的电磁转矩。在稳定状态下，在转子轴上加上负载转矩使转子转过一定角度 θ，并稳定下来，这时转子受到的电磁转矩与负载转矩相等，该电磁转矩即为静转矩，而角度 θ 即为失调角。对应于某个失调角时，静转矩最大，称为最大静转矩。

3. 矩频特性

当步进电动机的控制绕组的电脉冲时间间隔大于电机机电过渡过程所需的时间时，步进电动机进入连续运行状态，这时电动机产生的转矩称为动态转矩。步进电动机的动态转矩和脉冲频率的关系称为矩频特性。步进电动机的动态转矩随着脉冲频率的升高而降低。

4. 启动频率和连续运行频率

步进电动机的工作频率一般包括启动频率、制动频率和连续运行频率。对同样的负载转矩来说，正、反向的启动频率和制动频率是一样的，所以一般技术数据中只给出启动频率和连续运行频率。

步进电动机的启动频率 f_{st} 是指在一定负载转矩下能够不失步启动的最高脉冲频率。f_{st} 的大小与驱动电路和负载大小有关。步距角 θ_b 越小，负载越小，则启动频率越高。

步进电动机连续运行频率 f 是指步进电动机启动后，当控制脉冲连续上升时，能不失步运行的最高频率，负载越小，连续运行频率越高。在带动相同负载时，步进电动机的连续运行频率比启动频率高得多。

5.2.4 步进电动机的控制

步进电动机是数字控制电机，它将脉冲信号转变成角位移，即给一个脉冲信号，步进电动机就转动一个角度，因此非常适合于单片机控制。步进电动机可分为反应式步进电动机（简称 VR）、永磁式步进电动机（简称 PM）和混合式步进电动机（简称 HB）。

步进电动机的控制

步进电动机区别于其他控制电动机的最大特点是：它是通过输入脉冲信号来进行控制的，即电动机的总转动角度由输入脉冲数决定，而电动机的转速由脉冲信号频率决定。

步进电动机的驱动电路根据控制信号工作，控制信号由单片机产生。其基本原理如下：

1. 控制换相顺序

通电换相这一过程称为脉冲分配。例如，三相步进电动机的三拍工作方式下，各相通电顺序为 A-B-C-A，通电控制脉冲必须严格按照这一顺序分别控制 A、B、C、A 相的通断。

2. 控制步进电动机的转向

如果按给定工作方式正序换相通电，步进电动机正转，如果按反序通电换相，则电动机反转。

3. 控制步进电动机的速度

如果给步进电动机发一个控制脉冲，它就转一步，再发一个脉冲，它会再转一步。两个脉冲的间隔越短，步进电动机就转得越快。调整单片机发出的脉冲频率，就可以对步进电动机进行调速。

 知识点扩展

步进电动机的优点及缺点

优点：

☐ 电动机旋转的角度正比于脉冲数；

☐ 电动机停转的时候具有最大的转矩（当绕组激磁时）；

☐ 由于每步的精度在 $3\%\sim5\%$，而且不会将一步的误差积累到下一步，因而有较好的位置精度和运动的重复性；

☐ 有优秀的起停和反转响应；

☐ 由于没有电刷，可靠性较高，因此电动机的寿命仅仅取决于轴承的寿命；

☐ 电机的响应仅由数字输入脉冲确定，因而可以采用开环控制，这使得电动机的结构可以比较简单而且能够控制成本。

缺点：

☐ 如果控制不当，则容易产生共振；

☐ 难以运转到较高的转速；

☐ 难以获得较大的转矩；

☐ 在体积、重量方面没有优势，能源利用率低；

☐ 超过负载时会破坏同步，高速工作时会发出振动和噪声。

5.2.5　打印机中步进电动机的常见故障排查

打印机步进电动机的制造精度较高，其故障主要表现为不进纸。判断该类电动机是否损坏，可采用以下方法：

打印机中步进
电动机的常
见故障排查

（1）根据步进电动机上所标注的阻值测量其电阻。步进电动机分为两个绕组，两个绕组的结构形式完全相同，每个绕组的中心端对另两端的电阻对称相等，且与标注阻值相符，不同电动机引线的排列顺序有所不同。

（2）测量时可先用万用表将引线分为两组（各引线相通的为一组），再用测电阻的方法找出每一组的中心抽头端，中心端应对其他两端等电阻且与标注电阻值相符。若阻值不对称或与标注电阻值不同，则电动机可能已损坏。

（3）用步进电动机上所标注的电源电压（或电路中电动机的工作电压）进行试验。若电动机上无标注，则开始可用较低电压，然后逐渐升高电压来试验。电源的一端（正、负极均可）接某一绕组的中心端，电源的另一端交替碰触该绕组的其他两端（注意碰触时间不宜太长），此时步进电动机应一步步转动，且每步应同样有力，否则说明电动机已损坏。检测时应注意，步进电动机绕组有严重短路时切勿试验，否则会烧坏电源。

（4）有的步进电动机具有两个相同的绕组，但无中心抽头端。测量时可先测两绕组电阻值是否相等，并应与电动机标注相符，然后再用电源试验。试验时将电源两极交替碰触每一绕组的两端，此时步进电动机应步步转动，且步步有力，否则说明电动机已损坏。应该指出的是，步进电动机损坏时，应同时检查步进电动机驱动电路是否损坏。

 小提示

步进电动机的应用

步进电动机主要用于数字控制系统中，精度高，运行可靠，如用于数/模转换装置、数控机床、计算机外围设备、自动记录仪、钟表等之中，另外在工业自动化生产线、印刷设备中亦有应用。

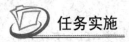 **任务实施**

任务 5　步进电动机线路的连接与调试

1. 工具器材

（1）实验台主控制屏。

（2）电机导轨及测速表。

（3）直流电压、电流、毫安表（NMEL-06A）。

（4）三相可调电阻器 90 Ω（NMEL-04A）。

（5）步机电动机驱动电源（NMEL-10）。

（6）步进电动机 M10。

（7）双踪示波器。

步进电动机线路
的连接与调试

2. 步进电动机线路的连接步骤

1）驱动波形的观察

不接电机。

（1）合上控制电源的船形开关，分别按下"连续"控制开关和"正转/反转"、"三拍/六拍"，"启动/停止"开关，使电机处于三拍正转连续运行状态。

（2）用示波器观察电脉冲信号输出波形（CP 波形），改变"调频"电位器旋钮，频率变化范围应不小于 5 Hz～1 kHz，可从频率计上读出此频率。

（3）用示波器观察环形分配器输出的三相 A、B、C 波形之间的相序及其与 CP 脉冲波形之间的关系。

（4）改变电动机的运行方式，使电动机处于正转、六拍运行状态，重复（3）的实验。注意，每次改变电动机运行，均需先弹出"启动/停止"开关，之后按下"复位"按钮，再重新启动。

（5）再次改变电动机的运行方式，使电动机处于反转状态，重复（3）的实验。

2）步进电动机特性的测定和动态观察

按图 5-10 接线，注意接线不可接错，且接线时需断开控制电源。

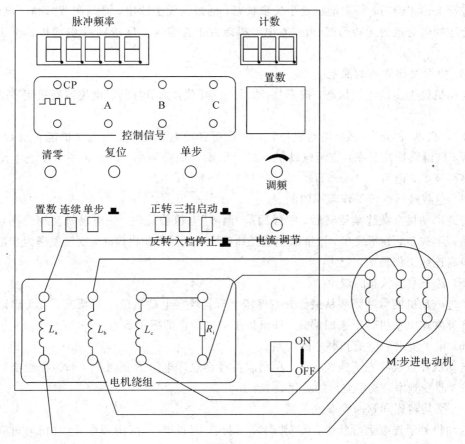

图 5-10　步进电动机线路连接图

（1）单步运行状态。

接通电源，按下述步骤操作：按下"单步"琴键开关、"复位"按钮、"清零"按钮，最后按下"单步"按钮。

每按一次"单步"按钮，步进电动机将走一个步距角，绕组相应的发光管发亮，不断按下"单步"按钮，电动机转子不断作步进运行，改变电动机转向，电动机作反向步进运动。

（2）角位移和脉冲数的关系。

按下"置数"琴键开关，给拨码开关预置步数，分别按下"复位"、"清零"按钮（操作以上步骤必须让电动机处于停止状态），记录电动机所处位置。

按下"启动/停止"开关，电动机运转，观察并记录电动机的偏转角度，填入表 5-1。

再重新预置步数，重复观察并记录电动机的偏转角度，填入表 5-1，并利用公式计算电动机的偏转角度与实际值是否一致。

表 5-1　数据记录表

序　号	预置步数	实际转子偏转角度	理论电动机偏转角度
1	60	174	180
2	140	417	420

　　进行上述实验时,若电动机处于失步状态,则数据无法读出,必须调节"调频"电位器,寻找合适的电动机的运转速度(可观察电动机能否正常实现正反转),使电动机处于正常工作状态。

　　(3)空载突跳频率的测定。

　　电动机处于连续运行状态,按下"启动/停止"开关,调节"调频"电位器旋钮使频率逐渐提高。

　　弹出"启动/停止"开关,电动机停转,再重新启动电动机,观察电动机能否运行正常,如正常,则继续提高频率,直至电动机不失步启动的最高频率,则该频率为步进电动机的空载突跳频率,记为_____Hz。

　　(4)空载最高连续工作频率的测定。

　　步进电动机空载连续运转后,缓慢调节"调频"电位器旋钮,使电动机转速升高,仔细观察是否不失步,如不失步,则继续缓慢提高频率,直至电动机停转,则该频率为步进电动机的最高连续工作频率,记为_____Hz。

　　(5)转子振荡状态的观察。

　　步进电动机的脉冲频率从最低开始逐步上升,观察电动机的运行情况,有无出现电动机声音异常或电动机转子来回偏转,即出现步进电动机的振荡状态。

　　(6)定子绕组中电流和频率的关系。

　　电动机在空载状态下连续运行,用示波器观察取样电阻 R 的波形,即为控制绕组的电流波形。改变频率,观察波形的变化。

　　(7)平均转速和脉冲频率的关系。

　　电动机处于连续运行状态,改变"调频"旋钮,测量频率 f(由频率计读出)与对应的转速 n,则 $n=f(f)$,填入表5-2中。

表5-2　数据记录表二

序　号	f/Hz	n/(r/min)
1	332	140
2	448	201
3	561	257
4	644	303
5	752	354

3. 注意事项

　　步进电动机驱动系统中控制信号部分电源和功放部分电源是不同的,绝不能将电动机绕组接至控制信号部分的端子上,或将控制信号部分端子和电动机绕组部分端子以任何形式连接。

考核评价

评分标准见表 5-3。

表 5-3　评分标准

项　目	配分	评 分 标 准	
装前检查	5	电器元件漏检或错检	每处扣 1 分
安装元件	15	(1)不按布置图安装 (2)元件安装不牢固 (3)元件安装不整齐、不合理 (4)损坏元件	扣 15 分 每只扣 5 分 每只扣 3 分 每只扣 15 分
布线	40	(1)不按电路图接线 (2)布线不符合要求 (3)节点松动、露铜过长、反圈等 (4)损伤导线绝缘或线芯	扣 25 分 每根扣 5 分 每个扣 1 分 每根扣 5 分
运行结果	40	(1)热继电器为整定或整定错误 (2)熔体规格选用不当 (3)第一次运行不成功 　第二次运行不成功 　第三次运行不成功	扣 15 分 扣 10 分 扣 20 分 扣 30 分 扣 40 分
安全文明生产		违反安全文明生产规程	扣 5~40 分
定额时间 2 h		每超时 5 min	扣 5 分
备注		除定额时间外，各项内容的最高扣分不应超过所配分数	成绩
开始时间		结束时间	实际时间

 项目总结

　　本项目介绍了伺服电动机和步进电动机两种特殊电动机的结构特点、工作原理、性能特点以及电气控制线路的维修等内容。通过本项目的学习，学生应掌握特殊电动机及其控制线路的基本知识、基本原理及应用维修方法，为进一步学习电力拖动技术、电气控制设备的安装及其应用奠定坚实的基础。

表 5 - 4　特殊电动机及其控制线路总结

学习单元	主要内容	知 识 要 点
伺服电动机及其控制线路常见故障排查	（1）直流伺服电动机。 （2）交流伺服电动机。 （3）进给伺服系统机中伺服电动机的常见故障排查	（1）直流伺服电动机的结构。 （2）直流伺服电动机的控制方式。 ① 电枢控制。 ② 磁场控制。 （3）交流伺服电动机的结构。 （4）交流伺服电动机的工作原理。 （5）交流伺服电动机的控制方式。 ① 幅值控制。 ② 相位控制。 ③ 幅值相位控制。 （6）伺服电动机的常见故障与排查。 ① 通电后电动机不能转动，但无异响，也无异味和冒烟。 ② 通电后电动机不转，有嗡嗡声。 ③ 电动机启动困难，带额定负载时，电动机转速低于额定转速较多。 ④ 电动机空载电流不平衡，三相相差大。 ⑤ 电动机运行时响声不正常，有异响。 ⑥ 运行中电动机振动较大。 ⑦ 轴承过热。 ⑧ 电动机过热甚至冒烟
步进电动机及其控制线路常见故障排查	（1）步进电动机的结构与工作原理。 （2）步进电动机的主要技术指标和运行特性。 （3）步进电动机的控制。 （4）步进电动机的故障排查	（1）步进电动机的结构。 （2）步进电动机的工作原理。 ① 三相单三拍控制方式的原理。 ② 三相双三拍控制方式和三相单、双六拍控制方式的原理。 （3）步进电动机的主要技术指标和运行特性。 ① 步距角和静态步距误差。 ② 最大静转矩。 ③ 矩频特性。 ④ 启动频率和连续运行频率。 （4）步进电动机的控制。 ① 换相顺序控制。 ② 步进电动机的转向控制。 ③ 步进电动机的速度控制。 （5）打印机中步进电动机的故障与排查。 打印机中步进电动机与控制线路常见故障表现为不进纸和电动机损坏，其排查方法如下： ① 绕组阻值测量法。 ② 绕组电压测量法。 ③ 绕组驱动波形测量法。 ④ 步进电动机单步运行状态检查。 ⑤ 步进电动机角位移和脉冲数关系的检查

拓展训练

1. 伺服电动机不仅具有启动和停止的伺服性，还必须具有（　　）的大小和方向的可控性。

　　A. 转速　　　　　　B. 定子　　　　　　C. 转子　　　　　　D. 绕组

2. 交流伺服电动机通常转子采用空心杯结构，转子电阻较大是因为（　　）。

　　A. 减小能量损耗　　　　　　　　　B. 克服自转，减小转动惯量，消除剩余电压

　　C. 改善机械特性的非线性　　　　　D. 提高转速

3.（　　）控制时，直流伺服电动机的机械特性和调节特性都是线性的。

　　A. 电压　　　　　　B. 电流　　　　　　C. 电枢　　　　　　D. 电阻

4.（　　）控制时，直流伺服电动机的调节特性不是线性的。

　　A. 电压　　　　　　B. 电流　　　　　　C. 电枢　　　　　　D. 磁场

5. 交流伺服电动机的稳定性高是指随（　　）的增加而均匀下降。

　　A. 绕组　　　　　　B. 电压　　　　　　C. 电流　　　　　　D. 转矩

6. 某五相步进电动机在脉冲电源频率为 2400 Hz 时，转速为 1200 r/m，可知此时步进电动机的步距角为（　　）。

　　A. 1.5°　　　　　　B. 3°　　　　　　C. 6°　　　　　　D. 4°

7. 某步进电动机转子为 40 齿，拍数为 6，通电频率为 400 Hz，则步距角为（　　），转速为（　　）。

　　A. 100 r/min　　B. 12.5 r/min　　C. 5°　　　　　　D. 1.5°

8. 步进电动机是将电脉冲信号转换为相应的（　　）的一种特殊电动机。

　　A. 角位移或直线位移　　　　　　B. 磁场

　　C. 转速　　　　　　　　　　　　D. 转矩

9. 步进电动机可以在开环系统中在很宽的范围内通过改变（　　）来调节电动机的转速。

　　A. 电压　　　　　　B. 电流　　　　　　C. 脉冲的频率　　　D. 电阻

10. 步进电动机按三相单三拍运行时 $\theta=$（　　）。

　　A. 20°　　　　　　B. 30°　　　　　　C. 40°　　　　　　D. 50°

11. 步进电动机的三相双三拍通电方式是（　　）。

　　A. AB－BC－CA－AB　　　　　　B. AB－BA－CB－AC

　　C. BA－CA－BC－AB　　　　　　D. AB－CA－AB－BC

12. 步进电动机的拍数越多，步距角越（　　），动稳定区就越接近静稳定区。

　　A. 大　　　　　　B. 小　　　　　　C. 快　　　　　　D. 慢

13. 步进电动机三相单双六拍运行时步距角为（　　）。

　　A. 20°　　　　　　B. 1.5°　　　　　　C. 40°　　　　　　D. 50°

14. 增加（　　）和转子的齿数可以减小步距角。

　　A. 拍数　　　　　　B. 绕组　　　　　　C. 电极　　　　　　D. 电压

15. 混合式步进电动机也称为（　　）式步进电动机。

A. 感应　　　　　B. 步进　　　　　C. 步距角　　　　　D. 混合

16. 对伺服电动机的基本要求是（　　　　　）、（　　　　　）和（　　　　　）。

17. 直流伺服电动机的励磁方式有（　　　）和（　　　）两种。

18. 直流伺服电动机的控制方式有（　　　）和（　　　）两种。

19. 交流伺服电动机的控制方式有（　　　）和（　　　）两大类。

20. 伺服电动机又称（　　　）电动机，在自动控制系统中作为（　　　）元件。它将输入的电压信号变换成（　　　）和（　　　）输出，以驱动控制对象。

21. 交流伺服电动机的转子电阻一般都做得较大，其目的是使转子在转动时产生（　　　），使它在控制绕组不加电压时，能及时制动，防止自转。

22. 伺服电动机的结构及原理类似于单相电动机，不同之处在于是否有（　　　）。

23. 交流伺服电动机和测速电动机的（　　　）电阻均较大。

24. 对一台结构已确定的步进电动机，改变（　　　）可以改变其步距角。

25. 某步进电动机采用六拍供电，电源频率为 400 Hz，转子齿数为 40 齿，则步距角为（　　　），转速为（　　　）。

26. 三相六拍供电时步距角（　　　），运行平稳，启动转矩（　　　），经济性较好。

27. 步角距是指步进电动机每次切换控制绕组脉冲时，转子（　　　）。

28. 单三拍中，"单"是指每次只有（　　　）相绕组通电，三拍是指经过（　　　）次切换控制绕组的电脉冲为一个循环。

29. 双三拍中，"双"是指每次有（　　　）相绕组通电，三拍是指经过（　　　）次切换控制绕组的电脉冲为一个循环。

30. 步进电动机的种类很多，主要有（　　　）式、（　　　）式和（　　　）式。

项目 5 案例

项目 6　典型电气控制线路与常见故障

 项目描述

电气控制线路应用在各种电气控制系统和设备中，如自动化产生线设备、机床加工设备、办公自动化设备、造纸和印刷机械设备、电力机车控制系统等。本项目以典型的机床加工设备和起重机设备中的电气控制线路为例，介绍电气控制线路的组成、工作原理、连接安装、调试维修等的内容。作为电气工程技术人员，应该熟悉机床电气控制线路的工作原理，掌握其连接检修技能。

 项目目标

知识目标	1. 了解典型机床电气控制线路的组成和工作原理 2. 会应用电工工具连接安装典型机床电气控制线路 3. 能认识并应用典型的车床、镗床等机床加工设备 4. 会分析典型机床电气控制线路的常见故障
能力目标	1. 会识读电气控制线路图 2. 会用仪表和工具检修典型的机床电气控制线路
思政目标	1. 培养学生民族自豪感 2. 培养学生精益求精的工匠精神 3. 训练或培养学生获取信息的能力 4. 培养学生团结协作、交流协调的能力 5. 培养学生安全生产、遵守操作规程等良好的职业素养

 **知识准备**

6.1　CA6140 车床电气控制线路的分析与检修

6.1.1　CA6140 车床的组成与应用

1. 概述

车床是一种应用极为广泛的金属切削机床，能够车削外圆、内圆、端面、螺纹，切断及割槽等，并可以装上钻头或铰刀进行钻孔和铰孔等。本单元以 CA6140 车床为载体，介绍车床的作用、类型、组成和车床电气控

CA6140 车床的
组成与应用

制线路的原理、安装与调试等内容。

2. 车床的类型与作用

车床主要有普通车床和数控车床两大类。按用途和结构的不同，普通车床主要分为卧式车床、落地车床、立式车床、转塔车床、单轴自动车床、多轴自动和半自动车床、仿形车床、多刀车床和各种专门车床，如凸轮轴车床、曲轴车床、车轮车床、铲齿车床。在所有车床中，以卧式车床应用最为广泛。卧式车床的加工尺寸公差等级可达 IT8～IT7，表面粗糙度 R_a 值可达 1.6 μm。

普通车床的加工对象广，主轴转速和进给量的调整范围大，能加工工件的内外表面、端面和内外螺纹。这种车床主要由工人手工操作，生产效率低，适用于单件、小批生产和修配车间。

转塔车床和回转车床具有能装多把刀具的转塔刀架或回轮刀架，能在工件的一次装夹中由工人依次使用不同刀具完成多种工序，适用于成批生产。

自动车床能按一定程序自动完成中小型工件的多工序加工，能自动上下料，重复加工一批同样的工件，适用于大批、大量生产。

多刀半自动车床有单轴、多轴、卧式和立式之分。单轴卧式的布局形式与普通车床相似，但两组刀架分别装在主轴的前后或上下，用于加工盘、环和轴类工件，其生产率比普通车床高 3～5 倍。

仿形车床能仿照样板或样件的形状尺寸，自动完成工件的加工循环，适用于形状较复杂的工件的小批和成批生产，生产率比普通车床高 10～15 倍。仿形车床有多刀架、多轴、卡盘式、立式等类型。

立式车床的主轴垂直于水平面，工件装夹在水平的回转工作台上，刀架在横梁或立柱上移动，适用于加工较大、较重、难以在普通车床上安装的工件，一般分为单柱和双柱两大类。

铲齿车床在车削的同时，刀架周期地作径向往复运动，用于铲车铣刀、滚刀等的成形齿面，通常带有铲磨附件，由单独电动机驱动的小砂轮铲磨齿面。

专门车床是用于加工某类工件的特定表面的车床，如曲轴车床、凸轮轴车床、车轮车床、车轴车床、轧辊车床和钢锭车床等。

联合车床主要用于车削加工，但附加一些特殊部件和附件后，还可进行镗、铣、钻、插、磨等加工，具有"一机多能"的特点，适用于工程车、船舶或移动修理站上的修配工作。

图 6-1 所示为车床设备的外形图。

（a）普通车床　　　　　　　　　　　　　　　　　（b）数控车床

图 6-1　车床设备的外形图

3. 车床的组成和主要结构

普通车床主要由机械部分、液压部分、电气部分组成。普通车床的外部主要由床身、主轴箱、进给箱、溜板箱、刀架、光杠、丝杠和尾座等部件组成，如图 6-2 所示。

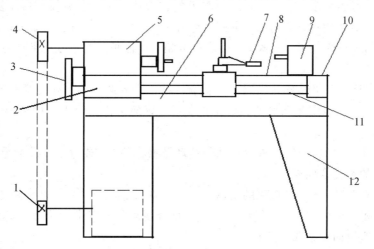

1—带轮；2—进给箱；3—挂轮架；4—带轮；5—主轴箱；6—床身；
7—刀架；8—溜板箱；9—尾座；10—丝杠；11—光杠；12—床腿杠

图 6-2 普通车床的结构示意图

4. CA6140 车床的组成与应用

1）基本结构

CA6140 车床是一种机械结构比较复杂而电气系统简单的机电设备，是用来进行车削加工的机床。CA6140 车床在加工时通过主轴和刀架运动的相互配合来完成对工件的车削加工。CA6140 型卧式车床属通用的中型车床。其外形及组成部件如图 6-3 所示。其主要组成部件可概括为"三箱刀架尾座床身"，即主轴箱、溜板箱、进给箱、刀架、尾座、床身。

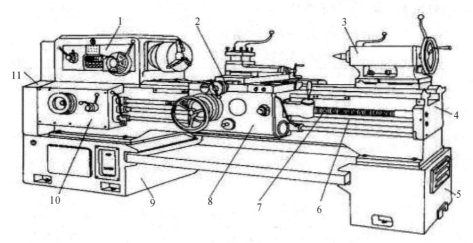

1—主轴箱；2—刀架；3—尾座；4—床身；5、9—床腿；
6—光杠；7—丝杠；8—溜板箱；10—进给箱；11—挂轮

图 6-3 CA6140 车床外形图

（1）主轴箱。主轴箱由箱体、主轴、传动轴、轴上传动件、变速操纵机构、润滑密封件等组成。主轴通过前端的卡盘或者花盘带动工件完成旋转作主运动，也可以安装前尖顶通过拨盘带动工件旋转。

（2）刀架。刀架装在小溜板上，而小溜板装在中溜板上，纵溜板可沿床身导轨纵向移动，从而带动刀具纵向移动，用来车外圆、镗内孔等。中溜板相对于纵溜板作横向移动，用来带动刀具加工端面、切断、切槽等。小溜板可相对中溜板改变角度后带动刀具斜进给，用来车削内外短锥面。

（3）尾座。尾座可沿其导轨纵向调整位置，其上可安装顶尖用于支撑长工件的后段以加工长圆柱体，也可以安装孔加工刀具来加工孔。尾座可横向作少量的调整，用于加工小锥度的外锥面。

（4）进给箱。进给箱内装有进给运动的传动及操作装置，通过改变进给量的大小，可改变所加工螺纹的种类及导程。

（5）床身及床腿。床身是机床的支承件，它安装在左床腿和右床腿上并支承在地基上。床身上安装着机床的各部件，并保证它们之间符合要求的相互准确位置。床身上面有纵向运动导轨和尾座纵向调整移动的导轨。

（6）溜板箱。溜板箱与纵向滑板（床鞍）相连。溜板箱内装有纵、横向机动进给的传动换向机构和快速进给机构等。

2）CA6140 型号的意义

图 6-4 所示为 CA6140 车床型号的意义。

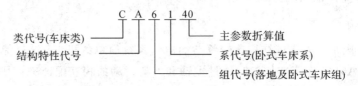

图 6-4 CA6140 车床型号的意义

3）CA6140 车床的主要技术参数

CA6140 车床的主要技术参数如表 6-1 所示。

表 6-1 CA6140 车床的主要技术参数

床身上最大工件回转直径		400 mm
刀架上最大工件回转直径		210 mm
最大工件长度		1000 mm
主轴中心至床身平面导轨距离		205 mm
最大车削长度		650 mm、900 mm、1400 mm
主轴孔径		48 mm
主轴转速	正转（24 级）	10～1400 r/min
	反转（12 级）	14～1580 r/min
刀架纵向及横向进给量		各 64 种

续表

纵　向	一般进给量	0.08～1.59 mm
	小进给量	0.028～0.054 mm
	加大进给量	1.71～6.33 mm
横　向	一般进给量	0.04～0.79 mm
	小进给量	0.014～0.027 mm
	加大进给量	0.86～3.16 mm
刀架纵向快速移动速度		4 m/min
车削螺纹范围	米制螺纹(44 种)	1～192 mm
	英制螺纹(20 种)	2～24 牙/in
	模数螺纹(39 种)	0.25～48 mm
	经节螺纹(37 种)	1～96 牙/in
主轴电动机	功率	7.5 kW
	转速	1450 r/min
快速移动电动机	功率	250 kW
	转速	2800 r/min

注:1 in＝2.54 cm。

4) CA6140 车床的加工范围及特点

(1) CA6140 车床的加工范围。

CA6140 车床的工艺范围很广,它能完成车削内外圆柱面、圆锥面、车削端面、各种螺纹、成形回转面和环形槽等多种加工工序,也可以进行钻孔、扩孔、铰孔、攻螺纹、套螺纹和滚花等工作。CA6140 车床的主运动由工件随主轴旋转来实现,而进给运动由刀架的横向移动来完成。由于机械产品中回转表面的零件很多,车床的工艺范围又较广泛,因此CA6140 车床的使用十分广泛。

(2) CA6140 车床的加工特点。

CA6140 车床的加工特点如下:

① 加工范围较大。

② 加工时,主运动是工件和旋转运动,进给运动是刀具的纵向和横向移动。

③ 正常情况下,在车削加工过程中,切削力比较稳定,加工比较平稳。

④ 在车削加工过程中,切屑和刀具之间的剧烈挤压和摩擦以及刀具与工件之间的摩擦会产生大量的切削热,但大部分热量被切屑带走,所以 CA6140 在加工过程中一般可以不使用切削液。

在一般情况下,这种机床多用于粗加工和半精加工。

5) CA6140 车床电力拖动特点及控制要求

(1)主拖动电动机从经济性、可靠性考虑,一般选用笼型三相异步电动机,不进行电气调速(为满足调速要求,采用机械变速)。

(2)采用齿轮箱进行机械有级调速。为减小振动,主拖动电动机通过几条三角皮带将动力传递到主轴箱。

(3)为车削螺纹,主轴要求有正、反转。其正、反转可通过主拖动电动机正、反转或采用机械方法来实现。对小型普通车床,一般采用电动机正、反转控制;对于中型普通车床(主拖动电动机容量较大),主轴正、反转一般采用多片摩擦离合器来实现(电动机只作单向旋转)。

(4)主拖动电动机的启动、停止采用按钮操作。一般中小型电动机均采用直接启动(当电动机容量较大时,常用 Y-△减压启动)。停车时为实现快速停车,一般采用机械或电气制动。

(5)刀架移动和主轴转动有固定的比例关系,以便满足对螺纹加工的需要。这由机械传动保证,对电气方面无任何要求。

(6)车削加工时,刀具及工件温度过高,有时需用冷却液进行冷却,因而应该配有冷却泵电动机拖动冷却泵输出冷却液,且冷却泵电动机与主轴电动机有着联锁关系,即要求在主拖动电动机启动后,冷却泵方可选择启动与否,而当主拖动电动机停止时,冷却泵应立即停止。

(7)为实现溜板箱的快速移动,由单独的快速移动电动机拖动,采用的是点动控制。

(8)必须有过载、短路、失压和欠压保护。

(9)具有安全可靠的局部照明和信息指示装置。

6.1.2 CA6140 车床电气控制线路与原理

1. 机床电气控制线路原理图的基本知识

1)绘制和识读电气原理图的规范

CA6140 车床电
气控制线路
与原理

(1)电气原理图一般分为主电路和辅助电路两部分。主电路就是从电源到电动机有较大电流通过的电路。辅助电路包括控制电路、照明电路、信号电路及保护电路等,由继电器和接触器的线圈、继电器的触点、接触器的辅助触点、按钮、照明灯、控制变压器等电器元件组成。

(2)电气原理图中,各电器元件不画实际的外形图,而采用国家规定的统一标准的图形符号,文字符号也要符合国家规定。

(3)原理图中,各电器元件和部件在控制线路中的位置应根据便于阅读的原则安排,同一电器元件的各部件根据需要可以不画在一起,但文字符号要相同。

(4)图中所有电器的触点都应按没有通电和没有外力作用时的初始开闭状态画出。例如,继电器、接触器的触点按吸引线圈不通电时的状态画,控制器按手柄处于零位时的状态画,按钮、行程开关触点按不受外力作用时的状态画。

(5)原理图中,无论是主电路还是辅助电路,各电器元件一般按动作顺序从上到下、从左到右依次排列,可水平布置或者垂直布置。

(6)原理图中,有直接联系的交叉导线连接点,要用黑圆点表示;无直接联系的交叉导线连接点不画黑圆点。

2）应用电气原理图的注意事项

（1）图面区域的划分。

在原理图上方使用的"电源保护……"等字样表明对应区域下方元件或电路的功能，使读者能清楚地知道某个元件或某部分电路的功能，以利于理解全电路的工作原理。

图样下方的1、2、3等数字是图区编号，它是为了便于检索电气线路、方便阅读分析、避免遗漏而设置的。

（2）符号位置的索引。

符号位置的索引用图号、页次和图区号的组合索引法。索引代号的组成如图6-5所示。

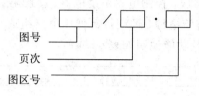

图6-5 索引代号的组成

当某图号仅有一页图样时，只写图号和图区号，如图6-6(a)所示；当某一元件相关的各符号元素出现在只有一张图纸的不同图区时，索引代号只用图区号表示，如图6-6(b)所示。

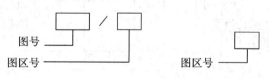

图6-6 索引代号特例

图6-7的图区2中KM1的"7"和"9"即为最简单的索引代号，它指出了接触器KM1的线圈位置在图区7和9。

图6-7中，接触器KM1、KM2和KM3线圈下方表达的是相应触点的索引。

$$
\begin{array}{c|ccc}
 & KM1 & KM3 & KM2 \\
2 & 7 \times & 4 \times \times & 3 \times \times \\
2 & 9 \times & 4 & 3 \\
2 & & 4 & 3
\end{array}
$$

图6-7 索引代号示例

电气原理图中，接触器和继电器线圈与触点的从属关系需用附图表示，即在原理图中相应线圈的下方，给出触点的图形符号，并在其下面注明相应触点的索引代号，对未使用的触点用"×"表明，有时也可采用上述省去触点的表示法。

对接触器，上述表示法中各栏的含义如表6-2所示。

表6-2 接触器位置索引中各栏的含义

左　栏	中　栏	右　栏
主触点所在图区号	辅助常开触点所在图区号	辅助常闭触点所在图区号

对继电器，上述表示法中各栏的含义如表 6-3 所示。

表 6-3 继电器位置索引中各栏的含义

左 栏	右 栏
常开触点所在图区号	常闭触点所在图区号

2. CA6140 车床电气控制线路的原理图

CA6140 型普通车床电气控制系统主要由电源电路、主电路、控制电路和辅助电路四部分组成，如图 6-8 所示。图中，电源电路由电源保护器和电源开关组成，主电路由电动机、电磁铁及其保护电器等组成，控制电路由继电器、接触器和电磁铁的线圈、灯泡等元件组成，辅助电路由变压器、整流电源、照明灯等低压电路组成。CA6140 普通车床的电气原理图中对应的电器元件符号及功能说明如表 6-4 所示。

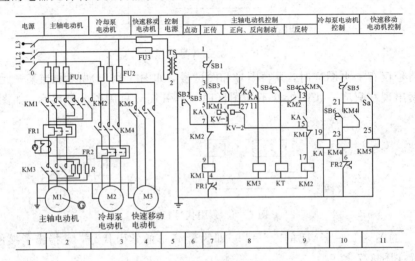

图 6-8 CA6140 型普通车床电气控制线路的原理图

表 6-4 CA6140 普通车床的电气原理图中的电器元件符号及功能说明

符 号	名称及用途	符 号	名称及用途
M1	主轴电动机	SB1	主轴电动机停止按钮
M2	冷却泵电动机	SB2	主轴电动机点动控制按钮
M3	快速移动电动机	SB3	主轴电动机正转启动按钮
KM1	主轴电动机启动接触器	SB4	主轴电动机反转启动按钮
KM2	主轴电动机反转接触器	SB5	冷却泵电动机停止按钮
KM3	主轴电动机串电阻启动接触器	SB6	冷却泵电动机启动按钮
KM4	冷却泵电动机启动接触器	Sa	快速移动电动机启动开关
KM5	快速移动电动机启动接触器	FU1~FU3	熔断器
FR1	主轴电动机过载保护热继电器	FR2	冷却泵电动机过载保护热继电器

3. CA6140 车床电气控制线路的原理分析

CA6140 型普通车床电气控制系统主要由电源电路、主电路、控制电路和辅助电路四部分组成。在分析电气线路之前，首先要了解生产工艺与执行电器的关系，这样才能对电气电路进行有效的分析。

1）生产工艺与执行电器的关系

分析 CA6140 型普通车床电气线路之前，应该熟悉 CA6140 型普通车床生产机械的工艺情况，充分了解生产机械要完成哪些动作，这些动作之间又有什么联系，然后进一步明确生产机械的动作与执行电器的关系，必要时可以画出简单的工艺流程图，为分析电气线路提供方便。

CA6140 型普通车床在做车削加工时，为防止刀具与工件温度过高，需用切削液对其进行冷却，为此设置有一台冷却泵电动机 M2，驱动冷却泵输出冷却液，而带动冷却泵的电动机只需单向旋转，且与主轴电动机 M1 有联锁关系，即冷却泵电动机启动必须在主轴电动机启动之后，当主轴电动机停车时，冷却泵电动机应立即停车。

2）主电路分析

在分析电气线路时，一般应先从电动机着手，根据主电路中有哪些控制元件的主触点、电阻等大致判断电动机是否有正反转控制、制动控制和调速要求等。

主电路中共有三台电动机，图中 M1 为主轴电动机，用以实现主轴旋转和进给运动；M2 为冷却泵电动机；M3 为快速移动电动机。M1、M2、M3 均为三相异步电动机，容量均小于 10kW，M1 采用串电阻启动，M2、M3 采用全压启动，皆由交流接触器控制单向旋转。

M1 电动机由启动按钮 SB3、停止按钮 SB1 和接触器 KM1 构成电动机单向连续运转控制电路。主轴的正反转由摩擦离合器改变传动来实现。

M2 电动机是在主电动机启动之后，扳动冷却泵控制按钮 SB6 来控制接触器 KM4 的通断，实现冷却泵电动机的启动与停止。

M3 电动机由装在溜板箱上的快慢速进给手柄内的快速移动按钮开关 SA 来控制 KM5 接触器，从而实现 M3 的点动。操作时，先将快速进给手柄扳到所需移动方向，再按下 SB3 按钮，即可实现该方向的快速移动。

三相相电源通过转换开关 QS1 引入，FU1 和 FU2 作短路保护。主轴电动机 M1 由接触器 KM1 控制启动，热继电器 FR1 为主轴电动机 M1 的过载保护。冷却泵电动机 M2 由接触器 KM4 控制启动，热继电器 FR2 为它的过载保护。快速移动电动机 M3 由接触器 KM5 控制启动。

3）控制电路分析

通常对控制电路按照由上往下或由左往右的顺序依次阅读，可以按主电路的构成情况，把控制电路分解成与主电路相对应的几个基本环节，一个环节一个环节地分析，然后把各环节串起来。

首先，记住各信号元件、控制元件或执行元件的原始状态；然后，设想按动了操作按钮，线路中有哪些元件受控动作，这些动作元件的触点又是如何控制其他元件动作的，进而查看受驱动的执行元件有何运动；再继续追查执行元件带动机械运动时，会使哪些信号元件的状态发生变化；之后查看线路信号元件状态变化时执行元件如何动作……在读图过程中,特别要注意各电器间的相互联系和制约关系,直至将线路全部看懂为止。

图 6-9 所示的 CA6140 型普通车床电气的控制回路的电源由变压器 TC 副边输出 110 V 电压提供,采用 FU3 作短路保护。控制的主电路可以分成主轴电动机 M1、冷却泵电动机 M2 和快速移动电机 M3 等三个部分,其控制电路也可相应地分解成三个基本环节,外加变压电路、信号电路和照明电路。

CA6140 型普通车床的电气控制过程如下:

(1) 主轴电动机的控制:按下启动按钮 SB2,接触器 KM1 的线圈获电动作,其主触点闭合,主轴电动机 M1 启动运行,同时 KM1 的自触点和另一副常开触点闭合。按下停止按钮 SB1,主轴电动机 M1 停车。电动机 M1 的控制线路如图 6-9(a)所示。

(2) 冷却泵电动机的控制:当车削加工过程中工艺需要使用却液时,合上开关 QS2,在主轴电动机 M1 运转情况下,接触器 KM1 线圈获电吸合,其主触点闭合,冷却泵电动机获电运行。由电气原理图可知,只有当主轴电动机 M1 启动后,冷却泵电动机 M2 才有可能启动,当 M1 停止运行时,M2 也就自动停止。电机 M2 的控制线路如图 6-9(b)所示。

(3) 快速移动电动机的控制:快速移动电动机 M3 的启动是由安装在进给操纵手柄顶端的按钮 SB3 来控制的,它与中间继电器 KM3 组成点动控制环节。将操纵手柄扳到所需要的方向,压下按钮 SB3,继电器 KM3 获电吸合,M3 启动,溜板就向指定方向快速移动。电机 M3 的控制线路如图 6-9(c)所示。

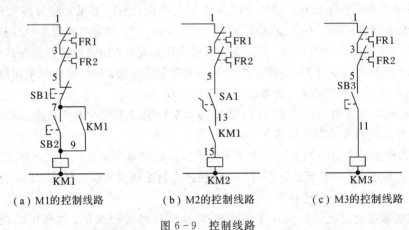

(a) M1的控制线路　　　　　(b) M2的控制线路　　　　　(c) M3的控制线路

图 6-9　控制线路

4)照明和信号灯电路分析

控制变压器 TC 的二次侧分别输出 24 V 和 6 V 电压,作为机床照明灯和信号灯的电源。EL 为机床的低压照明灯,由开关 SA2 控制;HL 为电源的信号灯。照明和信号灯电路采用 FU4 作短路保护。

5)线路中的保护设置

(1) 短路保护:由熔断器 FU1、FU2 和 FU3 实现主电路、控制电路的短路保护。

(2) 过载保护:由热继电器 FR1、FR2 实现主轴电动机、冷却泵电动机的长期过载保护。

(3) 欠电压保护:由接触器本身的电磁机构来实现。当电源电压严重过低或失电压时,接触器的衔铁自行释放,电动机失电而停机。当电源电压恢复正常时,接触器线圈不能自动得电，只有再次按下启动按钮后电动机才会启动，防止突然断电后来电，造成人身及设备损害的危险。

6.1.3　CA6140 车床电气控制线路的安装与常见故障检修

CA6140 车床电气
控制线路的安装
与常见故障检修

1. CA6140 车床电气控制线路的安装

进行 CA6140 车床电气控制线路的安装时，在分析其电气控制线路原理的基础上，首先要了解安装工具、仪表、器材及元器件的型号参数；其次了解各个元器件在车床中的位置并绘制元器件安装的布线图；在掌握正确的安装步骤的基础上，了解安装的工艺要求和注意事项；安装完成后按安装的顺序对连接的线路和元器件的正确性进行逐个检查；为确保安装不出现错误，自检查完成后，还要进行互相检查以及多次自检和互相检查；在进行多次检查后以及没有发现安装错误的条件下，才能进行通电运行。

1）安装工具、仪表、器材及元器件

（1）工具：电工常用工具。

（2）仪表：MF47 型万用表、500 V 兆欧表、钳形电流表等。

（3）器材：控制板、走线槽、各种规格的软线和紧固件、金属软管、编码套管等。

（4）CA4160 型车床所需元器件见表 6-5 所示。

表 6-5　CA4160 型车床所需元器件

符号	元件名称	型号	规格	件数	作用
M1	主轴电动机	Y132M-4-B3	7.5 kW, 1450 r/min	1	工件的旋转和刀具的进给
M2	冷却泵电动机	AOB-25	90 W, 3000 r/min	1	供给冷却液
M3	快速移动电动机	AOS5634	0.25 kW, 1360 r/min	1	刀架的快速移动
KM3	交流接触器	CJ0-10A	127 V, 10 A	1	控制主轴电动机 M1
KM4	交流接触器	CJ0-10A	127 V, 10 A	1	控制冷却泵电动机 M2
KM5	交流接触器	CJ0-10A	127 V, 10 A	1	控制快速移动电动机 M3
QF	低压断路器	DZ5-20	380 V, 20 A	1	电源总开关
SB1	按钮	LA2 型	500 V, 5 A	1	主轴停止
SB2	按钮	LA2 型	500 V, 5 A	1	主轴启动
SB3	按钮	LA2 型	500 V, 5 A	1	快速移动电动机 M3 点动
SA	钥匙式电源开关			1	开关锁
SA1	转换开关	HZ2-10/3	10 A，三极	1	控制冷却泵电动机
SA2	转换开关	HZ2-10/3	10 A，三极	1	控制照明灯
SQ1	行程开关	LX3-11K		1	打开皮带罩时被压下

续表

符号	元件名称	型号	规格	件数	作用
SQ2	行程开关	LX5 - 11K		1	电气箱打开时闭合
FR1	热继电器	JR16 - 20/3D	15.4 A	1	M1 过载保护
FR2	热继电器	JR2 - 1	0.32 A	1	M2 过载保护
TC	变压器	BK - 200	380/127、36、6 V	1	控制与照明用变压器
FU1	熔断器	RL1	4 A	1	M2、M3 的短路保护
FU2	熔断器	RL1	2 A	1	控制回路的短路保护
FU3	熔断器	RL1	1 A	1	指示灯回路短路保护
EL	照明灯	K - 1，螺口	40 W，36 V	1	机床局部照明
HL	指示灯	DX1 - 0	白色，配 6 V、0.15 A 灯泡	1	电源指示灯

2）CA6140 型车床元件位置图及接线图

CA6140 型车床的元件位置图如图 6 - 10 所示，只有连接各个元器件在车床上的位置，才能进行连接安装。图 6 - 11 为 CA6140 型车床的电气接线图。在连接安装之前，要求正确绘制元器件的安装布线图，这是 CA6140 车床电气安装的基础。

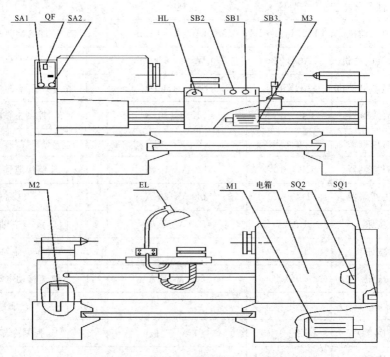

图 6 - 10　CA6140 型车床的元件位置图

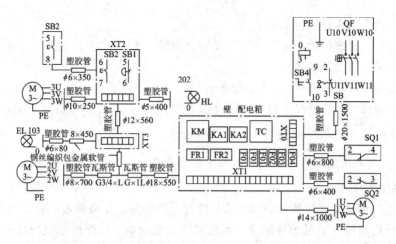

图 6-11 CA6140 型车床的电气接线图

3）CA6140 车床电气安装步骤及工艺要求

车床电气安装的原则和步骤一般按以下顺序进行：

（1）电源部件的安装和线路的连接。

（2）主电路元器件的安装和线路的连接。

（3）控制电路元器件的安装和线路的连接。

（4）辅助电路元器件的安装和线路的连接。

车床电气安装的工艺要求有：

（1）逐个检验电气设备和元件其规格和质量是否合格。

（2）正确选配导线的规格、导线通道类型和数量、接线端子板型号等。

（3）在控制板上安装电器元件，并在各电器元件附近做好与电路图上相同代号的标记。

（4）按照控制板内布线的工艺要求进行布线和套装编码套管。

（5）选择合理的导线走向，做好导线通道的支持准备，并安装控制板外部的所有电器。

（6）进行控制箱外部布线，并在导线线头上套装与电路图相同线号的编码套管。对于可移动的导线通道，应放适当的余量，使金属软管在运动时不承受拉力，并按规定在通道内放好备用导线。

（7）检查电路的接线是否正确，接地通道是否具有连续性。

（8）检查热继电器的整定值是否符合要求，各级熔断器的熔体是否符合要求。如不符合要求，应予以更换。

（9）检查电动机的安装是否牢固，与生产机械传动装置的连接是否可靠。检测电动机及线路的绝缘电阻，清理安装场地。点动控制各电动机启动，检查转向是否符合要求。

（10）通电空转试验时，应认真观察各电器元件、线路、电动机及传动装置的工作情况是否正常。如不正常，应立即切断电源进行检查，在调整或修复后方能再次通电试车。

车床电气安装要注意的事项有：

（1）不要漏接接地线。严禁采用金属软管作为接地通道。

（2）在控制箱外部进行布线时，导线必须穿在导线通道内或敷设在机床底座内的导线通道里。所有导线不允许有接头。

（3）在导线通道内敷设的导线进行接线时，必须集中思想，做到查出一根导线，立即套上编码套管，接上后再进行复验。

（4）在进行快速进给时，要注意将运动部件处于行程的中间位置，以防止运动部件与车头或尾架相撞，产生设备事故。

（5）在安装、调试过程中，工具、仪表的使用应符合要求。

（6）通电操作时，必须严格遵守安全操作规程。

2. CA6140 车床电气控制线路常见故障的检修

1）车床电气控制线路常见故障的检修方法与步骤

（1）观察故障现象。

当车床电气系统发生故障后，切忌盲目随便动手检修。在检修前，通过问、望、切、听来了解故障前后的操作情况和故障发生后出现的异常现象，以便根据故障现象判断出故障发生的部位，进而准确地排除故障。

① "问"。

"问"是指向操作者了解故障发生的前后情况。一般询问的内容有：故障发生在开车前、开车后、还是发生在运行中；是运行中自行停车，还是发生异常状况后停车；等等。

② "望"。

故障发生后，往往会留下一些故障痕迹，查看时可以从以下几个方面入手：

检查外观变化，如熔断指示装置动作、绕组表面绝缘脱落、变压器油箱漏油、接线端子松动脱落、各种信号装置发生故障显示等；观察颜色变化，一些电器设备温度升高会带来颜色变化，如变压器绕组发生短路故障后，变压器的油受热由原来的亮黄色变黑变暗。

③ "切"。

"切"即通过以下方法对电气系统进行检查：用手触摸检查部位感知故障（如电机一些元器件的线圈发生故障的时候温度明显很高），对电路进行通断检查。

④ "听"。

电气设备在正常运转和发生故障时所发出的声响不同，通过声音可判断故障的性质。电动机正常运转的时候发出的声音均匀，无杂声，没有特殊的声响，发生故障时会发出较大声响，如发出嗡嗡声，则表示负载电流过大，如有咝咝声，则表示轴承缺油。

（2）判断故障范围。

检修简单的电气控制电路时，若对每个电器元件、每根连接导线逐一检查，是能够找到故障点的；但遇到复杂电路时，仍采用逐一检查的方法，不仅耗时，而且也容易漏查。在这种情况下，根据电器的工作原理和故障现象，采用逻辑分析确定故障可能发生的范围，可提高检修的针对性，既准又快。

（3）查找故障点。

在确定故障范围后，通过选择合适的检修方法查找故障点。常用的检修方法有：直观法、电压测量法、电阻测量法、短接法、试灯法等。查找故障必须在确定的故障范围内，顺着检修思路逐点检查，直到找出故障点。

① 电压测量法。

电压测量法即使用万用表检测电路的工作电压，以测量结果和正常值作比较。电压测量法又分为电压分阶测量法和电压分段测量法。测量时，把万用表转至交流电压 500 V 挡以上，用万用表的红、黑表棒逐段测量，分别测量线路连接的各元件的两个触点，电路通电正常的情况下，根据测得电压的情况来判断故障点。

② 电阻分段测量法。

首先要断开电源，将万用表调到欧姆挡，用万用表的红、黑表棒逐段测量，分别测量线路连接的各元件的两个触点。若万用表指针无偏转、处于无穷大，则该段线路两点间的触点接触不良，线圈或连接导线断路；若有偏转则表示电路连接正常。

③ 短接法。

短接法是指用一根绝缘良好的导线，把所怀疑的断路部位短接。如果短接过程中电路被接通，就说明该处断路。

短接法一般用于控制电路，不能在主电路中使用，且绝对不能短接负载，如接触器线圈的两端，否则将发生短路故障。

（4）排除故障。

找到故障点后，就要进行故障排除，如更换元件、紧固线头等。更换元件时应注意新元件的型号、规格，并进行性能检测。

（5）通电试车。

故障排除后，应通电试车，使其符合技术要求为止。

2）车床电气控制线路常见故障的检修

车床电气控制线路常见故障的类型较多，检查与维修的方法也不相同。下面通过典型故障的检修过程分析来介绍车床电气控制线路常见故障的检修方法。

（1）主轴电动机 M1 不能启动。

合上电源开关 QF，按下启动按钮 SB2，主轴电动机 M1 不能启动。产生这种故障现象的原因很多，我们就其中的几种情况进行分析。

① 若电源指示灯 HL 亮，则看 KM1 是否吸合。

a. KM1 不吸合：检查 FR1、FR2 是否动作了但未复位，FU2 是否熔断。如无问题，看 KM1 线圈回路的 110 V 电压是否正常，从而判断 110 V 变压器的绕组是否有问题，还是 KM1 线圈烧坏、熔断器插座或某个触点接触不良，或是回路中的连线有问题。

b. KM1 吸合，M1 不转：用万用表测 KM1 主触点的输出端有无电压，若无电压，看输入端，若还无电压，则只能是 U、V、W 到 KM1 的输入端的连线有问题。若 KM1 的输入端有电压，则是由于 KM1 主触点接触不好。若 KM1 主触点的输出端有电压，则检查 M1 有无进线电压。若无电压，说明接触器 KM1 到 M1 进线端之间有问题（包括 FR1 和相应的边线）；若 M1 进线电压正常，则只能是 M1 本身的问题。

② 若电源指示灯 HL 不亮。

a. 合上照明开关 SA2，照明灯亮：从 110 V 变压器、FU2 等和 6 V 变压器、FU3 等方面分别考虑。

b. 合上照明开关 SA2，照明灯也不亮：从电源、QS、熔断器、变压器及其连接线、触点接触等方面分析考虑。

③ M1 断相、负载过重、机械卡死等也可引起 M1 不转。

（2）合上冷却泵开关，冷却泵电动机不能启动。

冷却泵必须在主轴运转时才能运转，事先启动主轴电动机，在主轴正常运转的情况下，检查接触器 KM2 是否吸合。

① 如果 KM2 不吸合,应进一步检查接触器 KM2 线圈两端有无电压。如果有,说明 KM2 的线圈损坏;如果无,应检查 KM1 的辅助触点、冷却泵开关 SA1 接触是否良好,相关连线是否接好。

② 如果 KM2 吸合,应检查电动机 M2 的进线电压有无断相,电压是否正常。如果正常,说明冷却泵电动机或冷却泵有问题;如果电压不正常,应进一步检查热继电器 FR2 是否烧坏,接触器 KM2 主触点是否接触不良,熔断器 FU1 是否熔断,相关的连线是否连接好。

(3)快速移动电动机不能启动。

按点动按钮 SB3,快速移动电动机不能启动,这种故障现象产生的原因主要有两部分:一是电源部分,二是控制线路部分。电源部分可以用电压测量方法查找出故障点所在。若电源部分正常且接触器 KM3 未吸合,则故障必然在控制线路中,这时可检查点动按钮 SB3、接触器 KM3 的线圈是否断路。

(4)主轴电动机不能停转。

按下停止按钮 SB1,主轴电动机不能停转,产生这种故障的原因有:

① 停止按钮 SB1 的故障。

产生这种故障的原因是停止按钮 SB1 的常闭触点短路。此时,切断电源,清洁铁芯极面的污垢或更换触点,即可排除故障。

② 接触器 KM1 的故障。

这类故障多数是由于接触器 KM1 的铁芯面上的油污使铁芯不能释放或 KM1 的主触点发生熔焊。发生这类故障时切断电源,清洁铁芯极面的污垢或更换触点,即可排除故障。

在实际检修过程中,CA6140 普通车床的电气故障是多样的,就是同一种故障现象,发生的故障部位也是不同的。因此,在检修时,不能生搬硬套,而应按不同的故障灵活应用,力求迅速、准确地找出故障点,查明故障原因,及时排除故障。CA6140 普通车床电气控制系统的常见故障及检修方法如表 6-6 所示。

表 6-6 CA6140 普通车床电气控制系统的常见故障及检修方法

故障现象	故障原因分析	故障排除与检修
车床电源自动开关,不能合闸	(1)带锁开关没有将 QF 电源切断。 (2)电箱没有关好	(1)钥匙插入 SB,向右旋转,机床切断 QF 电源。 (2)关上电箱门,压下 SQ2,切断 QF 电源
车床主轴电动机接触器 KM 不能吸合	(1)传动带罩壳没有装好,限位开关 SQ1 没有闭合。 (2)带自锁停止按钮 SB1 没有复位。 (3)热继电器 FR1 脱扣。 (4)KM 接触器线圈烧坏或开路。 (5)熔断器 FU3 熔丝断。 (6)控制线路断线或松脱	(1)重新装好传动带罩壳,机床压迫限位。 (2)旋转拔出停止按钮 SB1。 (3)查出脱扣原因,手动复位。 (4)用万用表测量检查,并更换新线圈。 (5)检查线路是否有短路或过载,排除后按原有规格接上新的熔丝。 (6)用万用表或接灯泡逐级检查断在何处,查出后更换新线或装接牢固

续表一

故障现象	故障原因分析	故障排除与检修
车床主轴电动机不转	(1) 接触器 KM 没有吸合。 (2) 接触器 KM 主触点烧坏或卡住，造成缺相。 (3) 主轴电动机三相线路个别线头烧坏或松脱。 (4) 电动机绕组出线断。 (5) 电动机绕组烧坏开路。 (6) 机械传动系统咬死，使电动机堵转	(1) 按车床主轴电动机接触器 KM 不能吸合检查修复。 (2) 拆开灭弧罩查看主触点是否完好，机床有否不平或卡住现象，若有，调整触点或更换触点。 (3) 查看三相线路各连接点有无烧坏或松脱，若有，更换新线或重新接好。 (4) 用万用表检查，并重新接好。 (5) 用万用表检查，拆开电动机重绕。 (6) 拆去传动带，单独开动电动机，如果电动机正常运转，则说明机械传动系统中有咬死现象，检查机械部分故障。首先判断是否过载，可先将刀具退出，重新启动，如果电动机不能正常运转，再按照传动路线逐级检查
车床主轴电动机能启动，但自动空气断路器 QF 跳闸	(1) 主回路有接地或相间短路现象。 (2) 主轴电动机绕组有接地或匝间、相间有短路现象。 (3) 缺相启动	(1) 用万用表或兆欧表检查相与相及对地的绝缘状况。 (2) 用万用表或兆欧表检查匝间、机床相间及对地的绝缘状况。 (3) 检查三相电压是否正常
车床主轴电动机能启动，但转动短暂时间后又停止转动	接触器 KM 吸合后自锁不起作用	检查 KM 自锁回路导线是否松脱，触点是否损坏
主轴电动机启动后，冷却泵不转	(1) 旋钮开关 SB4 没有闭合。 (2) KM 辅助触点接触不良。 (3) 热继电器 FR2 脱扣。 (4) KA1 接触器线圈烧毁或开路。 (5) 熔断器 FU1 熔丝断。 (6) 冷却泵叶片堵住	(1) 将 SB4 扳到闭合位置。 (2) 用万用表检查触点是否良好。 (3) 查明 FR2 脱扣原因，机床排除故障后手动复位。 (4) 更换线圈或接触器。 (5) 查明原因，排除故障后，换上相同规格的熔丝。 (6) 清除铁屑等异物
快速移动电动机不转	(1) 传动带罩壳限位开关 SQ1 没有压迫。 (2) 停止按钮 KA2 在自锁停止状态。 (3) 按钮 SB3 接触不良。 (4) 电动机线圈烧坏。 (5) 熔断器 FU2 熔断。 (6) 机械故障	(1) 调整限位器距离与行程。 (2) 修理或更换停止按钮。 (3) 修理或更换按钮 SB3。 (4) 重绕线圈或更换电动机。 (5) 检查短路原因并排除。 (6) 排除机械故障

续表二

故障现象	故障原因分析	故障排除与检修
机床照明灯不亮	（1）灯泡坏。 （2）灯泡与灯头接触不良。 （3）开关接触不良或引出线断。 （4）灯头短路或电线破损，对地、机床短路	（1）更换相同规格的灯泡。 （2）将此灯头内舌簧适当抬起，再旋紧灯泡。 （3）更换或重新焊接。 （4）查明原因、排除故障后，更换相同规格的熔丝
主轴电动机不能停转	（1）停止按钮 SB1 的常闭触点短路。 （2）接触器 KM1 的铁芯面上的油污使铁芯不能释放。 （3）KM1 的主触点发生熔焊	（1）用万用表检查触点是否短路，若短路，修理、更换常闭触点或停止按钮 SB1 即可排除故障。 （2）打开接触器 KM1，检查铁芯面上的油污情况，清理铁芯面上的油污或更换接触器 KM1，即可排除故障。 （3）用万用表检查接触器 KM1 触点是否熔焊短接，若短接，对接触器 KM1 触点的熔焊点进行清理修复，若触点的熔焊点不能清理修复，更换一只新的接触器 KM1 即可排除故障

注意：车床所有控制回路接地端必须连接牢固，并与大地可靠接通，以确保机床安全。

 知识点扩展

数控车床

数控车床、车削中心是一种高精度、高效率的自动化机床。配备多工位刀塔或动力刀塔，机床就具有了广泛的加工艺性能，可加工直线圆柱、斜线圆柱、圆弧和各种螺纹、槽、蜗杆等复杂工件。数控车床具有直线插补、圆弧插补等各种补偿功能，并在复杂零件的批量生产中发挥了良好的经济效果。数控技术也叫计算机数控技术（CNC，Computerized Numerical Control），是采用计算机实现数字程序控制的技术。这种技术用计算机事先存储的控制程序来执行对设备的运动轨迹和外设的操作时序逻辑的控制功能。由于采用计算机替代原先用硬件逻辑电路组成的数控装置，因此输入操作指令的存储、处理、运算、逻辑判断等各种控制机能的实现均可通过计算机软件来完成，处理生成的微观指令传送给伺服驱动装置来驱动电机或传送给液压执行元件来带动设备运行。

图 6-12 所示为数控机床外形图。

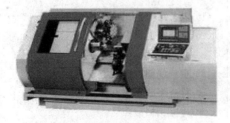 

图 6-12 数控机床

6.2　T68 型卧式镗床电气控制线路的分析与检修

6.2.1　T68 型卧式镗床的组成与应用

1. 概述

T68 型卧式镗床
的组成与应用

镗床是用于孔加工的机床。与钻床比较，镗床主要用于加工精确的孔
和各孔间的距离要求较精确的零件，如一些箱体零件（如机床主轴箱、变
速箱等）。镗床的加工形式主要是用镗刀镗削在工件上已铸出或已粗钻的
孔。除此之外，大部分镗床还可以进行铣削、钻孔、扩孔、铰孔等加工。本节以 T68 型卧式
镗床为载体，介绍镗床的作用、类型、组成和镗床电气控制线路的原理、安装与调试等内
容。

2. 镗床的类型

镗床主要有普通镗床和数控镗床两大类。按用途和结构的不同，普通镗床主要分为卧
式镗床、落地镗床、立式镗床、坐标镗床、金刚镗床、深孔钻镗床和专用镗床等。此外，还
有立式转塔镗铣床、深孔镗床和汽车、拖拉机修理用镗床等。在所有镗床中，卧式镗床的应
用最广泛。图 6-13 是镗床的外形图。

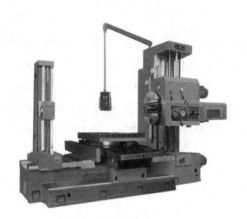

（a）普通镗床　　　　　　　　　　　　（b）数控镗床

图 6-13　镗床设备的外形图

3. 镗床的作用

1）卧式镗床

卧式镗床是应用最多、性能最广的一种镗床，适用于单件小批生产和修理车间，它主
要是孔加工，镗孔精度可达 IT7，表面粗糙度 R_a 值为 $1.6 \sim 0.8 \ \mu m$。卧式镗床的主参数为
主轴直径。镗轴水平布置并作轴向进给，主轴箱沿前立柱导轨垂直移动，工作台作纵向或

横向移动，进行镗削加工。这种机床应用广泛且比较经济，主要用于箱体（或支架）类零件的孔加工及其与孔有关的其他加工面的加工。

2）立式镗床

立式镗床的工作台固定，具有结构简单、刚度高、精度高的优点。加大主电动机功率，适当降低主轴转速，可加大进给量，发展成为镗铰立式精镗床，主轴能安装多刃镗铰刀，最大镗孔直径可达 400 mm。立式镗床适用于大批量生产中对单缸缸体、缸套、液压缸、气缸、电机座等零件进行精镗孔。

3）落地镗床

落地镗床的工件安置在落地工作台上，立柱沿床身纵向或横向运动，可加工工件的范围大，用于加工大型工件，如重型机械制造厂大型工件的加工生产。

4）坐标镗床

坐标镗床是高精度机床的一种，具有精密的坐标定位装置，适于加工形状、尺寸和孔距精度要求都很高的孔，还可用以进行划线、坐标测量和刻度等工作，用于工具车间和中小批量生产中。坐标镗床可分为单柱式坐标镗床、双柱式坐标镗床和卧式坐标镗床。

5）金刚镗床

金刚镗床使用金刚石或硬质合金刀具，以很小的进给量和很高的切削速度镗削精度较高、表面粗糙度较小的孔，因此加工的工件具有较高的尺寸精度（IT6），表面粗糙度可达到 0.2 μm，主要用于大批量生产中。

6）深孔钻镗床

深孔钻镗床本身刚性强，精度保持好，主轴转速范围广，进给系统由交流伺服电机驱动，能适应各种深孔加工工艺的需要。授油器紧固和工件顶紧采用液压装置，仪表显示安全可靠。深孔钻镗床可选择下列几种工作形式：工件旋转、刀具旋转和往复进给运动，适用于钻孔和小直径镗孔；工件旋转、刀具不旋转只作往复运动，适用于镗大直径孔和套料加工；工件不旋转、刀具旋转和往复进给运动，适用于复杂工件的钻孔、小直径的钻孔和小直径镗孔。

4. T68 型卧式镗床的组成与应用

1）基本结构

T68 型卧式镗床用来加工各种复杂和大型工件，如箱体零件、机体等，是一种应用性能很广的机床。除了镗孔外，T68 型卧式镗床还可以进行钻、扩、铰孔、车削内外螺纹，用丝锥攻丝，车外圆柱面和端面，用端铣刀与圆柱铣刀铣削平面，用镗刀对工件已有的预制孔进行镗削。通常镗刀旋转为主运动，镗刀或工件的移动为进给运动。T68 型卧式镗床主要用于加工高精度孔或一次定位完成多个孔的精加工。此外，还可以从事与孔的精加工有关的其他加工面的加工。使用不同的刀具和附件还可进行钻削、铣削，其加工精度和表面质量要高于钻床。

镗床是大型箱体零件加工的主要设备。如图 6-14 所示，T68 型卧式镗床主要由床身、前立柱、后立柱、下滑座、上滑座、工作台等部分组成。

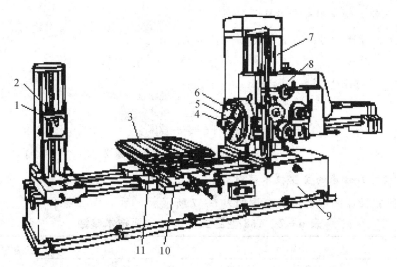

1—支承架；2—后立柱；3—工作台；4—主轴；5—平旋盘；6—径向刀架；
7—前立柱；8—主轴箱；9—床身；10—下滑座；11—上滑座

图 6-14　T68 型卧式镗床的外形图

T68 型卧式镗床床身由整体的铸件制成，在它的一端装着固定不动的前立柱，在前立柱的垂直导轨上装有主轴箱，可上下移动，并由悬挂在前立柱空心部分内的对重来平衡，在主轴箱上集中了主轴部件、变速箱、进给箱与操纵机构等部件。切削刀具安装在主轴前端的锥孔里，或装在平旋盘的径向刀架上。在工作过程中，主轴一面旋转，一面沿轴向作进给运动。平旋盘只能旋转，装在它上面的径向刀架可以在垂直于主轴轴线方向的径向作进给运动。平旋盘主轴是空心轴，主轴穿过其中空部分，通过各自的传动链传动，因此可独立转动。在大部分工作情况下使用主轴加工，只有在用车刀切削端面时才使用平旋盘。

后立柱上的支承架用来夹持装夹在主轴上的主轴杆的末端，它可以随主轴箱同时升降，因而两者的轴心线始终在同一直线上，后立柱可沿床身导轨在主轴轴线方向上调整位置。

安装工件的工作台安放在床身中部的导轨上，它有下滑座、上滑座，且工作台相对于上滑座可回转。这样，配合主轴箱的垂直移动，以及工作台的横向、纵向移动和回转，就可加工工件上一系列与轴心线相互平行或垂直的孔。

2）T68 型卧式镗床的运动形式

卧式镗床的运动形式是主运动为镗轴和平旋盘的旋转运动。进给运动包括：

（1）镗轴的轴向进给运动。

（2）平旋盘上刀具滑板的径向进给运动。

（3）主轴箱的垂直进给运动。

（4）工作台的纵向和横向进给运动。

辅助运动包括：

（1）主轴箱、工作台等的进给运动上的快速调位移动。

（2）后立柱的纵向调位移动。

（3）后支承架与主轴箱的垂直调位移动。

（4）工作台的转位运动。

3）T68 型卧式镗床型号的意义

T68 型卧式镗床型号的意义如图 6-15 所示。

图 6-15 T68 型卧式镗床型号的意义

4）T68 型卧式镗床的主要技术参数

T68 型卧式镗床的主要技术参数如表 6-7 所示。

表 6-7 T68 型卧式镗床的主要技术参数

主轴直径	85 mm
主轴的最大许用扭转力矩	110 kg·m
主轴可承受的最大进给抗力（轴向）	1300 kg
平旋盘最大许用扭转力矩	220 kg·m
主轴内孔锥度	莫氏 5 号
主轴最大行程	600 mm
平旋盘径向刀架的最大行程	170 mm
最经济的镗孔直径	240 mm
工作台可承载的最大重量	2000 kg
主轴中心线距工作台面的最大距离	800 mm
主轴的转速种数	18 种
主轴的转速范围	20～1000 r/min
平旋盘的转速种数	14 种
平旋盘的转速范围	10～200 r/min
主轴每转时主轴、主轴箱、工作台的进给量种数	18 种
主轴每转时主轴的进给量范围	0.05～16 mm
主轴每转时主轴箱、工作台的进给量范围	0.025～8 mm
工作台行程（纵向）	1140 mm
工作台行程（横向）	850 mm
主轴快速移动速率	4.8 m/min
主轴电动机的功率	5.2/7 kW
主轴电动机的转度	1500/3000 r/min
快速移动电动机的功率	2.8 kW
快速移动电动机的转度	1500 r/min

5）T68 型卧式镗床的电力拖动特点及控制要求

（1）卧式镗床的主运动和进给运动多用同一台异步电动机拖动。为了适应各种形式和各种工件的加工，要求镗床的主轴有较宽的调速范围，因此多采用由双速或三速笼型异步电动机拖动的滑移齿轮有级变速系统。采用双速或三速电动机拖动，可简化机械变速机构。目前，采用电力电子器件控制的异步电动机无级调速系统已在镗床上获得了广泛应用。

（2）镗床的主运动和进给运动都采用机械滑移齿轮变速，为有利于变速后齿轮的啮合，要求有变速冲动。

（3）要求主轴电动机能够正反转，可以点动进行调整，并要求有电气制动，通常采用反接制动。

（4）卧式镗床的各进给运动部件要求能快速移动，一般由单独的快速进给电动机拖动。

（5）主轴电动机应设有快速准确的停车环节。

6.2.2　T68 型卧式镗床电气控制线路与原理

1. T68 型卧式镗床电气控制线路的原理图

T68 型卧式镗床电气控制系统主要由电源电路、主电路、控制电路和辅助电路四部分组成，如图 6-16 所示。其中，电源电路由电源保护器和电源开关组成；主电路由电动机、电磁铁及其保护电器等组成；控制电路由继电器、接触器和电磁铁的线圈、灯泡等元件组成；辅助电路由变压器、整流电源、照明灯等低压电路组成。T68 型卧式镗床电气控制系统的电路原理图（见图 6-16）中对应的电器元件符号及功能说明如表 6-8 所示。

T68 型卧式镗床
电气控制线路
与原理

表 6-8　T68 型卧式镗床电气控制系统的电路原理图中的电器元件符号及功能说明

符　号	名称及用途	符　号	名称及用途
1M	主轴电动机	SQ1，SQ2	主轴用变速限位开关
2M	快速移动电动机	SQ3，SQ4	进给变速用限位开关
KM1，KM2	主轴电动机正反转用接触器	SQ	接通主轴电动机高速用限位开关
KM3	限流电阻短路用接触器	SQ5，SQ6	快速电动机正反转用限位开关
KM4，KM5	主轴电动机高低速转换用接触器	R	点动、高速启动，制动用限流电阻
KM6，KM7	快速电机正反转用接触器	FR	主轴电动机过载保护热继电器
SB1	主轴电动机停止按钮	HL	信号灯
SB2，SB3	主轴电动机正反转用按钮	QS1	隔离开关
SB4，SB5	主轴电动机正反转点动按钮	FU1～FU5	短路保护熔断器

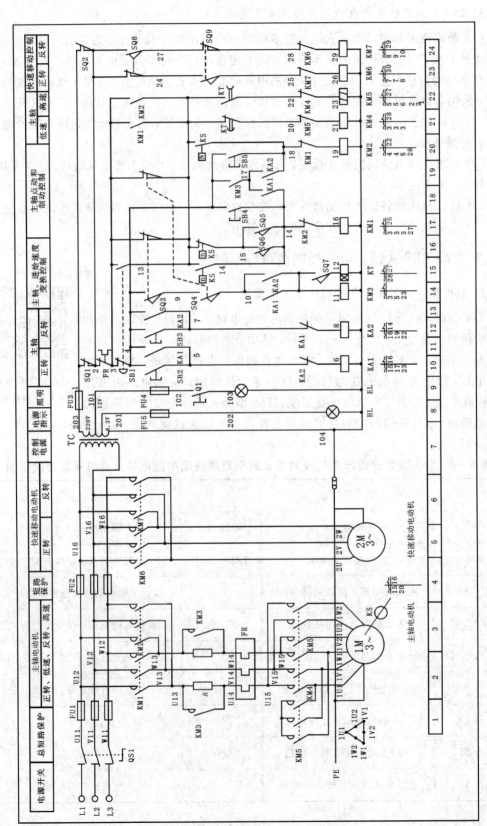

图6-16 T68型卧式镗床电气控制系统电路原理图

2．T68 型卧式镗床电气控制线路的原理分析

1）生产工艺与执行电器的关系

分析 T68 型卧式镗床电气线路之前，应该熟悉 T68 型卧式镗床生产机械的工艺情况，充分了解生产机械要完成哪些动作，这些动作之间又有什么联系；然后进一步明确生产机械的动作与执行电器的关系，必要时可以画出简单的工艺流程图，为分析电气线路提供方便。T68 型卧式镗床机械加工运动示意图如图 6-17 所示。

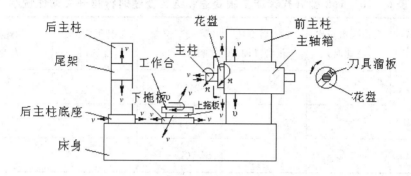

图 6-17　T68 型卧式镗床机械加工运动示意图

（1）T68 型卧式镗床机械加工运动有：

① 主运动：镗杆（主轴）旋转或平旋盘（花盘）旋转。

② 进给运动：主轴轴向（进、出）移动、主轴箱（镗头架）的垂直（上、下）移动、花盘刀具溜板的径向移动、工作台的纵向（前、后）和横向（左、右）移动。

③ 辅助运动：工作台的旋转运动、后立柱的水平移动和尾架的垂直移动。

主运动和各种常速进给由主轴电动机 1M 驱动，但各部分的快速进给运动是由快速进给电动机 2M 驱动的。

（2）T68 型卧式镗床电气控制线路的特点如下：

① 因机床主轴调速范围较大，且恒功率，故主轴电动机 1M 采用 Δ/YY 双速电机。低速时，1U1、1V1、1W1 接三相交流电源，1U2、1V2、1W2 悬空，定子绕组接成三角形，每相绕组中两个线圈串联，形成的磁极对数 $p=2$；高速时，1U1、1V1、1W1 短接，1U2、1V2、1W2 端接电源，电动机定子绕组连接成双星形（YY），每相绕组中的两个线圈并联，磁极对数 $p=1$。高、低速的变换由主轴孔盘变速机构内的行程开关 SQ7 控制，其动作说明见表 6-9。

表 6-9　T68 型卧式镗床主轴电动机高、低速变换行程开关动作说明

位　置 触　点	主轴电动机低速	主轴电动机高速
SQ7(11-12)	关	开

② 主轴电动机 1M 可正、反转连续运行，也可点动控制，点动时为低速。主轴要求快速准确制动，故采用反接制动，控制电器采用速度继电器。为限制主轴电动机的启动和制

动电流，在点动和制动时，定子绕组串入电阻 R。

③ 主轴电动机低速时直接启动。高速运行是由低速启动延时后再自动转成高速运行的，以减小启动电流。

④ 在主轴变速或进给变速时，主轴电动机需要缓慢转动，以保证变速齿轮进入良好啮合状态。主轴和进给变速均可在运行中进行，变速操作时，主轴电动机便作低速断续冲动，变速完成后又恢复运行。主轴变速时，电动机的缓慢转动是由行程开关 SQ3 和 SQ5 共同完成的，进给变速时是由行程开关 SQ4 和 SQ6 以及速度继电器 KS 共同完成的，见表 6-9。

表 6-10　T68 型卧式镗床主轴变速和进给变速时行程开关动作说明

位置　触点	变速孔盘拉出（变速时）	变速后变速孔盘推回	位置　触点	变速孔盘拉出（变速时）	变速后变速孔盘推回
SQ3(4-9)	−	+	SQ4(9-10)	−	+
SQ3(3-13)	+	−	SQ4(3-13)	+	−
SQ5(15-14)	+	−	SQ6(15-14)	+	−

注：表中"+"表示接通；"−"表示断开。

2）主电路分析

T68 型卧式镗床电气控制线路有两台电动机：一台是主轴电动机 1M，作为主轴旋转及常速进给的动力，同时还带动润滑油泵；另一台为快速移动电动机 2M，作为各进给运动的动力。

1M 为双速电动机，由接触器 KM4、KM5 控制。低速时 KM4 吸合，1M 的定子绕组为三角形连接，$n_N=1460$ r/min；高速时 KM5 吸合，KM5 为两只接触器并联使用，定子绕组为双星形连接，$n_N=2880$ r/min。KM1、KM2 控制 M1 的正反转。KV 为与 1M 同轴的速度继电器，在 M1 停车时，由 KV 控制进行反接制动。为了限制启、制动电流和减小机械冲击，1M 在制动、点动及主轴和进给的变速冲动时串入了限流电阻器 R，运行时由 KM3 短接。热继电器 FR 作 M1 的过载保护。

2M 为快速移动电动机，由 KM6、KM7 控制正反转。由于 2M 是短时工作制，所以不需要用热继电器进行过载保护。

QS 为电源引入开关，FU1 提供全电路的短路保护，FU2 提供 M2 及控制电路的短路保护。

3）控制电路分析

控制变压器 TC 提供 110V 工作电压，FU3 提供变压器二次侧的短路保护。控制电路包括 KM1～KM7 七个交流接触器和 KA1、KA2 两个中间继电器，以及时间继电器 KT 共十个电器的线圈支路。该电路的主要功能是对主轴电动机 1M 进行控制。在启动 1M 之前，首先要选择好主轴的转速和进给量。

（1）主轴电动机的启动控制。

① 主轴电动机的点动控制。

主轴电动机的点动有正向点动和反向点动，分别由按钮 SB4 和 SB5 控制。按 SB4 接触器 KM1 线圈通电吸合，KM1 的辅助常开触点(3－13)闭合，使接触器 KM4 线圈通电吸合，三相电源经 KM1 的主触点、电阻 R 和 KM4 的主触点接通主轴电动机 1M 的定子绕组，接法为三角形，使电动机在低速下正向旋转。松开 SB4，主轴电动机断电停止。

反向点动与正向点动的控制过程相似，由按钮 SB5、接触器 KM2 和 KM4 来实现。

② 主轴电动机的正、反转控制。

当要求主轴电动机正向低速旋转时，行程开关 SQ7 的触点(11－12)处于断开位置，主轴变速和进给变速用行程开关 SQ3(4－9)、SQ4(9－10)均为闭合状态。按 SB2，中间继电器 KA1 线圈通电吸合，它有三对常开触点：KA1 常开触点(4－5)闭合自锁；KA1 常开触点(10－11)闭合，接触器 KM3 线圈通电吸合，KM3 主触点闭合，电阻 R 短接；KA1 常开触点(17－14)闭合，KM3 的辅助常开触点(4－17)闭合，使接触器 KM1 线圈通电吸合，并将 KM1 线圈自锁。KM1 的辅助常开触点(3－13)闭合，接通主轴电动机低速用接触器 KM4 线圈，使其通电吸合。由于接触器 KM1、KM3、KM4 的主触点均闭合，因此主轴电动机在全电压、定子绕组三角形连接下直接启动，低速运行。

当要求主轴电动机为高速旋转时，行程开关 SQ7(11－12)、SQ3(4－9)、SQ4(9－10)均处于闭合状态。按 SB2 后，一方面 KA1、KM3、KM1、KM4 的线圈相继通电吸合，使主轴电动机在低速下直接启动；另一方面 SQ7(11－12)闭合，使时间继电器 KT(通电延时式)线圈通电吸合，经延时后，KT 的通电延时断开的常闭触点(13－20)断开，KM4 线圈断电，主轴电动机的定子绕组脱离三相电源，而 KT 的通电延时闭合的常开触点(13－22)闭合，使接触器 KM5 线圈通电吸合，KM5 的主触点闭合，将主轴电动机的定子绕组接成双星形后，重新接到三相电源，故从低速启动转为高速旋转。

主轴电动机的反向低速或高速的启动旋转过程与正向启动旋转过程相似，但是反向启动旋转所用的电器为按钮 SB3，中间继电器 KA2，接触器 KM3、KM2、KM4、KM5，时间继电器 KT。

(2) 主轴电动机的反接制动的控制。

当主轴电动机正转时，速度继电器 KS 正转，常开触点 KS(13－18)闭合，而正转的常闭触点 KS(13－15)断开。主轴电动机反转时，KS 反转，常开触点 KS(13－14)闭合，为主轴电动机正转或反转停止时的反接制动作准备。按停止按钮 SB1 后，主轴电动机的电源反接，迅速制动，转速降至速度继电器的复位转速时，其常开触点断开，自动切断三相电源，主轴电动机停转。具体的反接制动过程如下所述。

① 主轴电动机正转时的反接制动。

设主轴电动机为低速正转时，电器 KA1、KM1、KM3、KM4 的线圈通电吸合，KS 的常开触点 KS(13－18)闭合。按 SB1，SB1 的常闭触点(3－4)先断开，使 KA1、KM3 线圈断电，KA1 的常开触点(17－14)断开，又使 KM1 线圈断电，一方面使 KM1 的主触点断开，主轴电动机脱离三相电源，另一方面使 KM1(3－13)分断，使 KM4 断电；SB1 的常开触点(3－13)随后闭合，使 KM4 重新吸合，此时主轴电动机由于惯性转速还很高，KS(13－18)仍闭合，故使 KM2 线圈通电吸合并自锁，KM2 的主触点闭合，使三相电源反接后经电阻 R、KM4 的主触点接到主轴电动机定子绕组，进行反接制动。当转速接近 0 时，KS 正转，常开触点 KS(13－18)断开，KM2 线圈断电，反接制动完毕。

② 主轴电动机反转时的反接制动。

反转时的制动过程与正转时的制动过程相似，但是所用的电器是 KM1、KM4、KS 的反转常开触点 KS(13 - 14)。

③ 主轴电动机工作在高速正转及高速反转时的反接制动。

主轴电动机工作在高速正转及高速反转时的反接制动过程的分析方法与主轴电动机的反接制动的控制分析方法相同。在此仅指明，高速正转时反接制动所用的电器是 KM2、KM4、KS(13 - 18)触点；高速反转时反接制动所用的电器是 KM1、KM4、KS(13 - 14)触点。

（3）主轴或进给变速时主轴电动机的缓慢转动控制。

主轴或进给变速既可以在停车时进行，又可以在镗床运行中进行。为使变速齿轮更好地啮合，可接通主轴电动机的缓慢转动控制电路。

当主轴变速时，将变速孔盘拉出，行程开关 SQ3 常开触点 SQ3(4 - 9)断开，接触器 KM3 线圈断电，主轴电路中接入电阻 R，KM3 的辅助常开触点(4 - 17)断开，使 KM1 线圈断电，主轴电动机脱离三相电源。所以，该机床可以在运行中变速，主轴电动机能自动停止。旋转变速孔盘，选好所需的转速后，将孔盘推入。在此过程中，若滑移齿轮的齿和固定齿轮的齿发生顶撞，则孔盘不能推回原位，行程开关 SQ3、SQ5 的常闭触点 SQ3(3 - 13)、SQ5(15 - 14)闭合，接触器 KM1、KM4 线圈通电吸合，主轴电动机经电阻 R 在低速下正向启动，接通瞬时点动电路。主轴电动机转动转速达某一转时，速度继电器 KS 正转，常闭触点 KS(13 - 15)断开，接触器 KM1 线圈断电，而 KS 正转，常开触点 KS(13 - 18)闭合，使 KM2 线圈通电吸合，主轴电动机反接制动。当转速降到 KS 的复位转速后，KS 常闭触点 KS(13 - 15)又闭合，常开触点 KS(13 - 18)又断开，重复上述过程。这种间歇的启动、制动使主轴电动机缓慢旋转，有利于齿轮的啮合。若孔盘退回原位，则 SQ3、SQ5 的常闭触点 SQ3(3 - 13)、SQ5(15 - 14)断开，切断缓慢转动电路。SQ3 的常开触点 SQ3(4 - 9)闭合，使 KM3 线圈通电吸合，其常开触点(4 - 17)闭合，又使 KM1 线圈通电吸合，主轴电动机在新的转速下重新启动。

进给变速时的缓慢转动控制过程与主轴变速时相同，不同的是使用的电器是行程开关 SQ4、SQ6。

（4）主轴箱、工作台或主轴的快速移动。

该机床各部件的快速移动是由快速手柄操纵快速移动电动机 2M 拖动完成的。当快速手柄扳向正向快速位置时，行程开关 SQ9 被压动，接触器 KM6 线圈通电吸合，快速移动电动机 2M 正转。同理，当快速手柄扳向反向快速位置时，行程开关 SQ8 被压动，KM7 线圈通电吸合，2M 反转。

（5）主轴进刀与工作台联锁。

为防止镗床或刀具的损坏，主轴箱和工作台的机动进给在控制电路中必须互/联锁，不能同时接通，这由行程开关 SQ1、SQ2 来实现。若同时有两种进给，则 SQ1、SQ2 均被压动，切断控制电路的电源，避免机床或刀具的损坏。

4）照明电路和指示灯电路

变压器 TC 提供 24 V 安全电压供给照明灯 EL，EL 的一端接地，SA 为灯开关，由 FU4 提供照明电路的短路保护。XS 为 24V 电源插座。HL 为 6 V 的电源指示灯。

6.2.3　T68型卧式镗床电气控制线路的安装与常见故障检修

1. T68型卧式镗床电气控制线路的安装

安装T68型卧式镗床电气控制线路时，在分析其电气控制线路原理的基础上，首先要了解和准备安装工具、仪表、器材及元器件的型号参数；其次要了解各个元器件在T68型卧式镗床中的位置并绘制元器件的安装布线图；在掌握正确的安装步骤的基础上，了解安装的工艺要求和注意事项。安装完成后按安装顺序对连接的线路和元器件的正确性进行逐一检查。为确保安装不出现错误，自检查完成后，还要进行互相检查以及多次自检和互相检查。在进行多次检查且没有发现安装错误的条件下，才能进行通电运行。

T68型卧式镗床
电气控制线路的
安装与常见
故障检修

1）安装工具、仪表、器材及元器件

（1）工具：电工常用工具。

（2）仪表：MF47型万用表、500V兆欧表、钳形电流表等。

（3）器材：控制板、走线槽、各种规格的软线和紧固件、金属软管、编码套管等。

（4）选择T68型卧式镗床所需元器件。

2）T68型卧式镗床电气安装步骤及工艺要求

T68型卧式镗床电气安装原则和步骤可参考6.1.3节。

3）T68型卧式镗床安装所需元器件的选择原则

（1）电动机的选择。

T68型卧式镗床的运动情况比较复杂，控制电路中使用了较多行程开关。它们都安装在床身的相应位置上。主轴电路有两台电动机。由于主轴旋转与进给量都有较大的调速范围，主运动与进给运动由一台电动机拖动，为简化传动机构，本次设计中所选用的是双速笼型异步电动机，功率为5.5/7.5 kW，转速为1460/2880 r/min。主轴电动机高低速的变换由主轴孔盘变速机构内的限位开关SQ控制。

其工作原理图如图6-18所示，用按钮和接触器控制双速电动机：先合上电源开关，按下低速启动按钮1，接触器1线圈通电，联锁触点断开，自锁触点闭合，接触器1主触点闭合，电动机定子线圈为三角形连接，电动机低速运转。如需换为高速运转，可按下高速启动按钮2，接触器1线圈断电，主触点断开，自锁触点断开，联锁触点闭合，同时接触器2和3线圈获电，主触点闭合，使电动机定子线圈接成双星形并联，电动机高速运转。电动机高速运转是2和3两个接触器控制的，把它们的辅助常开触点串联起来作为自锁，只有当两个接触器都闭合时，才允许工作。由分析可知，其运行方式是非常安全的，可以满足T68型镗床所要求的高低速切换动作，并且使其传动机构得到了简化。

（2）控制电路中所用元器件的选择。

T68型卧式镗床电气控制电路所用电器元件一览表如表6-8所示。

① 控制按钮和开关的选型。

按钮是短时切换小电流控制电路的开关。可依据控制功能选择按钮的结构形式及颜色。急操作选择蘑菇形钮帽的紧急按钮，特殊需要选择带指示灯的按钮，停止按钮用红色，启动按钮用绿色。可根据同时控制的路数、通或断选择触点对数及种类，确定所需型号的按钮。

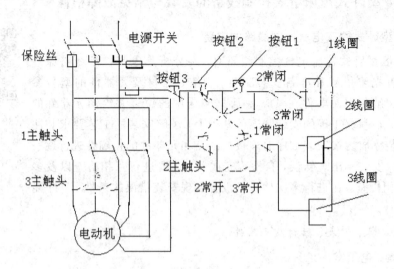

图 6-18　双速笼型异步电动机的工作原理图

② 接触器的选型。

接触器是用来接通和切断电动机或其他负载主电路的一种控制电器。接触器具有强大的执行机构、大容量的主触点及迅速熄灭电弧的能力。当系统发生故障时，能根据故障检测元件所给出的动作信号，迅速可靠地切断电源，并有低压释放功能，用于电动机的控制及保护。根据国标选择 KM1～KM7 为 CJ20-16。

③ 热继电器的选择。

热继电器是用于电动机或其他电气设备、电气线路的过载保护的电器。选择热继电器时，首先是选择类型。一般情况下，可选用两相结构的热继电器，但当三相电压的均衡性较差、工作环境恶劣或无人看管时，宜选用三相结构的热继电器。对于三角形接线的电动机，应选用带断相保护装置的热继电器。其次是热继电器额定电流的选择。热继电器的额定电流应大于电动机的额定电流。然后根据该额定电流来选择热继电器的型号。之后就是热元件额定电流的选择和整定。热元件的额定电流应略大于电动机的额定电流。当电动机启动电流为其额定电流的 6 倍、启动时间不超过 5 s 时，热元件的整定电流应调节到等于电动机的额定电流；当电动机的启动时间较长、拖动冲击性负载或不允许停车时，热元件整定电流应调节到电动机额定电流的 1.1～1.15 倍。热继电器选择 JR-60/3 型。

④ 速度继电器的选择。

速度继电器又称反接制动继电器，主要由转子、定子及触点三部分组成。

速度继电器主要用于三相异步电动机反接制动的控制电路中，它的任务是当三相电源的相序改变以后，产生与实际转子转动方向相反的旋转磁场，从而产生制动力矩。因此，速度继电器应使电动机在制动状态下迅速降低速度，在电动机转速接近 0 时立即发出信号，切断电源使之停车(否则电动机开始反方向启动)。

由于继电器工作时是与电动机同轴的，因此不论电动机正转或反转，电器的两个常开触点中有一个闭合，准备实行电动机的制动。一旦开始制动，由控制系统的联锁触点和速度继电器的备用闭合触点形成一个电动机相序反接(俗称倒相)电路，使电动机在反接制动下停车。当电动机的转速接近于 0 时，速度继电器的制动常开触点分断，从而切断电源，使电动机制动状态结束。

常用的速度继电器有 JY1 型和 JFZ0 型两种。其中，JY1 型可在 700～3600 r/min 范围内可靠地工作；JFZO－1 型用于 300～1000 r/min；JFZO－2 型用于 1000～3600 r/min。它们具有两个常开触点、两个常闭触点，触电额定电压为 380 V，额定电流为 2 A。一般速度继电器的转轴在 130 r/min 左右即能动作，在 100 r/min 时触点即能恢复到正常位置。可以通过螺钉的调节来改变速度继电器动作的转速，以适应控制电路的要求。

⑤ 熔断器的选择。

熔断器是一种过电流保护电器。熔断器主要由熔体和熔管两个部分及外加填料等组成。使用时，将熔断器串联于被保护电路中。当被保护电路的电流超过规定值，并经过一定时间后，由熔体自身产生的热量熔断熔体，使电路断开，起到保护的作用。选择熔断器时，首先是熔体额定电流的选择。各种电气设备都具有一定的过载能力，允许在一定条件下运行较长时间；而当负载超过允许值时，要求保护熔体在一定时间内熔断。还有一些设备启动电流很大，但启动时间很短，所以要求这些设备的保护特性要适应设备运行的需要，要求熔断器在电机启动时不熔断，在短路电流作用下和超过允许过负荷电流时能可靠熔断，起到保护作用。若熔体的额定电流选择偏大，则负载在短路或长期过负荷时不能及时熔断；若选择过小，则可能在正常负载电流的作用下就会熔断，影响正常运行。为保证设备正常运行，必须根据负载性质合理地选择熔体的额定电流。其次是熔断器类型的选择，主要根据熔体额定电流和电气设备的安装要求来选择。

2. T68 型卧式镗床电气控制线路常见故障的检修

1）T68 型卧式镗床电气控制线路常见故障的检修方法与步骤

T68 型卧式镗床电气控制线路常见故障的检修方法与车床电气控制线路常见故障的检修方法基本相同，概括如下：

（1）观察故障现象。

当电气系统发生故障后，切忌盲目随便动手检修，应在检修前通过问、望、切、听来了解故障前后的操作情况和故障发生后出现的异常现象，以便根据故障现象判断出故障发生的部位，进而准确地排除故障。

（2）判断故障范围。

检修简单的电气控制电路时，若对每个电器元件、每根连接导线逐一检查，也是能够找到故障点的，但遇到复杂电路时仍采用逐一检查的方法，不仅耗时而且也容易漏查。在这种情况下，应根据电器的工作原理和故障现象，采用逻辑分析确定故障可能发生的范围，从而提高检修的针对性。

（3）查找故障点。

在确定故障范围后，应通过选择合适的检修方法查找故障点。常用的检修方法有：直观法、电压测量法、电阻测量法、短接法、试灯法等。查找故障时必须在确定的故障范围内，顺着检修思路逐点检查，直到找出故障点。

（4）排除故障。

找到故障点后，就要进行故障排除，如更换元件、紧固线头等。更换元件时应注意新元件的型号、规格，并进行性能检测。

（5）通电试车。

故障排除后，应通电试车，使其符合技术要求。

（6）T68 型卧式镗床电气控制线路故障检修的注意事项。

① 熟悉 T68 型卧式镗床电气线路的基本环节及控制要求。

② 弄清电气、液压和机械系统如何配合实现某种运动方式。

③ 检修时，所有的工具、仪表应符合使用要求。

④ 不能随便改变电动机原来的电源相序。

⑤ 检修时，不要扩大故障范围或产生新的故障。

⑥ 带电检修时，必须采取保护措施，以确保安全。

2）T68 型卧式镗床电气控制线路常见故障的检修

T68 型卧式镗床电气控制线路常见故障的类型较多，检查与维修方法也各不相同。下面通过分析典型故障的检修过程来介绍镗床电气控制线路常见故障的检修方法。

（1）主轴电动机 M1 不能启动。

主轴电动机 M1 是双速电动机，正、反转控制不可能同时损坏，可能是熔断器 FU1、FU2、FU4 中的一个有熔断，自动快速进给、主轴进给操作手柄的位置不正确。若压合 SQ1、SQ2，热继电器 FR 动作，电动机不能启动，则查熔断器熔体是否熔断，查电路有无短路、开路现象。若熔断器熔体熔断，说明电路中有大电流冲击，故障主要集中在 M1 主电路上，应全面检查主电路连接和器件。

（2）主轴的转速与标牌的指示不符。

这种故障一般有两种现象：第一种是主轴的实际转速比标牌指示转数增加 1 倍或减少为原来的 1/2，第二种是 M1 只有高速或低速。前者大多是由于安装调整不当而引起的。T68 型镗床有 18 种转速，是由双速电动机和机械滑移齿轮联合调速来实现的。第 1，2，4，6，8…挡是由电动机以低速运行驱动的，而 3，5，7，9…挡是由电动机以高速运行来驱动的。由以上分析可知，M1 的高低速转换是靠主轴变速手柄推动微动开关 SQ7，由 SQ7 的动合触点（11－12）通、断来实现的。如果安装调整不当，使 SQ7 的动作恰好相反，则会发生第一种故障。而产生第二种故障的主要原因是 SQ7 损坏（或安装位置移动），如果 SQ7 的动合触点（11－12）总是接通，则 M1 只有高速；如果 SQ7 的动合触点（11－12）总是断开，则 M1 只有低速。此外，KT 的损坏（如线圈烧断、触点不动作等）也会造成此类故障发生。

（3）M1 能低速启动，但置"高速"挡时，不能高速运行而自动停机。

M1 能低速启动，说明接触器 KM3、KM1、KM4 工作正常；而低速启动后不能换成高速运行且自动停机，又说明时间继电器 KT 是工作的，其动断触点（13－20）能切断 KM4 线圈支路，而动合触点（13－22）不能接通 KM5 线圈支路。因此，应重点检查 KT 的动合触点（13－22）。此外，还应检查 KM4 的互锁动断触点（22－23）。按此思路，接下去还应检查 KM5 有无故障。

（4）M1 不能进行正反转点动、制动及变速冲动控制。

其原因往往是上述各种控制功能的公共电路部分出现故障，如果伴随着不能低速运行，则故障可能出在控制电路（13－20－21－0）支路中有断开点，否则，故障可能出在主电路的制动电阻器 R 及引线上有断开点。如果主电路仅断开一相电源，则电动机还会伴有断相运行时发出的"嗡嗡"声。

在实际检修过程中，T68 型卧式镗床的电气故障是多样的，就是同一种故障现象，发生的故障部位也是不同的。因此，在检修时，不能生搬硬套，而应按不同的故障灵活应用，力求迅速、准确地找出故障点，查明故障原因，及时排除故障。

6.3   交流桥式起重机电气控制线路的分析与检修

6.3.1   交流桥式起重机的组成与应用

1. 概述

起重机是专门用来起吊和短距离搬移重物的一种生产机械。起重机属于起重机械的一种，是一种作循环、间歇运动的机械。一个工作循环包括：取物装置从取物地把物品提起，然后水平移动到指定地点降下物品，接着进行反向运动，使取物装置返回原位，以便进行下一次循环。本节以应用最为广泛并具有一定代表性的桥式起重机为载体，介绍起重机的作用、类型、组成和起重机电气控制线路的原理、安装与调试等内容。

交流桥式起重机
的组成与应用

2. 起重机的类型

起重机按其结构及运动形式的不同，可分为桥式起重机、门式起重机、塔式起重机、旋臂起重机及缆索起重机等。在所有起重机中，以桥式起重机应用最为广泛。图 6-19 是起重机的外形图。

（a）桥式起重机　　　　　　　　　　　（b）塔式起重机

图 6-19   起重机设备的外形图

3. 起重机的应用

1）桥式起重机

桥式起重机是应用最为广泛并具有一定代表性的起重机。桥式起重机是桥架在高架轨道上运行的一种桥架型起重机，又称天车。桥式起重机的桥架沿铺设在两侧高架上的轨道纵向运行，起重小车沿铺设在桥架上的轨道横向运行，构成一矩形的工作范围，可以充分利用桥架下面的空间吊运物料,不受地面设备的阻碍。桥式起重机广泛地应用在室内外仓库、厂房、码头和露天储料场等处。桥式起重机可分为普通桥式起重机、简易梁桥式起重机和冶金专用桥式起重机三种。

2)门式起重机

门式起重机是固定具有门型底座的全回转动臂架式起重机,门式起重机也是桥式起重机的一种变形。门式起重机有全门式起重机、半门式起重机、单主梁门式起重机、双主梁门式起重机和悬臂门式起重机等,主要用于室外的货场、料场以及散货的装卸作业。它的金属结构像门形框架,承载主梁下安装两条支脚,可以直接在地面的轨道上行走,主梁两端具有外伸悬臂梁。门式起重机具有场地利用率高、作业范围大、适应面广、通用性强等特点,在港口货场得到了广泛使用。

3)塔式起重机

塔式起重机是动臂装在高耸塔身上部的旋转起重机。塔式起重机分为上回转塔机和下回转塔机两大类。塔式起重机的动臂形式分为水平式和压杆式两种。动臂为水平式时,载重小车沿水平动臂运行变幅,变幅运动平衡,其动臂较长,但动臂自重较大。动臂为压杆式时,变幅机构曳引动臂仰俯变幅,变幅运动不如水平式平稳,但其自重较小。塔式起重机作业空间大,主要用于房屋建筑施工中物料的垂直和水平输送及建筑构件的安装。塔式起重机由金属结构、工作机构和电气系统三部分组成。金属结构包括塔身、动臂和底座等。工作机构有起升、变幅、回转和行走四部分。电气系统包括电动机、控制器、配电柜、连接线路、信号及照明装置等。

4)缆索起重机

缆索起重机是利用在承载缆索上行走的起重小车进行吊运作业的起重机。缆索起重机以柔性钢索作为大跨距架空承载构件,供悬吊重物的载重小车在承载索上往返运行,具有垂直运输和水平运输功能,用于在较大空间范围内对货物进行起重、运输和装卸作业。

5)旋臂起重机

取物装置悬挂在臂端上或悬挂在可沿旋臂运行的起重小车上,旋臂可回转,但不能俯仰的臂架型起重机称为旋臂起重机。旋臂起重机有定柱式旋臂起重机、移动式旋臂起重机、墙壁式旋臂起重机和曲臂式旋臂起重机多种。旋臂起重机是近年发展起来的中小型起重装备,结构独特,安全可靠,具备高效、节能、省时省力、灵活等特点,三维空间内随意操作,主要用在段距、密集性调运的场合。

4. 桥式起重机的组成与应用

1)基本结构

桥式起重机由桥架、大车移行机构、小车运行机构及电气控制系统等部分组成。其结构如图 6-20 所示。

桥架是桥式起重机的基本构件,它由主梁、端梁、走台等部分组成。主梁跨架在车间上空,其两端联有端梁,主梁外侧装有走台并设有安全栏杆。桥架的一头装有大车移行机构、电气箱、起吊机构和小车运行轨道以及辅助滑线架。桥架一头装有驾驶室,另一头装有引入电源的主滑线。

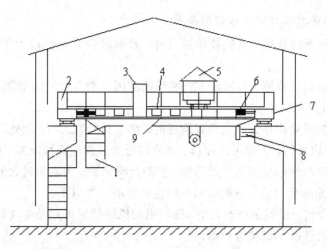

1—驾驶室；2—辅助滑线架；3—交流磁力控制盘；4—电气箱；
5—起吊小车；6—大车移行机构；7—端梁；8—主滑线；9—主梁

图 6-20 桥式起重机的主要结构

大车移行机构由驱动电动机、制动器、传动轴、减速器和车轮等部分组成。其驱动方式有集中低速驱动、集中高速驱动和分别驱动三种。

集中低速驱动是由一台电动机通过减速器同时带动两个主动轮，使传动轴的转速低于电动机的转速，与车轮的转速相同，一般是 50～100 r/min。

集中高速驱动是由电动机通过制动轮直接与联轴节、传动轴连接，再通过减速器与车轮连接。这样运行机构的传动轴的转速与电动机的转速相同，一般是 700～1500 r/min。

分别驱动由两套独立的无机械联系的运行机构组成。每套运行机构由电动机通过制动轮、联轴节、减速器与大车车轮连接，省去了中间传动轴。但分别驱动的运行机构由两台同样型号的电动机用同一控制器控制。

分别驱动与集中驱动相比，自重较轻，安装和维护方便，实践证明使用效果良好。目前我国生产的桥式起重机大部分采用分别驱动方式。

小车运行机构由小车架、小车移行机构和提升机构组成。小车架由钢板焊成，其上装有小车移行机构、提升机构、栏杆及提升限位开关。小车可沿桥架主梁上的轨道左右移行。在小车运动方向的两端装有缓冲器和限位开关。小车移行机构由电动机、减速器、卷筒、制动器等组成。电动机经减速后带动主动轮使小车运动。提升机构由电动机、减速器、卷筒、制动器等组成，电动机通过制动轮、联轴节与减速器连接，减速器输出轴与起吊卷筒相连。

操纵室是操纵起重机的吊舱，又称驾驶室。在操纵室内，主要装有：大小车运动机构和起升机构的操纵系统及有关装置，如控制器、保护箱及照明开关箱；有关的安全开关，如紧急开关、电铃开关等。

操纵室一般固定在主梁下方的一端，也有随小车移动的。其上方有通向走台的舱口。为了安全，舱口处装有安全开关，避免司机及维护人员上车发生触电事故。

桥式起重机的主要作用是起吊或搬移重物。桥式起重机按起吊的重量分为小型（5～10 t）、中型（10～50 t）、大型（50 t 以上）三种类型；按工作类型分为轻级、中级、重级、特重级、连续特重级等类型。

2）桥式起重机电力拖动特点及控制要求

（1）具有合适的升降速度。空钩能快速升降，轻载的提升速度应大于额定负载的提升速度。

（2）具有一定的调速范围。普通起重机的调速范围一般为 3∶1，而要求较高的起重机其调速范围则要求达到 5∶1～10∶1。

（3）在提升之初或重物接近预定位置附近时，都需要低速运行。因此，升降控制应在额定速度的 30% 内分为几挡，以便灵活操作。高速向低速过渡应逐级减速，保持稳定运行。

（4）提升第一挡的作用是消除传动间隙，使钢丝绳张紧。为避免过大的机械冲击，这一挡电动机的启动转矩不能过大，一般限制在额定转矩的一半以下。

（5）在负载下降时，根据重物的大小，拖动电动机的转矩可以是电动转矩，也可以是制动转矩，两者之间的转换是自动进行的。

（6）为确保安全，要采用电气与机械双重制动，既减小机械抱闸的磨损，又可防止突然断电而使重物自由下落造成设备和人身事故。

（7）要有完备的电气保护与联锁环节。

由于起重机使用很广泛，所以它的控制设备已经标准化。根据拖动电动机的容量大小，常用的控制方式有两种：一种采用凸轮控制器直接控制电动机的起停、正反转、调速和制动。这种控制方式由于受到控制器触点容量的限制，只适用于小容量起重电动机的控制。另一种是主令控制器与磁力控制屏配合的控制方式，适用于较大容量、调速要求较高的起重机和工作十分频繁的起重机。对于 15t 以上的桥式起重机，一般同时采用两种控制方式，主提升机构采用主令控制器配合控制屏的控制方式，而大车、小车移动机构和副提升机构则采用凸轮控制器控制方式。

3）桥式起重机的主要技术参数

（1）起重量。起重量又称额定起重量，是指起重机实际允许起吊的最大负荷量，以吨（t）为单位。国产的桥式起重机系列其起重量有 5、10（单钩）、15/3、20/5、30/5、50/10、75/20、100/20、125/20、150/30、200/30、250/30（双钩）等多种。其中，分子为主钩起重量，分母为副钩起重量。

（2）跨度。起重机主梁两端车轮中心线间的距离，即大车轨道中心线间的距离称为跨度，以米（m）为单位。国产桥式起重机的跨度有 10.5、13.5、16.5、19.5、22.5、25.5、28.5、31.5 m 等，每 3m 为一个等级。

（3）提升高度。起重机吊具或抓取装置的上极限位置与下极限位置之间的距离，称为起重机的提升高度，以 m 为单位。常用的提升高度有 12、16、12/14、12/18、16/18、19/21、20/22、21/23、22/26、24/26 m 等。其中，分子为主钩提升高度，分母为副钩提升高度。

（4）运行速度。运行速度是运行机构拖动电动机在额定转速下运行的速度，以 m/min 为单位。小车的运行速度一般为 40～60 m/min，大车的运行速度一般为 100～135 m/min。

（5）提升速度。提升速度是提升机构的提升电动机以额定转速取物上升的速度，以 m/min 为单位。一般提升速度不超过 30 m/min，依货物性质、重量、提升要求来决定。

（6）通电持续率。由于桥式起重机为断续工作，其工作的繁重程度用通电持续率 JC% 表示。通电持续率为工作时间与周期时间之比，一般一个周期定为 10 min。标准的通电持续率规定为 15％、25％、40％、60％四种。

6.3.2　交流桥式起重机电气控制线路与原理

起重电动机为重复短时工作制。所谓重复短时工作制,即负载持续率 FC 介于 25％～40％。电动机较频繁地通、断电,经常处于启动、制动和反转状态,而且负载不规律,时轻时重,因此受过载和机械冲击较大;同时,由于工作时间较短,其温升要比长期工作制的电动机低(在同样的功率下),允许过载运行。因此,对起重机的电动机采用凸轮控制器直接控制和主令控制器控制两种控制方式。

交流桥式起重机
电气控制线路
与原理

1. 凸轮控制器及其控制线路

1)凸轮控制器的结构

凸轮控制器由机械结构、电气结构、防护结构等三部分组成。机械结构包括方形转轴、凸轮、拉杆、弹簧、滚子,如图 6-21 所示;电气结构包括触点、接线及联板;防护结构包括下盖板、外罩及灭弧罩。

桥式起重机-
昆仑号

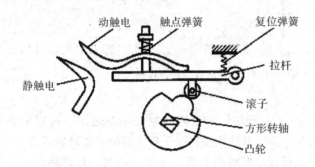

图 6-21　凸轮控制器的机械结构

当转轴在手柄扳动下转动时,固定在轴上的凸轮随绝缘方轴转动。当凸轮的凸起部位带动动触点杠杆上的滚子时,使动触点与静触点分开;而当转轴带动凸轮转动到凸轮凹部对着滚子时,动触点在弹簧的作用下,使动静触点紧密接触,从而实现触点接通与断开的目的。

若在方轴上叠装不同形状的凸轮块,则可使一系列触点按预先规定的顺序接通和分断,把这些触点接在电动机电路中,便可达到控制电动机的目的。

2)凸轮控制器控制电路

(1)电路特点。

① 凸轮控制器控制电路是可逆对称电路。电动机的工作情况完全相同,仅是电源进线两相互换。

② 为减少转子电阻段数,控制转子电阻的触点数,采用凸轮控制器控制绕线型电动机时,转子串接不对称电阻。

③ 用于控制提升机构电动机时,提升与下放重物,电动机处于不同的工作状态。提升时,1 挡为预备级,2、3、4、5 挡的速度依次提高;下降时,1 到 5 依次降低。

所以，该控制线路不能获得重载或轻载的低速下降，若需准确定位时，可采用点动操作方式。

（2）控制线路分析。

凸轮控制器控制线路 6-22 所示。

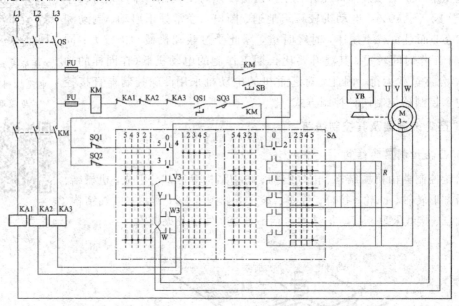

图 6-22　凸轮控制器的原理图

① 主电路分析。

凸轮控制器操作手柄使电动机定子和转子电路同时处在左边或右边对应各挡控制位置。左右两边转子回路接线完全一样。当操作手柄处于第 1 挡时，各对触点都不接通，转子电路电阻全部接入，电动机转速最低。当操作手柄处在第 5 挡时，五对触点全部接通，转子电路电阻全部短接，电动机转速最高。

② 控制电路分析。

凸轮控制器的另外三对触点串接在接触器 KM 的控制回路中。当操作手柄处于零位时，触点 1-2、3-4、4-5 接通。此时若按下 SB，则接触器得电吸合并自锁，电源接通，电动机的运行状态由凸轮控制器控制。

③ 保护联锁环节分析。

控制器的 3 对常闭触点用来实现零位保护，并配合两个运动方向的行程开关 SQ1、SQ2 实现限位保护。

2. 主令控制器及其控制线路

凸轮控制器组成的控制线路具有结构简单、操作维护方便、经济性能好等优点，但也存在严重不足，如调速性能较差，触点容量较小等。为此，当电动机容量较大、工作繁重、操作频繁、调速性能要求较高时，采用主令控制器。主令控制器主要作为起重机、轧钢机等生产机械控制站的远程控制。

1）主令控制器的结构

主令控制器的结构及动作原理基本上与凸轮控制器相同，也是靠凸轮来控制触点系统的通断。但它的触点小，操作轻便，允许每小时接电次数较多，适用于按顺序操作多个控制回路，且其触点系统多为桥式触点，并用银及其合金材料制成，一般由接触元件、凸轮、定位机构、转轴、面板及其支承件等组成。

当主令控制器手柄旋转时，将带动凸轮块转动。当凸轮块转到推压小轮的位置时，小轮带动支杆绕转轴旋转，支杆张开，从而使触点断开。在其他情况下，由于凸轮块离开小轮，触点是闭合的，因此，只要安装一串不同形状的凸轮块，就可获得按一定顺序动作的触点。若这些触点用来控制电路，便可获得按一定顺序动作的电路。

2）提升机构——磁力控制器控制系统

磁力控制器由主令控制器与磁力控制盘组成。将控制用接触器、继电器、刀开关等电器元件按一定电路接线，组装在一块盘上，称作磁力控制盘。主钩提升机构磁力控制器控制系统如图 6-23 所示。

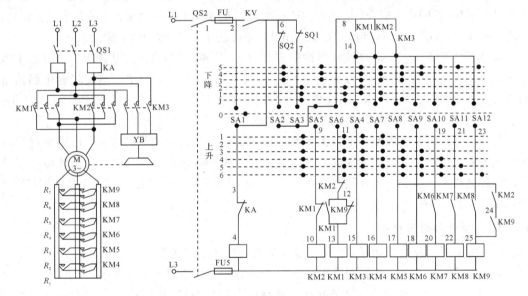

图 6-23　主钩提升机构磁力控制器控制系统

（1）提升重物时电路工作情况。

当 SA 手柄扳到"上升 1"挡位时，控制器触点 SA3、SA4、SA6、SA7 闭合，接触器 KM1、KM3、KM4 通电吸合，电动机接正转电源，制动电磁铁 YB 通电，电磁抱闸松开，短接一段转子电阻。当主令控制器手柄依次扳到"上升 2～6"挡时，控制器触点 SA8～SA12 依次闭合，接触器 KM5～KM9 相继通电吸合，逐级短接转子各段电阻，获得"上升 2～6"机械特性，得到 5 种提升速度。

（2）下降重物时电路工作情况。

主钩下降有 6 挡位置。"下降 J"、"下降 1"、"下降 2"挡为控制下降位置，防止在吊有重载下降时速度过快，电动机处于倒拉反接制动运行状态；"下降 3"、"下降 4"、"下降 5"挡为强力下降位置，主要用于轻负载时快速强力下降。主令控制器在下降位置时，6 个挡的工作情况如下：

① 制动"下降 J"挡。制动"下降 J"挡是下降准备挡，虽然电动机 M5 加上正相序电压，

但由于电磁抱闸未打开，电动机不能启动旋转。该挡停留时间不宜过长，以免电动机烧坏。

② 制动"下降1"挡。主令控制器 SA 的手柄扳到制动"下降1"挡，触点 SA3、SA4、SA6、SA7 闭合，和主钩"上升1"挡触点闭合一样。此时电磁抱闸器松开，电动机可运转于正向电动状态(提升重物)或倒拉反接制动状态(低速下放重物)。当重物产生的负载倒拉力矩大于电动要产生的正向电磁转矩时，电动机 M5 运转在负载倒拉反接制动状态，低速下放重物。

③ 制动"下降2"挡。主令控制器触点 SA3、SA4、SA6 闭合，触点 SA7 分断，接触器 KM4 线圈断电释放，外接电阻器全部接入转子回路，使电动机产生的正向电磁转矩减小，重负载下降速度比"下降1"挡时加快。

④ 强力"下降3"挡。下降速度与负载有关，若负载较轻(空钩或轻载)，则电动机处于反转电动状态；若负载较重，则下放重物的速度会提高，可能使电动机的转速超过同步速度，电动机将进入再生发电制动状态。负载越重，下降速度越快，应注意操作安全。

⑤ 强力"下降4"挡。主令控制器的触点在强力"下降3"挡闭合的基础上，触点 SA9 闭合，使接触器 KM6 线圈得电吸合，电动机转子回路电阻 R_4 被切除，电动机进一步加速反向旋转，下降速度加快。另外，KM6 辅助常开触点闭合，为接触器 KM7 线圈得电做好准备。

⑥ 强力"下降5"挡。主令控制器的触点在强力"下降4"挡闭合的基础上，又增加了触点 SA10、SA11、SA12 闭合，接触器 KM7～KM9 线圈依次得电吸合，电动机转子回路电阻 R_3、R_2、R_1 依次逐级切除，以避免过大的冲击电流，同时电动机的旋转速度逐渐增加，待转子电阻全部切除后，电动机以最高转速运转，负载下降速度最快。

此挡若下降的负载很重，则当实际下降速度超过电动机的同步转速时，电动机将进入再生发电制动状态，电磁转矩变成制动力矩。由于转子回路未串任何电阻，因此保证了负载的下降速度不至太快，且在同一负载下，"下降5"挡下降速度要比"下降4"挡和"下降3"挡速度低。

3）控制电路的保护措施

（1）由强力下降过渡到制动下降，以避免出现高速下降的保护。

为避免中间的高速，在控制器手柄由"下降6"扳回至"下降3"时，应躲开"下降5"、"下降4"两条特性曲线。为此，在控制电路中将触点 KM2、KM9 串联后接在控制器触点 SA8 与接触器 KM9 线圈之间，当控制器手柄由"下降6"扳回至"下降3"或"下降2"挡时，接触器 KM9 仍保持通电吸合状态，转子中始终串入常串电阻 R_7，电动机仍运行在特性6上，不致产生高速下降。

（2）保证反接制动电阻串入的条件下才进入制动下降的联锁。

当控制器手柄由"下降4"扳到"下降3"时，触点 SA5 断开，SA6 闭合，接触器 KM2 断电释放，而 KM1 通电吸合，电动机处于反接制动状态，为避免反接时过大的冲击电流，应使接触器 KM9 断电释放，以便接入反接电阻，且只有在 KM9 断电后才使 KM1 吸合。为此，一方面在控制器触点闭合顺序上保证在 SA8 断开后，SA6 才闭合；另一方面增设了 KM1 与 KM9 常闭触点相并联的联锁触点。这就保证了在 KM9 断电释放后 KM1 才能通电并自锁工作。此环节还可防止 KM9 主触点因电流过大而发生熔焊使触点分不开，将转子电阻 R_1～R_6 短接，只剩下常串电阻 R_7，此时若将控制器手柄扳于上升挡位，将造成转子只串 R_7，发生直接启动事故。

（3）在制动下降挡位与强力下降挡位相互转换时断开机械制动的环节。

在控制器"下降 3"挡位与"下降 4"挡位转换时,接触器 KM1、KM2 之间设有电气互锁。在该换接过程中,必有一瞬间其两个接触器均处于断电状态,将使制动接触器 KM3 断电释放,造成了电动机在高速下进行机械制动。为此,在 KM3 线圈电路中设有 KM1、KM2、KM3 三对触点构成的并联电路。这样,由 KM3 实现自锁,确保在 KM1、KM2 换接过程中,KM3 始终通电,避免了发生换接时的机械制动。

（4）顺序联锁保护环节。

在加速接触器 KM6、KM7、KM8、KM9 线圈电路中串接了前一级加速接触器的常开辅助触点,确保转子电阻 $R_3 \sim R_6$ 按顺序依次短接,实现了特性平滑过渡,电动机转速逐级提高。

（5）完善的保护。

由电压继电器 KA2 与主令控制 SA 实现零压与零位保护,过电流继电器 KA1 实现过电流保护;行程开关 SQ1、SQ2 实现吊钩上升与下降的限位保护。

3. 20/5 t 桥式起重机典型电气电路分析

20/5 t 桥式起重机典型电气电路的原理图如图 6 - 24 所示。该电路由电源电路、大车电动机、小车电动机、副钩电动机、主钩电动机与主钩定子、转子等部分组成。

1）桥式起重机的供电特点

桥式起重机的电源由公共的交流电网供电,由于起重机的工作是经常移动的,因此其与电源之间不能采用固定连接方式。一般采用软电缆供电,且大车在导轨内移动、小车沿大车上的导轨移动时,软电缆能随其伸展和叠卷。也可采用滑线和电刷供电,即三相交流电源经由三根主滑线与电刷送入操纵室中的保护箱,再经导线送至大车桥架上的大车电动机、大车电磁铁及交流控制站。至于小车上的提升机构、小车电动机及制动电磁铁的供电和与转子电阻的连接,则由设在桥架另一侧的辅助滑线与电刷来完成。

2）电气与保护设备分析

桥式起重机的大车桥架跨度较大,两侧装置两个主动轮,分别由两台同型号、同规格的电动机 M3 和 M4 驱动,两台电动机的定子并联在同一电源上,由凸轮控制器 AC3 控制,沿大车轨道纵向两个方向同速运动。限位开关 SQ3 和 SQ4 作为大车前后两个方向的终端限位保护,安装在大车端梁的两侧。YB3 和 YB4 分别为大车两台电动机的电磁抱闸制动器,当电动机通电时,电磁抱闸制动器的线圈得电,使闸瓦与闸轮分开,电动机可以自由旋转;当电动机断电时,电磁抱闸制动器失电,闸瓦抱住闸轮使电动机被制动停转。

小车运行机构由电动机 M2 驱动,由凸轮控制器 AC2 控制,沿固定在大车桥架上的小车轨道横向两个方向运动。YB2 为小车电磁抱闸制动器,限位开关 SQ1、SQ2 为小车终端限位提供保护,安装在小车一轨道的两端。

副钩升降由电动机 M1 驱动,由凸轮控制器 AC1 控制,YB1 为副钩电磁抱闸制动器,SQ6 为副钩提供上升限位保护。

主钩升降由电动机 M5 驱动,由主令控制器 AC4 配合交流电磁控制柜（PQR）控制。YB5、YB6 为主钩电磁抱闸制动器,限位开关 SQ5 为主钩提供上升限位保护。

起重机的保护环节由交流保护控制柜和交流电磁控制柜来实现,各控制电路用 FU1、FU2 作为短路保护。总电源及各台电动机分别采用过电流继电器 KA0～KA5 实现过载和过流保护（过电流继电器的整定值一般为被保护电动机额定电流的 2.25～2.5 倍）。

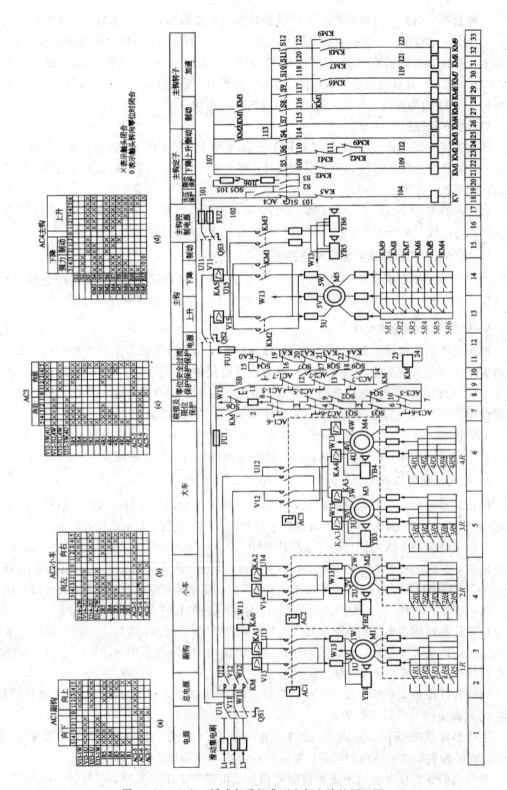

图 6-24　20/5 t 桥式起重机典型电气电路的原理图

操作室舱门盖上装有舱门安全开关 SQ7，在横梁两侧栏杆门上分别装有横梁栏杆门安全开关 SQ8、SQ9。为了发生紧急情况时能立即切断电源，在保护控制柜上装有紧急开关 QS4。以上各开关在电路中均使用常开触点与副钩小车、大车的过流继电器及总过流继电器的常闭触点相串联。当操作室舱门或横梁栏杆门开启时，主交流接触器 KM 将不能获电运行。

3）主交流接触器 KM 的控制分析

将副钩、小大车凸轮控制器的手柄置于"0"位，联锁触点 AC1 - 7、AC2 - 7、AC3 - 7(9 区)处于闭合状态，关好横梁栏杆门(SQ8、SQ9 闭合)及驾驶舱门(SQ7 闭合)，合上紧急开关 QS4，按下启动按钮 SB，交流接触器 KM 线圈得电，主触点闭合，两副辅助常开触点闭合自锁。KM 吸合将两相电源(U12、V12)引入各凸轮控制器，另一相电源经总过电流继电器 KA0 后(W13)直接引入各电动机定子接线端。此时由于各凸轮控制器手柄均在零位，因此电动机不会运转。

4）主钩控制电路分析

主钩电动机采用主令控制器配合电磁控制柜进行控制，其触点开表如图 6 - 24(d)所示。

（1）主钩启动准备。

将主令控制器 AC4 手柄置于零位，触点 S1(18 区)处于闭合状态，合上电源开关 QS1(1 区)、QS2(12 区)、QS3(16 区)，接通主电器控制器电源。此时欠电压继电器 KV 线圈(18 区)得电，其常开触点(19 区)闭合自锁，为主钩电动机 M5 启动控制作好准备。(KV 为电路提供失压与欠压保护以及主令控制器的零位保护。)

（2）主钩上升控制。

主钩上升控制由主令控制器 AC4 通过接触器控制，控制流程如图 6 - 25 所示。

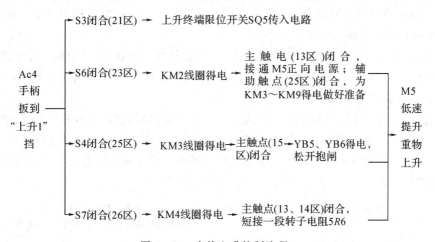

图 6 - 25 主钩上升控制流程

将 AC4 手柄逐级扳向"上升 2"、"上升 3"、"上升 4"、"上升 5"、"上升 6"挡，主令控制器的常开触点 S8、S9、S10、S11、S12 逐次闭合，依次使交流接触器 KM5～KM9 线圈得电，接触器的主触点对称短接相应段主钩电动机转子回路电阻 5R5～5R1，使主钩上升速度逐步增加。

（3）主钩下降控制。

主钩下降有 6 挡位置。"下降 J"、"下降 1"、"下降 2"挡为控制下降位置，防止在吊有重载下降时速度过快，电动机处于倒拉反接制动运行状态；"下降 3"、"下降 4"、"下降 5"挡为强力下降

位置,主要用于轻负载时快速强力下降。主令控制器在下降位置时,6 个挡的工作情况如下:

① 制动"下降 J"挡。制动"下降 J"挡是下降准备挡,虽然电动机 M5 加上正相序电压,但由于电磁抱闸未打开,电动机不能启动旋转。该挡停留时间不宜过长,以免电动机烧坏。制动"下降 J"挡流程如图 6 - 26 所示。

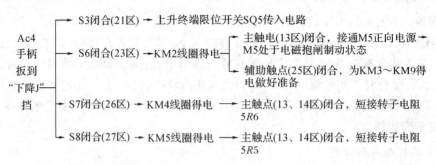

图 6 - 26 制动"下降 J"挡流程

② 制动"下降 1"挡。主令控制器 AC4 的手柄扳到制动"下降 1"挡,触点 S3、S4、S6、S7 闭合,和主钩"上升 1"挡触点闭合一样。此时电磁抱闸器松开,电动机可运转于正向电动状态(提升重物)或倒拉反接制动状态(低速下放重物)。当重物产生的负载倒拉力矩大于电动要产生的正向电磁转矩时,电动机 M5 运转在负载倒拉反接制动状态,低速下放重物;反之,重物不但不能下降,反而被提升,这时必须把 AC4 的手柄迅速扳到制动"下降 2"挡。

接触器 KM3 通电吸合后,与 KM2 和 KM1 辅助常开触点(25 区、26 区)并联的 KM3 的自锁触点(27 区)闭合自锁,以保证主令控制器 AC4 从控制"下降 2"挡向强力"下降 3"挡转换时,KM3 线圈仍通电吸合,电磁抱闸制动器 YB5 和 YB6 保持得电状态,防止换挡时出现高速制动而产生强烈的机械冲击。

③ 制动"下降 2"挡。主令控制器触点 S3、S4、S6 闭合,触点 S7 分断,接触器 KM4 线圈断电释放,外接电阻器全部接入转子回路,使电动机产生的正向电磁转矩减小,重负载下降速度比"下降 1"挡时加快。

④ 强力"下降 3"挡。下降速度与负载有关,若负载较轻(空钩或轻载),则电动机 M5 处于反转电动状态;若负载较重,则下放重物的速度会提高,可能使电动机转速超过同步速度,电动机 M5 将进入再生发电制动状态。负载越重,下降速度越大,应注意操作安全。强力"下降 3"挡流程如图 6 - 27 所示。

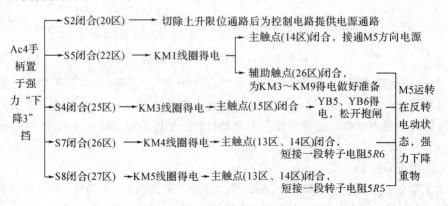

图 6 - 27 强力"下降 3"挡流程

⑤ 强力"下降 4"挡。在强力"下降 3"挡闭合的基础上，主令控制器 AC4 的触点 S9 闭合，使接触器 KM6(29 区)线圈得电吸合，电动机转子回路电阻 5R4 被切除，电动机 M5 进一步加速反向旋转，下降速度加快。另外，KM6 辅助常开触点(30 区)闭合，为接触器 KM7 线圈得电做好准备。

⑥ 强力"下降 5"挡。在强力"下降 4"挡闭合的基础上，主令控制器 AC4 的触点 S10、S11、S12 闭合，接触器 KM7~KM9 线圈依次得电吸合，电动机转子回路电阻 5R3、5R2、5R1 依次逐级切除，以避免过大的冲击电流，同时电动机 M5 旋转速度逐渐增加，待转子电阻全部切除后，电动机以最高转速运转，负载下降速度最快。

此挡若下降的负载很重，则当实际下降速度超过电动机的同步转速时，电动机将进入再生发电制动状态，电磁转矩变成制动力矩，由于转子回路未串任何电阻，因此保证了负载的下降速度不会太快，且在同一负载下，"下降 5"挡的下降速度要比"下降 4"挡和"下降 3"挡低。

(4) 副钩控制电路。

副钩凸轮控制器 AC1 共有 11 个位置，中间位置是零位，左、右两边各有位置，用来控制电动机 M1 在不同转速下的正、反转，即用来控制副钩的升降。AC1 共用了 12 副触点。其中，4 对常开主触点控制 M1 定子绕组的电源，并换接电源相序以实现 M1 的正反转；5 对常开辅助触点控制 M1 转子电阻 1R 的切换；3 对常闭辅助触点作为联锁触点，其中 AC1-5 和 AC1-6 为 M1 正反转联锁触点，AC1-7 为零件随联锁触点。

① 副钩上升控制。

在主交流接触器 KM 线圈获电吸合的情况下，转动凸轮控制器 AC1 的手轮至"上升 1"挡，AC1 的主触点 V13-1W 和 U13-1U 闭合，触点 AC1-5 闭合，AC1-6 和 AC1-7 断开，电动机 M1 接通三相电源正转，同时电磁抱闸制动器 YB1 获电，闸瓦与闸轮分开，M1 转子回路中串接的全部外接电阻器启动，M1 以最低转速、较大的启动力矩带动副钩上升。

转动 AC1 手轮，依次到"上升 2"至"上升 5"挡位时，AC1 的 5 对常开辅助触点(2 区)依次闭合，短接电阻 1R5 至 1R1，电动机 M1 的提升转速逐渐升高，直到预定转速。

由于 AC1 拨至向上挡位，AC1-6 触点断开，KM 线圈自锁回路电源通路只能通过串入副钩上升限位开关 SQ6(8 区)支路，副钩上升到调整的限位位置时 SQ6 被挡铁分断，KM 线圈失电，切断 M1 电源；同时 YB1 失电，电磁抱闸制动器在反作用弹簧的作用下对电动机 M1 进行制动，实现终端限位保护。

② 副钩下降控制

凸轮控制器 AC1 的手轮转至下降挡位时，触点 V13-1U 和 U13-1W 闭合，改变接入电动机 M1 的电源的相序，M1 反转，带动副钩下降。依次转动手轮，AC1 的 5 对辅助常开触点(2 区)依次闭合，短接电阻 1R5 至 1R1，电动机 M1 的下降转速逐渐升高，直到预定转速。

将手轮依次回拨时，电动机转子回路串入的电阻增加，转速逐渐下降。将手轮转至"下降 0"挡位时，AC1 的主触点切断电动机 M1 电源，同时电磁抱闸制动器 YB1 也断电，M1 被迅速制动停转。

(5) 小车控制电路。

小车的控制与副钩的控制相似，转动凸轮控制器 AC2 手轮，可控制小车在小车轨道上左右运行。

（6）大车控制电路。

大车的控制与副钩和小车的控制相似。由于大车由两台电动机驱动，因此，采用同时控制两台电动机的凸轮控制器 AC3，它比小车凸轮控制器多 5 对触点，以供短接第二台大车电动机的转子外接电阻。大车两台电动机的定子绕组是并联的，用 AC3 的 4 对触点进行控制。

全球最大上回
转塔式起重机

6.3.3 交流桥式起重机电气控制线路典型故障分析

1. 主交流接触器 KM 不吸合

故障现象是：合上电源总开关 QS1 并按下启动按钮 SB 后，主交流接触器 KM 不吸合。故障的原因可能是：线路无电压，熔断器 FU1 熔断，紧急开关 QS4 或门安全开关 SQ7、SQ8、SQ9 未合上，主交流接触器 KM 线圈断路，有凸轮控制器手柄没有在零位，或凸轮控制器零位触点 AC1 - 7、AC2 - 7、AC3 - 7 分断，过电流继电器 KA0～KA4 动作后未复位。检测流程是按上述故障产生原因的顺序逐一检查。该故障发生概率较高，排

交流桥式起重机
电气控制线路
典型故障分析

除时先目测检查，然后在保护控制柜中和出线端子上测量、判断。确定故障大致位置后，切断电源，再用电阻法测量、查找故障的具体部位。

2. 副钩能下降但不能上升

故障现象是：启动 KM 后，副钩凸轮控制器手柄转至向上位置时，副钩不能上升。但副钩凸轮控制器手柄转至向下位置时，副钩能下降。产生这种故障的原因可能是：AC1 向上主触点存在问题，上升限位开关 SQ6、AC1 - 5 触点接触不良或接线松脱。切断电源，用电阻测量法进行修复。

3. 主钩既不能上升也不能下降

产生这种故障的原因有多方面，可从主钩电动机运转状态、电磁抱闸制动器吸合声音、继电器动作状态来判断故障。交流电磁保护柜装于桥架上，观察交流电磁保护柜中继电器动作状况，测量需与吊车操作人员配合进行，注意高空操作安全。尽量在操作室端子排上测量并判断故障的大致位置。

4. 某一电动机不转动或转矩很小

由于其他机构电动机正常，说明控制电路没问题，故障发生在电动机的主电路内。在确定定子回路正常的情况下，故障一般发生在转子回路。转子三个绕组有断路处，没有形成回路，就会出现这种故障。

5. 电动机转速不正常

产生这种故障的原因有很多，在排除电源电压和电路的故障后，应重点检查电阻器短接线是否有问题。例如，当控制手柄置于第 1 挡时，电动机启动转矩很小；置于第 2 挡时，转速也比正常时低；置于第 3 挡时，电动机突然加速，甚至使车身振动。这种故障一般发生在电阻器、电阻元件末端、短接线部分有断开处。

6. 起重机不能启动

起重机不能启动的故障包括：

（1）合上保护箱的刀开关，控制电路的熔断器就熔断，使起重机不能启动。其原因是控制电路中相互连接的导线或集电器元件有短路或有接地的地方。

（2）按下启动按钮，接触器吸合后，控制电路的熔断器就熔断，使起重机不能启动。其原因是大车、小车、升降电路或串联回路有接地之处，或者接触器的常开触点、线圈有接地之处。

（3）按下启动按钮，接触器不吸合，使起重机不能启动。其原因可能是主滑线与滑块之间接触不良或保护箱的刀开关有问题，或者是熔断器、启动按钮和零位保护电路①这段电路有断路，串联回路②有不导电之处，如图 6-28 所示。检查方法是：用万用表按图 6-28 中①、②线路逐段测量，查出断路和不导电处并处理。

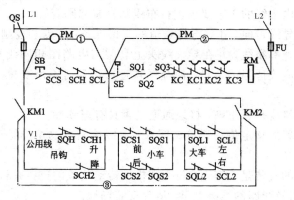

图 6-28　检查控制电路通断的电路图

（4）按下启动按钮，接触器吸合，但手脱开后，接触器就释放（俗称掉闸）。由图 6-28 可知，当接触器线圈 KM 得电时，它的常开触点 KM 闭合，并自锁，使零位保护电路①和串联回路②导通，说明这部分电路工作正常。掉闸的原因在于自锁没锁上，或大、小车和起升控制电路有故障。检查方法是：拉下刀开关，推合接触器，用万用表按电路的连接顺序一段一段检查。

7. 吊钩下降时，接触器就释放

吊钩下降时，控制电路的工作原理如图 6-28 所示。其他机构正常，说明图标中①、②电路工作正常，大、小车的各种控制电路均正常，只是吊钩下降时，接触器释放，则故障一定在图 6-28 的吊钩下降部分。这种情况下，可用万用表电阻挡或通过试灯查找接触器的联锁触点 KM、熔断器 FU 的连接导线和升降控制器下降方向的联锁触点 SCH2。这两处任何一个部位未闭合，都会出现吊钩下降时接触器掉闸的现象。

 任务实施

任务 6　CA6140 车床电气控制线路的安装

1. 工具、仪表、器材

（1）工具测电笔、电工刀、剥线钳、尖嘴钳、螺钉旋具等。

（2）万用表、5050 型兆欧表。

（3）CA6140 车床器件一套、器材控制板、走线槽、各种规格的软线和紧固体、金属软管、编码套管等。

2. 安装步骤及工艺要求

（1）逐个检验电气设备和元件其规格和质量是否合格。

（2）正确选配导线的规格、导线通道的类型和数量、接线端子板的型号等。

实训项目6　CA6140 车床电气控制线路的安装

（3）在控制板上安装电器元件，并在各电器元件附近做好与电路图上相同代号的标记。

（4）按照控制板内布线的工艺要求进行布线和套装编码套管。

（5）选择合理的导线走向，作好导线通道的支持准备，并安装控制板外部的所有电器。

（6）进行控制箱外部布线，并在导线线头上套装与电路图相同线号的编码套管。对于可移动的导线通道，应放适当的余量，使金属软管在运动时不承受拉力，并按规定在通道内放好备用导线。

（7）检查电路的接线是否正确，接地通道是否具有连续性。

（8）检查热继电器的整定值是否符合要求，各级熔断器的熔体是否符合要求。如不符合要求，则应予以更换。

（9）检查电动机的安装是否牢固，与生产机械传动装置的连接是否可靠。

（10）检测电动机及线路的绝缘电阻，清理安装场地。

（11）点动控制各电动机启动，检查转向是否符合要求。

（12）通电空转试验时，应认真观察各电器元件、线路、电动机及传动装置的工作情况是否正常。如不正常，应立即切断电源进行检查，在调整或修复后方能再次通电试车。

3. 注意事项

（1）不要漏接接地线，严禁采用金属软管作为接地通道。

（2）在控制箱外部进行布线时，导线必须穿在导线通道内或敷设在机床底座内的导线通道里。所有导线不允许有接头。

（3）将导线通道内敷设的导线进行接线时，必须集中思想，做到查出一根导线，立即套上编码套管，接上后再进行复验。

（4）在进行快速进给时，要注意将运动部件处于行程的中间位置，以防止运动部件与车头或尾架相撞产生设备事故。

（5）在安装、调试过程中，工具、仪表的使用应符合要求。

（6）通电操作时，必须严格遵守安全操作规程。

 **考核评价**

评分标准如表 6-11 所示。

表 6-11　CA6140 型车床电气控制线路的安装评分表

序号	项目检查	配分	评分标准	扣分
1	装前检查	5	电器元件错检或漏检	每处扣 2 分

续表

序号	项目检查	配分	评分标准	扣分
2	器材选用	10	导线选用不符合要求	每处扣4分
3			穿线管选用不符合要求	每处扣3分
4			编码套管等附件选用不当	每处扣2分
5	元件安装	20	控制箱内部元件安装不符合要求	每处扣3分
6			控制箱外部电器元件安装不牢固	每处扣3分
7			损坏电器元件	每只扣10分
8			电动机安装不符合要求	每台扣5分
9			导线通道敷设不符合要求	每处扣4分
10	布线	30	不按电路图接线	扣20分
11			控制箱导线敷设不符合要求	每根扣3分
12			通道内导线敷设不符合要求	每根扣3分
13			漏接接地线	扣8分
14	通电试车	35	位置开关安装不合适	扣5分
15			整定值未整定或整定错	每处扣5分
16			熔体规格配错	每只扣3分
17			通电不成功	扣30分
18	安全文明		违反安全文明生产规程	扣10~30分
19	备注		出现安全事故	计0分
20	指导教师签名：		日期：	

 项目总结

车床、镗床是应用广泛的机械加工设备，起重机则是工矿企业、港口码头、道路桥梁等行业必需的搬运设备。本项目主要介绍了 CA6140 车床、T68 型卧式镗床、桥式起重机的组成与作用，电气控制线路的原理分析，电气控制线路的安装和这些设备电气控制线路的常见故障及维修等内容。掌握这些电气控制设备及其控制线路的基本知识、基本原理及应用维修方法，是电气工程技术人员所必需的。

表 6-12 所示为典型电气控制线路与常见故障总结。

表 6 - 12　典型电气控制线路与常见故障总结

学习单元	主 要 内 容	知 识 要 点
CA6140 车床电气控制线路的分析与检修	（1）CA6140 车床的组成与作用。 （2）CA6140 车床电气控制线路的原理分析。 （3）CA6140 车床电气控制线路的安装与常见故障检修	（1）常用车床的类型与作用。 （2）CA6140 车床的组成与应用特点。 （3）CA6140 车床的主要技术参数与电力拖动的要求。 （4）CA6140 车床电气控制线路的组成与电路原理图。 （5）CA6140 车床电气控制线路的主电路、控制电路、辅助电路的原理分析。 （6）CA6140 车床电气控制线路的安装规范要求、注意事项和安装连接方法。 （7）电气控制线路故障的观察检查方法、电阻测量检查方法和电压测量检查方法。 （8）CA6140 车床电气控制线路常见故障的检修。 ① 主轴电动机不能启动的故障检修。 ② 主轴电动机不能停转的故障检修。 ③ 冷却泵不转的故障检修。 ④ 快速移动电动机不转的故障检修。 ⑤ 主轴电动机能启动，但转动短暂时间后又停止转动的故障检修
T68 型卧式镗床电气控制线路的分析与检修	（1）T68 型卧式镗床的组成与作用。 （2）T68 型卧式镗床电气控制线路的原理分析。 （3）T68 型卧式镗床电气控制线路的安装与常见故障检修	（1）常用镗床的类型与作用。 （2）T68 型卧式镗床的组成与应用特点。 （3）T68 型卧式镗床的主要技术参数与电力拖动的要求。 （4）T68 型卧式镗床电气控制线路的组成与电路原理图。 （5）T68 型卧式镗床电气控制线路的主电路、控制电路、辅助电路的原理分析。 （6）T68 型卧式镗床电气控制线路的安装规范和主要元器件的选择方法。 （7）T68 型卧式镗床电气控制线路故障的检查方法和检查维修时的注意事项。 （8）T68 型卧式镗床电气控制线路常见故障的检修。 ① 主轴电动机不能启动故障的检修。 ② 主轴电动机转动速度与标牌指示不符合故障的检修。 ③ 主轴电动机不能进行正反转点动、制动及变速冲动控制故障的检修。 ④ 主轴电动机能低速启动，但置"高速"挡时，不能高速运行而自动停机故障的检修

续表

学习单元	主　要　内　容	知　识　要　点
桥式起重机电气控制线路的分析与检修	（1）桥式起重机的组成与作用。 （2）20/5 t 桥式起重机电气控制线路的原理分析。 （3）桥式起重机电气控制线路的常见故障检修	（1）常用起重机的类型与作用。 （2）桥式起重机的组成与应用特点。 （3）桥式起重机的主要技术参数与电力拖动的要求。 （4）20/5 t 桥式起重机电气控制线路的组成与电路原理图。 （5）20/5 t 桥式起重机电气控制线路分析。 ① 凸轮控制器及其控制线路分析。 ② 主令控制器及其控制线路分析。 ③ 主交流接触器的控制线路分析。 ④ 主钩控制电路分析。 ⑤ 副钩控制电路分析。 （6）桥式起重机电气控制线路常见故障的检修。 ① 主交流接触器不吸合的故障检修。 ② 主钩既不能上升又不能下降的故障检修。 ③ 副钩能下降但不能上升的故障检修。 ④ 电动机转速不正常的故障检修。 ⑤ 起重机不能启动的故障检修

 拓展训练

1. 车床有哪些作用？常用车床有哪些类型？

2. 普通车床的主轴箱由哪几部分组成？各有什么作用？

3. CA6140 车床电力拖动特点及控制要求是什么？

4. 分析如图 6 - 29 所示的 CA6140 车床的主轴电动机、冷却泵电动机、快速移动电动机的控制过程。

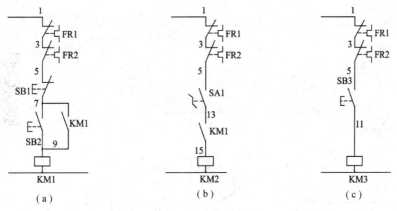

图 6 - 29　CA6140 车床的控制线路

5. 分析说明 CA6140 车床中主轴电动机 M1 和冷却泵电动机 M2 的控制关系。

6. 机床电气控制线路常见故障的检查方法有哪些？

7. CA6140 车床主轴电动机不能启动，试分析产生故障的原因。

8. 分析 CA6140 车床快速移动电动机不能启动的故障原因。

9. 分析 CA6140 车床主轴电动机启动后，冷却泵不转的故障原因。

10. 普通镗床有哪些类型？镗床有什么作用？

11. 卧式镗床在机械加工方面有哪些特点？

12. T68 型卧式镗床主轴电动机的停车制动采用什么制动方法？

13. T68 型卧式镗床电力拖动特点及控制要求有哪些？

14. T68 型卧式镗床电气电路中的控制电路由哪些元器件组成？

15. T68 型卧式镗床中主轴电动机的转动形式有哪几种？

16. 分析 T68 型卧式镗床主轴电动机的正、反转控制过程。

17. T68 型卧式镗床主轴的转速与标牌的指示不符，试分析产生这种故障的原因。

18. 分析产生 T68 型卧式镗床主轴电动机不能进行正反转点动、制动及变速冲动控制的故障原因。

19. 起重机有什么作用？常用的起重机有哪些类型？

20. 桥式起重机电力拖动特点及控制要求有哪些？

21. 起重机的电动机为什么采用凸轮控制器直接控制和主令控制器控制？这两种控制方式各有什么特点？

22. 桥式起重机控制电路中主令控制器的控制电路采取了哪些保护措施？

23. 桥式起重机的供电特点是什么？

24. 分析 20/5 t 桥式起重机主钩上升的电气控制过程。

25. 桥式起重机产生副钩能下降但不能上升的故障原因有哪些？

26. 试分析桥式起重机主钩既不能上升也不能下降的故障原因。

27. 图 6-30 所示的桥式起重机控制电路，在熔断器、启动按钮和零位保护电路①这段电路有断路，串联回路②这段电路有不导电之处。试分析桥式起重机可能产生什么样的故障现象。

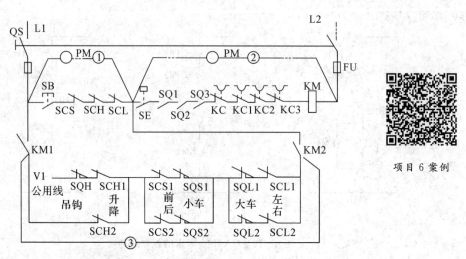

项目 6 案例

图 6-30 桥式起重机控制回路

参 考 文 献

[1]　牛小方. 电机控制技术. 北京：中国劳动社会保障出版社，2013.

[2]　王志新. 电机控制技术. 北京：机械工业出版社，2011.

[3]　刘明伟，马宏革. 电机与电气控制. 北京：科学出版社，2007.

[4]　刘子林. 电机与电气控制. 北京：电子工业出版社，2008.

[5]　周元一. 电机与电气控制. 北京：机械工业出版社，2006.

[6]　倪涛. 电机与电气控制. 武汉：华中科技大学出版社，2008.

[7]　张方. 电机及拖动基础. 北京：中国电力出版社，2008.

[8]　顾绳谷. 电机及拖动基础. 北京：机械工业出版社，2007.

[9]　田淑珍. 电机与电气控制技术. 北京：机械工业出版社，2010.

[10]　白雪. 电机与电气控制技术. 西安：西北工业大学出版社，2008.

[11]　许罗. 电机与电气控制技术. 北京：机械工业出版社，2012.

[12]　王烈准，黄敏. 电机及电气控制. 北京：机械工业出版社，2012.

[13]　刘伦富，侯守军. 电机与电器控制. 北京：国防工业出版社，2010.

[14]　贺红. 电气控制技术. 北京：化学工业出版社，2010.

[15]　范次猛. 电气控制技术. 北京：高等教育出版社，2008.

[16]　史军刚，白小平. 电气控制技术. 西安：西安电子科技大学出版社，2006.